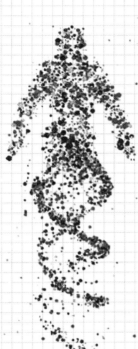

A DANGEROUS
MASTER

科技失控

用科技思维重新看透未来

温德尔·瓦拉赫（Wendell Wallach）◎著
萧黎黎◎译

江苏凤凰文艺出版社
JIANGSU PHOENIX LITERATURE AND
ART PUBLISHING, LTD

图书在版编目（ＣＩＰ）数据

科技失控 /（美）瓦拉赫（Wallach,W.）著；萧黎
黎译. -- 南京：江苏凤凰文艺出版社，2017.1
书名原文：A Dangerous Master：How to keep
Technology from Slipping Beyond Our Control
ISBN 978-7-5399-8616-6

Ⅰ.①科… Ⅱ.①瓦… ②萧… Ⅲ.①科学技术 – 普
及读物 Ⅳ.①N49

中国版本图书馆CIP数据核字（2015）第190017号

书　　　　名	科技失控	
作　　　者	（美）温德尔·瓦拉赫（Wendell Wallach）著	
译　　　者	萧黎黎	
责 任 编 辑	邹晓燕　黄孝阳	
出 版 发 行	凤凰出版传媒股份有限公司	
	江苏凤凰文艺出版社	
出版社地址	南京市中央路 165 号，邮编：210009	
出版社网址	http://www.jswenyi.com	
发　　　行	北京时代华语图书股份有限公司　　010-83670231	
经　　　销	凤凰出版传媒股份有限公司	
印　　　刷	北京富达印务有限公司	
开　　　本	700×1000 毫米 1/16	
印　　　张	18	
字　　　数	250 千字	
版　　　次	2017 年 2 月第 1 版　2017 年 4 月第 1 次印刷	
标 准 书 号	ISBN 978-7-5399-8616-6	
定　　　价	39.80 元	

（江苏文艺版图书凡印刷、装订错误可随时向承印厂调换）

目录ntents

温德尔·瓦拉赫似乎总是比我们超前几年。他这本了不起的书将我们带到了科技前沿，向我们展示了最卓著的技术发明如何、为什么以及在哪些地方改变人类的生活。瓦拉赫思维敏锐入微，完美地将他新兴技术的渊博知识与对历史的把握、对人性的尊重结合起来。《科技失控》是一本引人入胜、意义非凡的书，话题本身耐人寻味，但读起来却妙趣横生。

——哈佛大学道德与认知实验室主任、

《道德部落》作者乔舒亚·格林（Joshua Greene）

这本恰逢其时的书对于大量快速发展的科学技术的利弊进行了不偏不倚的评价。这是一本值得广泛阅读的书。

——剑桥大学宇宙学和天体物理学教授、

《宇宙》和《仅有六个数》的作者马丁·李斯（Martin Rees）

权衡新技术的利弊越来越难。当新的技术问世，《科技失控》为我们如何淌过险滩作出英明决策提供了平衡且及时的导航。读这本书吧——也许你的不确定感不会因此减少，但至少应对的能力会提升。

——纽约大学郎格尼医学中心生物伦理学教授亚瑟·卡普兰（ArthurCaplan)

在新兴技术的领地艰难跋涉时，很难找到一个比温德尔·瓦拉赫考虑更周到、准备更充分的向导了，这一点他通过这本内容全面、浩瀚博学、可读性非常高的书展露得淋漓尽致。这是一本必读书！

——亚利桑那州立大学土木与环境工程教授布莱登·艾伦比（Braden Allenby）

"温德尔·瓦拉赫为我们所有人做了一件事。他提醒和警告我们，我们与创新技术的浪漫故事中风险和收益并存。他对于我们所面临的风险做了很好的陈述，这也是我们需要听到的声音。"

——黑斯廷斯中心名誉主席丹尼尔·卡拉汉（Daniel Callahan）

《科技失控》以平易近人却精确得当的语言，以大师级的手法展示了新兴技术及其对伦理和社会带来的深远影响。

——桑德拉·戴·奥康纳法律学院教授加里·马钱特（Gary Marchant）

致哥特（Gert），他本希望他的孩子跟随他学医或成为科学家，但是，我们在餐桌上的时光都用来讨论历史、政治和道德。

致耶鲁大学生物伦理学跨学科中心技术和伦理研究小组的成员和老师们。

你们是我的导师。

我们不会停止进步，或刻意逆转。所以我们必须认识到进步的风险并控制它。

——史蒂芬·霍金（Stephen William Hawking）

科技是很好的仆人但也是危险的主人。

——卢斯·兰奇（Lous Lange）

我们如果还不立刻调整方向，结局注定是不知所终。

——欧文·科里（Irwin Corey）

第一章　谁真正掌控我们的未来

奥托·罗斯勒（Otto Rossler），这位说话轻柔的知名生物化学家看起来一点也不像说出惊世骇俗言论的人，他曾在公开场合声称大型强子对撞机（LHC）的启动运行之日就是地球末日。2008 年 1 月在德国柏林的一次会议上，他指出世界上最大的强子对撞机运行后将形成一个微小的黑洞，地球会从中消失。

罗斯勒并非孤军奋战，为数不少的科学家加入他的行列企图制止 LHC 投入运行。他们是令人瞩目的少数派。

当然我们可以认为罗斯勒只是一个疯子科学家，哗众取宠，危言耸听，不愿接受绝大多数人已达成的共识。但是，在他批评 CERN（欧洲核子研究组织）之后过了几年，我在德国巴登州举行的一次学术大会上亲眼见到他，他实际上非常温和、审慎、认真，不是那种你能忽略他意见的人。罗斯勒提出的一些担心是值得关注的，至少是值得倾听的。

物理学家在描述黑洞的时候，通常会应用坍缩星的例子，坍缩星被压缩成一个非常小且密度大的物质，产生了极大的重力，连光都无法逃脱它的引力。从理论上来说，粒子对撞机中高能粒子的碰撞能产生微黑洞，因此罗斯勒要求物理学家开展更多基础性的研究证明粒子对撞机运行不会产生危险级的黑洞，在此之前 CERN 应当暂停启动粒子对撞机。2008 年 8 月 26 日，就在粒子对撞机计划启动前 10 天，欧盟公民向位于斯特拉堡的欧洲人权法院提出法律诉讼，要求终止 LHC 的使用。

大型科研项目特别是像粒子对撞机这样由公共资金支持的项目经常成为众矢之的。几乎人人——不管是科学毁谤者、怪人还是那些认为这笔钱可以有更好用途的人都对是否值得开展此类项目心存意见，对于理论物理实验尤其如此，因其实验结果并非立竿见影带来应用价值。但是即使这些有关物理的理论艰深晦涩、常人难以理解，参与 LHC 项目的物理学家们还是成功地说服了政府部门官员理解这项研究的重要价值。

20 多个国家以及欧盟为 CERN 提供了主要资金。此外，包括美国在内的 6 个国家为 LHC 的建设提供了资金支持。在 2008 年法律诉讼时，该项目已花费了 60 亿美元。正因为这项理论研究花费了如此多的公共资金，我们可以很容易想象，CERN 的领衔科学家面临着证明其研究价值合法性的巨大压力，CERN 的官员做出任何终止后续工作的决定都需要十足的勇气。

所提及的危险是值得慎重对待的，知名专家也发声表示他们的担忧。CERN 如果完全忽略这种危险则是完全不负责任的。因此，一个物理学家组成的委员会成立了，专门研究罗斯勒对于粒子对撞机安全性理论是否具有合理性的质疑。这样的做法也广为科学家所接受。但是这类委员会的成立，所基于的方法是广大普通公众难以理解的，因此其命运也存在一定的风险。

委员会认为粒子对撞机不会带来危险，其中一个重要原因是，他们认为粒子对撞机运行后产生的任何微黑洞都是不稳定的，转瞬即逝。瞬间消失的黑洞不会产生实质性的威胁。黑洞解体是由于释放了一种霍金辐射形式的能量（霍金辐射由斯蒂芬·霍金提出并以他名字命名）。

大部分物理学家相信霍金辐射的存在，但是霍金辐射尚未得到证实，目前还没有如此敏感的设备足以对之进行实验验证。换句话说，根据某些理论（罗斯勒的理论），对有些理论进行实验验证是危险的，比如说证明难以捉摸的希格斯玻色子（Higgs boson）是否存在，然而有些理论却因为科学家广为接受某个未经证实的理论（比如霍金辐射）而被放弃研究。

CERN 对要求其终止研究一事进行了应诉。欧洲人权法院很快就驳回了诉讼。粒子对撞机随后启动运行。

2008 年 9 月 13 日，物理学家和畅销书作者米凯奥·卡库（Michio Kaku）在《华尔街日报》上撰文称，"如果你能读到下面这句话，恭喜你！你在大型强子对撞机正式启动之日成功存活"，因为很多人都批评该对撞机的启动会产生吞噬地球的微黑洞。

科学家开展此类据称可能导致人类灭绝的实验已经不是第一次了。早在 1945 年 7 月，美国在新墨西哥州沙漠开展的首次"三位一体"核试验就是最知名的例子。试验之前，参与曼哈顿工程的重要科学家推测大爆炸是否会引发地球大气层的链式反应，计算表明人类灭绝这个等级的事件不可能发生，但也不能绝对排除这种可怕情况的出现。

据报道，诺贝尔物理学奖获得者恩里克·费米（Enrico Fermi）先生（他的幽默感实在是有点令人毛骨悚然）打赌核试验是否会造成大气层大火，如果会，那将吞噬新墨西哥州还是整个地球？当然，核试验并没有摧毁新墨西哥州更谈不上整个地球，但是即使是这次核试验是成功的，后续研究还是要完全排除威力更大的原子弹爆炸引燃大气层的可能性。

奥托·罗斯勒仍坚持说粒子对撞机产生稳定微黑洞的可能性是存在的，尽管可能性很小。此外，他还批评 CERN 并未采取任何预防措施。虽然粒子对撞机至启动以来一直处于安全运行的状态，但是有没有一种可能性就是粒子对撞机仍然会产生让地球消失的黑洞呢？粒子对撞机有一个周长为17 英里的环形隧道，其设计理念是让高能粒子进行碰撞。

两束高能粒子相互碰撞，是为了模拟 138 亿年前宇宙大爆炸后微时刻的情形。过去 3 年里，CERN 运行的粒子对撞机内部有 6000 万亿个粒子在碰撞。但是只有少数的碰撞提供了希格斯粒子存在迹象的重要数据证明，2012 年 7 月对外发布了这一突破性发现。但是，鉴于每年碰撞的粒子数量，即使是一个粒子出了偏差，可能性极低也会让人们忧心忡忡。

罗斯勒还谴责 CERN 启动粒子对撞机运行后至今没有及时更新官方安全报告，6000 万亿个粒子的碰撞到底有没有产生稳定的微黑洞，或是告诉大家永远不会出现此类黑洞，这或许会让人放心些。但是同时罗斯勒指出，CERN 或许没有办法知悉是否产生了黑洞，除非黑洞吞噬了相当数目的物质，但这是需要一定的时间。

此外，对于优秀的科学家而言，"永不"是难以接受的词，因为他们永远对任何可能推翻当前物理法则的现象持开放态度。比如说，如果在某些尚未观察到的情况下，苹果可能会漂浮到树上，而非落到地面上，因此就可以质疑目前适用于绝大多数情况的重力法则。

物理学家讲求的是可能性和不确定性，而非绝对性。在量子物理的世界里，主要描述的是次原子粒子的行为，各种可能性为理论提供了基础，从而对结果进行预测。但是 CERN 的安全报告充满了不确定性，将难以让公众安心，并且招来各种批评。虽然报告可能会带来误解，但是 CERN 也不能贬低安全的重要性，或掩盖评估的结果。

2013 年 2 月，历经 3 年成功运行后，CERN 关停了粒子对撞机进行重大维修，计划于 2015 年重启。我相信 CERN 的科学家都是勤勉认真的人，不会有意置人类的风险于不顾。但是我非常不满意的是，这些科学家和法院的人做出了影响我们每一个人生活的决定。

不管怎样，在粒子对撞机这个问题上，科学专家做出的判断的分量要重于其他研究领域。因为物理学是一门规律性很强的科学，对于试验安全与否可以通过数学计算才能决策，前提是我们已经充分了解了相关物理系统法则或规律。虽然在某些情况下，即使是合乎规律的活动也会带来不可预见的事件。

但现在的情况是，这个问题已超出了物理学的范畴，在计算机科学、基因学、神经科学、地理工程学等领域我们碰到的问题更大。我们越来越难以理解新兴科学研究以及创新技术应用中所隐含的风险。科学调查与人类行为、环境问题交织缠绕。对日后用于日常生活的技术和工具可能带来的广泛社会影响，单从科学角度进行安全评估已远远不够。

此外，在对几十亿甚至千万亿的事件进行分析时，即使结果表明发生的可能性极低，我们也不能排除风险存在的可能性。我们在对计算机计算的数据，对不同基因组成的变种，对神经元发射形式的多样性或者是天气受大气变化影响等问题进行分析时，都应当持有如此谨慎的态度。

新兴技术的发展、进步以及社会影响存在不确定性，这并非新鲜事。但问题是我们对一些复杂体系的依赖程度日益加大，其中的风险无法计算。科学发现和技术创新的速度远远超过了政府对之进行监管的能力。此外，新兴技术不仅带来了人体健康、环境威胁等常规风险，也带来一些独特的社会问题。比如，运动用的生长激素会刺激铤而走险的尝试者，助长欺骗，加剧不公平，以及破坏行业发展。总之，所有这些问题都增加了悲剧发生的可能性，其中新技术的采用难辞其咎。

不仅仅是评估新兴技术的风险越来越有难度，连开展一场开诚布公的现实对话都成了挑战。在新兴技术研究领域，无穷无尽的猜测和炒作让我们幻想我们必须在前沿科学领域取得进展，不管这些领域到底是我们期待的，还是令人忧虑的。但是即使是在广为人知、耳熟能详的领域，比如对个性化药物、设计婴儿、大脑模拟，以及超智能计算机和机器人等进行评估也是极其难以实现的。

从现实中去伪存真本身就是件复杂的任务。对于普通人而言，几乎不可能分辨设计周详的试验、推测性理论、经得住考验的假说以及证实的事实之间的区别。因此，很难知道哪些风险真正值得注意。

罗斯勒关于粒子对撞机研究存在风险的论断遭到了否定。但是最近，两位法学教授对于纽约布鲁克海文的相对论重离子碰撞加速器（RHIC）开展的新研究提出了类似的担忧。他们没有罗斯勒那样知名的科学背景，因此更难引起人们认真对待他们所提的问题。

2014 年，埃里克·强森（Eric Johnson）和迈克尔·巴拉姆（Michael Baram）发表了一篇文章，要求成立委员会专门研究运行 15 年的 RHIC 是否安全。RHIC 的规模仅次于粒子对撞机，目前正在进行升级，以开展比它原有设计承载的能量范围更大的实验。

强森和巴拉姆担心新实验可能会产生一种次原子物质"奇异微子"，在某些情况下，奇异微子将引发链式反应。英国皇家天文学家马丁·里斯（Martin Rees）爵士说，链式反应会将地球变成一个直径为 100 米（109 英尺）的惰性高密度球体。

早在 RHIC 投运之前，就有人提出奇异微子的问题。1999 年 7 月，在媒体关注之后，布鲁克海文实验室主任任命了一个 4 人委员会研究这一问题。2 个月之后委员会报告称 RHIC 是安全的。之后包括《灾难：风险和应对》的作者理查德·波斯纳（Richard Posner）法官在内的批评人士指责该委员会的成员要么是该项研究的参与者，要么是既得利益者。

马丁·里斯写到，该委员会"的目的似乎就是让公众安心……而不是做出客观分析"。不管怎样，1999 年原本的研究是基于假定 RHIC 只能运行 10 年，且在最近的一次升级之后只能开展比以前功率更小的实验。

强森和巴拉姆关于成立一个委员会调查 RHIC 开展的新实验是否安全的呼声基本上被忽略了。有人批评律师们不应该质疑科学专家的判断。但问题是，在与安全攸关的问题上，科研人员一开始可能只顾推动研究的开展，从而忽视甚或不顾风险的存在。除非马上就能确定风险所在，不然许多科研人员会如同井底之蛙，对于所从事的研究产生的社会影响不感兴趣或是漠不关心。

即使某位专家深切认识到其中的深远影响，光凭一己之力也不具备足够的权威做出能够影响到我们每一个人的决定。另一方面，一些对于新技术可能产生的社会影响十分敏感的非专家人士却可能缺乏专业的知识去分析评估他们的担忧是否站得住脚。

一些有责任感的公民所持的观点可能是短视的——他们经常会将科学实践政治化，这本身也是有其危险性的。因此责任不仅仅在于科研人员，非专家人士和普通公民都负有责任。专家和非专家之间很少有动力进行相互沟通以弥合其中认识的鸿沟。即使他们想要实现某种形式的相互理解，也没有蓝图或计划指导他们实现这一目标。

决定什么时候听从专家的判断，什么时候对新技术的采用予以干涉的确不容易。政府领导或是知情公民如何有效地洞察哪些领域的研究前途光明，哪些又风险重重？我们是否有这样的智慧和手段缓解可预见的严重风险？我们如何对不曾预料的风险未雨绸缪？

粒子对撞机或是 RHIC 开展的实验引起人们恐惧，是因为从理论上说这些技术可能导致人类灭绝。而另一些技术，比如核战争，或是类似于科幻小说情节中终结者式的超智能机器人，其存在目的就在于灭绝人类。

当然，采用创新工具和技术所带来的危险和破坏，大部分都不会威胁人类生存。这些风险影响范围非常广泛，比如世界范围内的流行疾病可能会造成数百万人死亡，或是一场足以使政府倒台的经济危机。

大部分的风险相对比较小，比如机器出现故障对个体造成的伤害。但是，为数不少的创新技术有可能造成广泛的社会影响。其中大部分会使人类受益，有一些的影响存在争议，还有一些可能会造成破坏。也有可能某一种技术同时具备上述三个特点，即有用，有争议及具有破坏性。比如，侦察相机和数据库极大地提升了安全，同时也损害了自由和隐私。

本杰明·富兰克林曾经警告我们，那些愿意牺牲自由以换取安全的人将会双手空空，与之背道而驰的是，美国人和英国人显然愿意接受在二者之中做出权衡。权衡之下，考虑到巨大的好处，即使是存在破坏性风险的技术也常常为大众接受。但是我们判断这种权衡是否是合理的之前应征求哪些利益相关者的意见呢？谁又是最终拍板的呢？

《科技失控》一书讨论了新技术的采用所带来的潜在危害，以及预测和管理这些危害时所面临的挑战，并将其与预计带来的好处进行衡量。我们的讨论将提到人类生存面临的威胁，但重点还是在一些与人类生存休戚相关但是尚不存在的风险。

风险类型不同则要求不同的利益相关者参与决策过程。而且不同程度的风险需要不同形式的监管。为未来技术发展指出航向是一项危险的事业，首先要学会问正确的问题，这些问题能够揭示任其发展、无所作为所带来的隐患，更重要的是找到通向安全避风港的航道并为其描画出蓝图。

技术风暴

意识从时间的面庞划过，先照亮了生命的一面，而后是另一面。在我们当今所处的历史篇章中，焦点聚集在技术和信息上。时间飞逝，千兆字节的信息阻塞了数字和神经元的高速公路。不管是单个人还是作为一个整体，人类面临着前所未有的压力去消化、吸收、试验、参与，以及做出选择，对于不明智的选择可能带来的影响和付出的代价可能都没有机会进行反复思量。

基因工程、情绪和性格转换药物、纳米技术、高级形式的人工智能，这令人应接不暇的可怕变化可能重新设计人类的思想和身体，重新对人类进行定义。我们开始采用自动化的计算机和机器人取代具有缺陷的人类决策，采用生物工程燃料作为新能源来源，这都在集聚越来越大的压力。

层出不穷的新装置以及近期的各种可能性都在改变我们的日常生活，也许还会改变人类的命运。每项发明能够带来实质性的好处，比如治疗某种疾病，或是新的通讯方式。但是，即使最有益的发明也可能被滥用，从而造成不良影响，或是破坏体制、制度以及传统价值。

创新工具和技术的使用永远会有好坏权衡。如果无人驾驶汽车能够真正减少公路死亡率当然是好的，但是，从另一方面说，是否意味着人类将失去驾驶的权利。这种权衡当然无法与灭绝人类的技术相提并论，但是也会以悄然无息的方式改变人类的行为。

健康地多活几年当然不错，但是如果人类平均寿命延长到 150 岁，对于个人以及社会而言则有喜有忧。能帮人类承担繁重工作的机器人当然受欢迎，但是现在智能机器人越来越多地取代人类的工作，有可能某一天超越人类智力，造成一系列的经济、社会问题。

未来几十年里新技术的累积影响是难以想象的，且很可能令人不安。我把开创性发明和工具不断涌现比作技术风暴。雨水润泽生命，但是永不停歇的暴风骤雨则会暴殄生灵。

技术发展与经济类似，有可能陷于停滞也可能过热。支持技术带来回报的人呼吁政府出台越来越多的政策为研究提供资金支持，减少产品责任以刺激创新。但是少数领域的发展不断加速推进以至达到失控的危险速度。可以说，信息技术的扩展就是如此，而且凭借其迅速发展获得了侵犯隐私和财产的机会。潘多拉的魔盒已经打开。

我们的时代并非第一个经历新技术不断喷涌的年代。促成工业革命的新工具和技术影响更加深远，其造成的破坏作用远胜当今。拥挤的城市，肮脏、危险的工作条件，长时间的工作，童工等都是工业革命风暴最突出的负面特征。但是，对于那些居住在脏乱拥挤的贫民窟的人来说，刚一开始感受并不明显，生活水平的确是大大改善了。通常，新技术破坏性作用的产生要早于其带来的益处。

信息时代仍处于婴儿期，而且与工业革命时期有着天壤之别的差异，所以很难对二者做出有意义的比较。未来几十年中，基因学和纳米技术的进步将获得比信息技术更多的关注。这些领域不仅将改变我们的世界，还会改变我们的身体，促使我们的感官与外部装置之间联系更加紧密。多领域创新的融合效应不断累积形成技术风暴，人们得不断去适应变化以跟上时代步伐，趋利并避害。

对新技术总体影响进行衡量至少还需等待 30 或 50 年。同时，只有我们所采取的行动具有远见，才能确定信息时代真正促进人类进步和思想进步。技术进步带来的好处是不言而喻的。《科技失控》将解决可能出现问题的方面，对于减少风险的各种方法进行探讨。最重要的是，这种探讨应当与社会目标有关，不仅是可能实现什么，更是我们希望领袖们以及我们的社会应关注哪些重点。

在技术和社会变革过程中，会经历风暴或是倾盆大雨。基因工程的试验可能出错。看似有前途的理论也可能将投资人带入死胡同。我们在看到基因学和纳米技术预期中的好处之前，有可能看到实验室因事故或恶意目的导致大量有毒物质泄露。

负面后果会令人们质疑之前的判断，也会令人怀疑为了所谓的好处是否值得付出。批评者会争辩说，短期的利益和预测的好处就能证明当前出现的问题或是未来的风险是正当合理的。但是，新技术可能带来的好处可以解决当今如此多的问题，以至于没人希望放弃研究。

即使过滤掉猜测性的好处，在不久的未来很可能实现的技术进步带来的潜在好处是巨大的。但是如果我们对于预料中的问题不去解决，那么继续开展这些领域的研究，将带来危害，并危及公众对此的支持。如果没有明确的手段缓解某项技术带来的风险，批评人士以及公民团体会反对进一步的研究。

顺从经济和政治上的当务之急是不够的，听任技术机械式地展开也是不可接受的。在民主社会里，公众应当对开创一个怎样的未来负责。在历史的关键点上，在我们恰如其分地同意或反对之前，应当进行一次开明的对话。

转折点

现在衡量新技术的广泛影响为时尚早，我们仍有各种机会去害存利。但是为了充分利用这些机会，或"转折点"，我们首先必须认识他们。转折点是指历史上带来正面或负面后果的转折时刻。这些时刻提供的机会窗口让我们能够在一定程度上控制所要开创的未来。

机会窗口可能保持长期开启的状态，但很多时候，开启和关闭都很快。一项技术一旦根植于社会结构之中，要改弦更张极其困难。如果对于转瞬即逝的机会没有采取行动，那未来将屈从于人类不能掌控的力量。

消除灾难发生的可能性或降低灾难的严重程度通常需要提前采取预防措施。很多关于转折点的例子证明，通过及早响应预料中的危险，避免了灾难发生或限制灾难的影响。最近的一个例子是，全球实质性地提升了预防流行性感冒爆发的能力。大范围流行病是极其可怕的。1918 年西班牙爆发的流感导致 5 亿人感染，5000 万到 1 亿人死亡（占世界人口的 3%~5%）。

两种不同的流感爆发后，全球卫生官员抓住机会加强了流行病的预防工作。2002-2013 年间，根据世界卫生组织的统计，630 个确诊感染禽流感（H5N1）的病人中 60% 死亡。H5N1 是从家禽传染给人类的病毒，迄今为止，只有极少的证据表明该病毒能在人与人之间传染。

2009 年，一种神秘的新型病毒株"猪流感"（H1N1）在墨西哥爆发。至当年 11 月份，世界卫生组织宣布实验室确认了 482300 例感染了 H1N1 病毒，其中 6071 人死亡。卫生官员们担心致命的禽流感病毒可能会变异成人与人之间也能传播的形式，其传播速度将加快，或是 H1N1 病毒可能会变异成极端致命的类型。

如果感染禽流感的人很少，那么变异成人与人之间传播的病菌类型的可能性会降低。因此，刚开始的重点应当放在宰杀已感染禽流感的禽类防止传播；为家禽从业人员提供防护服和采取其他安全措施；为可能吃过受感染的鸡或其他禽类的社区开展有关卫生和食品制备方面的教育。

在抗击任何新发疾病性病毒时，开发有效疫苗，生产充足数量的疫苗为相当数量的人口接种，需要一定的时间，而这会造成严重的瓶颈问题。争分夺秒就是治病救人，节省这部分时间意味着抓住了拯救数百万人的机会。为应对禽流感和猪流感爆发，世界卫生主管机构采取了加速疫苗研发和生产的重要措施，加强世界各国公共卫生官员之间的沟通，增加了研究设施，支持开发更好的诊断设备，储备已知流感种类的疫苗，以及对只有流行疾病发生时才启用的疫苗生产厂家提供日常运营的支持。

卫生主管部门将这两起流感引起的担忧转变成预防疾病发生的机会。再次发生与1918年西班牙流感同等或更大规模的流行疾病仍有可能。幸运的是，全球卫生官员近年来采取的措施将大幅度减少流行病灾难发生的可能性。

改变基因，更具体而言，改变人类基因将成为人类历史上的重要转折点。而次一级的转折点可以理解为目前正在开展的研究路线进行了调整，或者说进展速度发生了变化。比如说，解码人类基因本来可以历经数十年缓慢向前推进，但是因大量公共和私有资金的注入而加速前行。

2013年6月13日，美国最高法院判决不能为人类基因申请专利，从而改变了人类基因学的研究进程。这次判决澄清并修订了1980年Diamond V. Chakrabarty案中的决定，当时实际上允许公司持有基因的所有权，引发了基因专利申请的"淘金潮"（gold rush）。截至2013年法院做出此判决时，41%的人类基因已注册了专利。对许多批评人士而言，对人类基因申请专利简直难以容忍，他们认为专利法的颁布是为了保护创新性发明而非申明对自然现象的所有权。

此次法庭判决的案件与米利亚德遗传基因公司(Myriad Genetics)有关，这家公司持有两种基因BRCA1和BRCA2（BRCA：Breast Cancer，乳腺癌）的专利权。通过其专利权，米利亚德公司拥有广泛的权利，不仅包括将确认存在 BRCA1 和 BRCA2 基因变异的产品推向市场，也包括垄断该基因的研究和相关的治疗。

携带变异 BRCA1 和 BRCA2 基因的妇女患乳腺癌的可能性很大。基因治疗师通常会建议进行预防性的切乳手术。2013 年，新闻媒体广泛报道了美国演员安吉丽娜·朱莉（Angelina Jolie）双侧乳腺切除的事情，她体内携带 BRCA1 的缺陷基因，患乳腺癌的概率为 87%，此外存在 50% 患卵巢癌的风险。朱莉的母亲 56 岁死于卵巢癌，她的姨妈 61 岁死于乳腺癌。

美国最高法院的法官一致决定判决米利亚德公司败诉，并宣布单独的人类基因不可授予专利。理智获得了胜利。这起判决避免了将来可能出现的负面影响，比如对于基因治疗的漫天要价，或是对能够开展基因研究的人予以限制等。矛盾的是，基因研究因此既放慢了步伐，也加快了脚步。私人公司可能难以筹集到投资，但是独立的研究人员可以自由开展基因方面的研究而无须经过已获取基因专利的公司的同意。

米利亚德公司案是基因研究发展过程中大家公认的转折点。法庭对以前的判决做出澄清或者说推翻了以前的判决，证明新技术的发展进程并非完全脱离人类的控制。调整进程的机会偶尔会出现。但是法院做出判决以后，这个具体的转折点就消失了，再次开启有关人类基因专利申请问题的讨论将是非常困难的。

航向修正

在采用新工具和技术的时候，哪些风险是合理的，哪些冒险是值得的，哪些是鲁莽冲动的？当前的模式是欢迎任何一项只要能想到的新工具和技术，只要有人愿意买，有人愿意卖。允许国内空域飞行无人机就属于这种情况。

开发军用无人机的公司想要扩大市场，而美国国会更关心的是，指示美国联邦航空局制定国内空域无人机飞行的飞行规则，而不是支持在全国范围内开展有关无人机利弊的讨论。无人机具有可协助搜救、方便警察监视、支持某些研究的开展，以及一日内送达亚马逊公司的快递等好处，但是否能证明侵犯隐私、空域拥挤、空难、财产损失、头顶上一群装有摄像头的机械昆虫嗡嗡作响是正当合理的？

公众全面讨论的结果很可能是有些人支持在空域飞行无人机，但要加以限制，这会大幅度减少无人机的数量。不幸的是，这种讨论并未出现。

本书中，我倡导的是在创新技术的开发和部署过程中更加慎重、负责和认真。对将会产生深远和不确定的社会影响的新技术采取漫不经心的态度是文明迷失的标志。放缓已加速前进的新技术，应当采用负责任的方式确保人类的基本安全以及支持广泛的共同价值理念。

虽然，每一个项目的放缓都会付出代价：节能设备的投放会停滞，武器系统未经完善和部署，还有一些创造不了的财富。那些梦想未实现的人会失望；有些将要离世的人认为他们的病本可在有生之年治好，将会很愤怒。但我们必须做出艰难的抉择。

我们踏上的航程危机四伏，修正航向非常必要。我们可以微调航向，只要我们认清一些转折点，认真地选择需要维护和加强的价值理念，坚定地开展好的研究和工程实践，设置一些能全面监督、管理、调整技术发展的机构。《科技失控》将就人类如何在危险重重的未来成功航向彼岸提出一些建议。

必然、不安和沉默

我的担心并不是在于某些具体的创新技术的应用，而是科学发现的过程。历史证明，政府对科学研究的干预在无数层面上损害科研自由。即便如此，在很多方面政府都应当更加关心他们需要资助哪些领域，以及要求科学家采取怎样的保障措施。

将科学发现活动与新技术应用区分开可能有些武断。大部分研究的目的在于开发新工具，比如更精确的诊断扫描系统，既能用于促进科学发现，也可用于治疗目的。大型强子对撞机（LHC）不仅仅是一个研究项目，也是部署一种新技术。如果没有大规模的粒子加速器，就没办法对一些重要理论进行测试。实验室创造的新物种通常也被接受为科学发现，但是将这种物种释放到实验室以外的环境中则完全是另一个问题。

区分科学发现和不应当开发或部署的技术需要工程师、政府官员、行业领袖以及军事规划者具备一定程度的认知成熟。至今为止，令人遗憾的是，这些人经常缺乏这种成熟，而且说来容易做起来难。

自由和开放的科学发明自然会带来新技术发明。当一种新型武器看起来可行时，可能在军事规划者认识到它的战略价值之前，早就获得了必要的开发资金。科学人员和工程师在"想到就要做到"这件事上很容易迷失，都在努力回答这个问题："我们做不做得到？"很少人会问："我们应不应该去做？"

过去10年来，我担任耶鲁大学生物伦理多学科中心技术和伦理（T&E）研究小组主席。该研究小组成立于2002年，是运行时间最长的调查新兴技术带来的伦理、法律以及社会等方面挑战的论坛。通过这个研究小组以及其他数不清的机制，我有机会认识了许多创造未来的科学家和工程师，开发和推销创新技术的企业家，部署新武器的军队领袖，以及宣扬改变人类进化方式有好处的未来主义者，我与他们还成了朋友。几乎所有的案例都证明这些善良的人都致力于让人类的生存条件更好，救死扶伤，济贫扶弱。

此外，我还结识了国际上不少政策规划者、生物伦理学家、社会科学家、法律学者、理论家、科幻小说家、批评人士，以及只关注新技术社会影响的"讨厌之人"。

对于新兴技术的社会影响每个人都只是从七零八碎的片面角度去理解。学术界倾向于囚禁于各自学科的窠臼。决策者深受政治和经济方面考量的影响，尤其是一旦出现问题则一心躲避批评。新兴技术的支持者或是批评者也通常用一个宏大的确定性观念来看待争议。我们真的需要就新兴技术的发展轨迹、影响以及管理开展更全面和跨学科的讨论。

T&E 研究小组会议中所开展的讨论虽然很有意思，但也非常令人担心。要么是政策规划者完全没有认识到存在如此多的风险，或是没有人去解决这些风险。认为所有人类的问题都将从技术上很快得到解决办法的人实在是很天真、很危险。

技术发烧友则沉迷其中，肤浅地轻视历史的教训。这种轻视论调自圆其说，认为技术创造的工具足以超越所有加之于后代的限制。因此，历史的教训不适用于今天的挑战，总能找到技术方案解决任何一个问题。这种思维方式令人不安，因为它认为任何能够想到的技术解决方案都应去实现。

技术乐观主义者认为科学发现和技术发展不可分开。只要可行就能实现。在他们眼中，根据技术创新的必然路线，将在不远的未来实现设计婴儿和超人类智能机器人。但是，即使是不可避免也可以迅速减速。放慢发展的脚步可以有更多的机会用心设计安全机制，也能改变各种目标的重要性。如果有充足的时间，人们就会关注转折点，并延长做出航线修正的时机。

我 8 岁的时候，华特·迪士尼以及当时的美国太空项目主任维纳·凡·布朗恩（Werner Von Braun）承诺说可以去国际空间站度假，还可以顺便去趟月球。我一直在等待这一天的到来。布朗恩的大型太空站并没有建成，但是美国公众已经不允许政府出资支持一个超出目前需求的项目。60 年后，美国公民仍然希望有机会去太空度假，但是很少有人愿意将此设为国家的头等大事。

几千年以来，创新技术为人类的渴望和追求服务。大部分人都认为技术是推动理想和生产力的引擎，但仍有许多人普遍对具体的研究领域感到忧虑，对于技术发展的整体趋势感到困惑。这种忧虑，以及打消忧虑的各种努力很容易找到证明，比如世界各国都禁止克隆人类，禁止运动员使用生长激素，欧盟限制生产和进口转基因食物，美国国内对于胚胎干细胞研究激烈争辩等。国际上正在讨论有关禁止致命自主化武器（杀人机器人）的提议，也有人提议禁止旨在减轻全球气候变化影响的大气层实验。

如果有人能够将真正的前景与猜测区分开来，那么源自科幻小说和炒作的忧虑则能被驱散，有一些担忧可以当作是对于未知的正常恐惧而不予理会。但是通常这种敏感伴随着一种直觉智慧，我们穿过繁忙的街道时，不安的作用是作为身体中的一种工具，提醒我们对周围情况保持高度注意。同样，普遍的社会不安也能说明这是一个需要解决的问题。

当然，分辨恰当措施的智慧很难顺手拈来。在生物安全和网络安全上投入巨额资金也并没有消除这些新威胁所带来的忧虑。对于网络犯罪、网络情报以及网络战争等威胁的应对看起来似乎是技术螺旋式升级中的下一步而已。换句话说，对于这些新威胁所做出的响应只是看到了问题的一部分，不可能作为长期的解决办法发挥有效作用。

无人驾驶的车辆给我们提供了一个有关理解和感受技术发展轨迹不可避免的最恰当的比喻。难道是技术悄悄地开始掌舵了吗——无论是实际上还是象征意义上？上千年以来，技术为人类的愿望服务，而现在我们需要改变生活方式和愿望以适应新技术所创造的生活吗？科学的可能性和技术上的当务之急已经成为人类未来的主要决定因素？难道我们都将成为技术的"好仆人"吗？

我和大家一样对科学发现和技术发展的趋向很是忧虑。但是我也很感兴趣究竟能够发现些什么，也急切地想了解科学家和工程师能够有哪些发明。这两种态度内在的矛盾可以成为一种指导力量。我因为在技术和伦理学领域的工作，有幸有时间去探索防止技术脱离人类控制的创新性战略。的确，其他的一些矛盾，比如说专家之间的冲突通常都热火朝天，而不是专家的人则一般沉溺于对猜测的担心，当然这也可以作为寻找未来解决路径的素材。

　　大部分的忧虑之所以浮出水面是因为旷日持久地争辩通过技术方式提升人类的能力究竟是人类的机会还是败坏了人类的天性。对于沉湎于辩论之中的人来说，这证明了在揭露错误或肤浅的论据方面取得了一些进步。

　　但是，从大的方面说，我们的社会仍不能就哪些是实际创造的与哪些才是我们真正应当追求的目标进行一场令人满意的讨论。一些人急切地欢迎那些可以提升或改变人类能力的技术，而另一些人则对此深恶痛绝，而这之间的对抗，目前来说，仍是平局。僵持的局面对于项目投资人来说是有利的，但也导致一些有发展势头的技术研究戛然而止。但是有些事，比如克隆人类或是认知提升类药物引起意料之外的神经损伤，可能会改变事情的发展进程。

　　大众对于克隆人类和转基因的忧虑程度让人很难理解为什么对于因特网、智能手机以及其他的信息技术接受起来相对顺利很多。毫无疑问，不同技术引起人们的担心程度是不一样的，但是即使大众对于数码系统或装置的欣然接受也带来一些令人困扰的问题。

　　比如，一位母亲只顾着看电脑，对孩子一天在学校的表现不闻不问，这种骇人故事也许看起来不足为信，但是一个孩子在讲述一天中发生的事情，而他的母亲时不时点个头，手却仍然敲着键盘，这种情形恐怕屡见不鲜。带屏幕的电子设备总让人着迷；玩智能电子设备的乐趣超越了与周围人相处的乐趣；社交媒体无疑给我们提供了不一样的社交方式；短信来时的哔哔声或是打赢《接龙》《糖果粉碎传奇》《愤怒的小鸟》等游戏不断带来的多巴胺分泌进一步强化了这一类似于上瘾的行为，计算机将我们训练成了他们的奴仆。

　　技术奇迹引人敬畏和顺从。这种顺从有更广泛的意义，有人说技术的进步已踏上了不归路，还有一种表述是，这条路一直走下去，人类将变得无用。的确，各种技术预言家声称，我们已经进入了必然趋势的第一阶段，在这个过程中，人类这个物种将会因各种技术发明而消失。未来的主宰将是半机器人、电子智人、超智能计算机。如果我们对于驱动技术进步的经济、政治以及社会力量不当作无所不能的话，这些言论的影响力可能会削减。

这本书起源于 2011 年与好朋友的一次谈话。他对于基因学和人工智能研究方向不可避免感到困扰。他的沮丧和无奈也让我困扰。他提到技术发展的未来路径已经确定了。为什么人们相信技术发展的进程已经被确定，也许是技术奇迹带来的小恩小惠转移了注意力，或是掩盖了面对业已失控局面时的无助和沉默。

幸运的是，技术发展的路线并非已成定局。本书中，我将探讨技术发展必然性有关的各种问题。必然性的说法贬低了跨越重大技术门槛的难度，任何理论上的解决方案并不一定都能带来实际成果。未来主义者认为，高级人工智能发展的必然性将不利于人类对危险系统薄弱性进行探索。随着科学知识的累积，很有可能实现新的可能，但是我们是否接受这些可能，倾听内心的不安，或是抓住转折点的机遇，这些选择仍在人类手中。

虽然我们已走上不可避免的征程，但是目前还没有人制订新技术部署的管理计划。没人能真正了解人类历史上这一重大时刻。我们从不缺乏掌握特殊知识的专家。有特别目的的支持者通过网络、媒体以及电视、广播访谈放大自己的声音。少数有思想的人与大家分享对于基因学、神经学以及纳米技术的看法；夸夸其谈者打得不可开交，还四处宣扬自由、安全、平等以及责任等个人价值；"预言大师"做出无数预测；在任的政府官员忙于应对各种危机，勉强应对一两件大事。

正在徐徐掀开面纱的技术风景画卷令人困惑——相当于现代版本的大西部，在此间探寻宝藏的工程师发现了以新的应用程序或社交网络方案为形式的黄金。一旦这些探宝人被授勋封爵，他们就加入了商人的阶层保护自己的经济利益，而对影响他们利润、自由以及特权的规定嗤之以鼻。

一方面，需要对正在发挥作用的力量和可能性有更深、更全面的了解。另一方面，任何设想都存在偶然性。就好像我们正在拼一个技术风景画拼图，有一些拼图块不停地变化形状，还有一些找不到了。

找不到的拼图中最重要的那些区块的原因也是大部分有公知的公民并没有参与讨论，没有一群致力于全面了解问题的学者，也缺乏有公知的公民以及学者能够发出声音从而纳入政策规划者决策中去的论坛。没有这些，技术可能性的发展只能是以机械式的发展为主导。

年轻学者当然更愿意更全面地处理问题，但是他们也承受着在现存的学术生态环境下，在某一特别领域中建立专业地位以证明自身存在合理的压力。大学对于跨学科了解问题的需要只是口头说说而已，很少有学者因此追求而收到报酬。

鉴于这种不确定性，以及认识到必须做出有重大意义的决定，学者和政策规划者都在呼吁公众更多地参与到讨论中来。对于科学方面思想自由的公民，他们能问出好问题，能认真倾听，分享他们的看法、观点以及直觉等，他们是能发挥作用的。但是公民们有效参与讨论、表达关切的渠道十分有限。如果没有建设性参与的方式，知晓情况的价值则削弱了，权利也会被转移到已知情的公民手中。

本书的最后两章将介绍培养知情公民和跨学科学者的做法，就是建立一些能够倾听他们声音的论坛。但是，首先要为广泛了解具有极大吸引力的新兴技术图景奠定基础。

进攻计划

我是从美国的角度来看问题，但是我们面临的挑战涉及每个国家、所有的人。我们需要在国内和国际开展有关创新技术采用相关目标和关切的讨论。在有些领域和范围符合公共政策，且有些国家处于领先地位。比如日本和韩国在开发人工智能和机器人方面发挥了重要作用。欧盟在制定跨学科办法管理新兴技术社会影响方面比其他地区更积极主动。历史上，中国人一直善于放眼长远。随着中国的政治、经济影响力在世界舞台上日益上升，这一点也尤其重要。

所有文化的共同点在于对技术发展的速度和轨迹的思考。无论是个人还是作为一个整体，我们必须决定什么时候去接受、管理或是摒弃这些技术的发展。在联系愈加紧密的世界里，一个国家对于新技术的限制只有得到国际共识的支持才能真正实现。这对于那些只希望促进地方性价值发展的团体来说也许不算好消息。但是对于那些更加关注普世性价值的人来说则是莫大的鼓励。

国际社会统一技术政策必将遇到重大挑战。国家之间不同的管理形式和价值结构让许多对此关注的学者认为无法对新技术进行有效监管。一个国家限制的在另一个国家可能被允许。同时还存在开发人员将研究工作搬至限制最少的国家的风险。一些政府首脑急于想成为新领域的领头羊以收获经济利益，他们会对别的地区尚有争议的研究予以支持。

一些工具性价值观（instrumental values）比如安全和责任在很多文化中都被广泛认同。其他一些更加人性化的价值理念比如同情、扶弱济贫、个人的尊严等经常与宗教传统混淆不清。不幸的是，有些宗教对于挑战传统信仰的科学观念并不宽容。

多元文化中难道只有一些工具性价值观能够最后幸存吗？幸运的是，还有一些其他的方式可选择，比如用《世界人权宣言》来加强价值观。但是这样够吗？或者我们必须建立一个新的平衡以确保新技术产生的压力不会削弱对个人的尊重。

各种杂志以及网络媒体充满了对于未来几十年技术发展前景的预测。本书第二章开头将做出一个大胆的预测以供读者评价。这部分描述了我们已经走上的危险旅程，以及重新引导技术发展轨迹的必要性。

第三章和第七章概述了为什么新兴技术会带来灾难和悲剧的三大核心原因。对不可预料的复杂系统的日益依赖、发展速度不断加快、个别领域的创新研究产生的相关损害都带来了新的危险。全球气候变化和对新能源资源的需求螺旋式上升要求我们寻找不同的解决方案，这也引起了利与弊的权衡。使用基因技术创造生物产品、植物以及非人类的动物物种带来了与基因技术应用于人类基因完全不同的问题。

第八章至第十章简述了人类寿命大幅度延长和人类增能所带来的社会影响。研究伦理会延缓甚至是终止某些危及人类物种的科学实验。人类的能力能够并应当通过提高人类能力的技术得以提升的论点支撑了一个更宽泛的论述，即身和心都被视作生物机器。

生物医学行业以及军工大集团仍然是推动大型科学研究和技术创新的领衔力量。在医疗和先进军事系统领域的大量预算花费基于一些重要的考虑，第十一章将对此提出质疑。

第十二章至第十五章提出了一些能够且应当实施的政策，一些必须加强的价值理念，应当重视并因此采取行动的转折点，以及支持一些机构和个人对新兴技术进行监督。第十二章通过建议禁止杀人机器人的例子详细解释转折点的深远意义。第十三章简述如何将道德因素注入新技术设计和工程。第十四章提出应进行体制改革，以协调参与技术创新监管的不同管理部门、专业协会以及非政府机构。最后一章简述对新兴技术所产生的社会影响敏感的科学界人士所能发挥的作用。

我们的调查只能提供建议并描绘前方路径。想法和认识只有付诸行动才有意义。本书的最后一部分必定是关于以我们个人和集体的首创精神支撑的世界。我们是屈从于这股已经发力的神秘力量，还是学会如何做出有意识的、负责任的变化。

第二章　预测

　　未来 20 年中，新技术的采用可能导致社会动乱、公共卫生和经济危机、环境破坏以及个人悲剧。有些事件可能会造成很多人失去生命。这样的预测并非为了制造恐慌或耸人听闻。我也无意阻止能够改善我们生活的科学研究发展。

　　我提出警告的目的在于，希望通过一点远见和规划，以及做出艰难选择的意愿，能够解决很多危险。不幸的是，我们以及我们的政府没有表现出太多的意愿、智慧以及打算去做出艰难的抉择。的确，有理由相信这样的危机是不可避免的，涉及新技术的灾难发生的速度会加快，为人类未来指出方向的机会瞬间即逝。

难以预知的危机

　　萨力多胺（一种安眠药，曾引起西欧几千名婴儿出生缺陷）婴儿、切尔诺贝利核泄漏事故、印度博帕尔美国联合碳化物公司的化工厂毒气泄漏事件、挑战者号航天飞机失事、英国石油公司原油泄漏等，在这些悲剧性的事件中，技术难辞其咎。还有一些事件是有意使用有害技术用于破坏性的目的，比如奥斯维辛集中营毒气室、德累斯顿大轰炸、广岛和长崎原子弹爆炸、美军在越南战争中使用橙色脱叶剂、东京地铁站沙林毒气袭击，以及巡航导弹和生物武器扩散带来的危险。

正在开发的很多技术也带来许多新风险。关键信息系统失灵或网络攻击可以造成严重金融危机或持续停电。今后有可能发现许多正在使用的纳米材料的消费品是致癌产品。学生们服用了多种药物以增加学习竞争力，但是可能因为混合使用引起脑部损伤。一个心存愤恨的少年可能会用价值275美元的3D打印机造出塑料枪支伤害自己的父亲。一个精神病人或恐怖分子可能在自家实验室炮制出特制病原体，引发一场世界范围的流行瘟疫。自主武器系统会伤害平民，引发新的战争。受到不断上涨的潮水威胁的岛国可能采用新技术改变该国气候，造成邻国遭受旱灾。

在2009年出版的《道德机器：教会机器人分辨对错》中，我和另一位作者科林·艾伦（Colin Allen）做过类似的预测，即没有人类直接监督的情况下，计算机采取了行动引起了灾难性的后果。我们模拟了计算机引起的灾难如何展开的场景。这个场景是根据当前以及近期计算机技术发展基础上设想的一系列可信的事件。在各种力量综合作用下，这些事件引起了油价飙升、电网故障、国土安全警报以及不必要的人员死亡等。

2010年5月6日下午2:45发生了现实版的由计算机引起的事件。道琼斯指数暴跌，几分钟后恢复上涨。这次事件被命名为"闪电暴跌"，这是道琼斯指数历史上一天之内最大的跌幅（下跌9%，998.5点）。计算机高度自动化买入卖出是最重要的原因。在暴跌当时，高频交易至少占所有交易的60%。

有一些研究表明，现在基本上半数的交易都是由计算机自动进行的，当行情变化跨过用户设定的数值时，计算机会以数字算法自动买入和卖出。但60%这一比例还是夸大了高频交易中计算机化市场活动的整体重要性，高频交易一般有两种交易形式——几分钟进行一次买入和卖出，或是不到一秒就进行一次买卖。

"闪电暴跌"导致一些投资者身无分文而另一些人获利丰厚，损害了人们对于股票交易运作的信心。为了防止闪电暴跌再次发生，人们在股票交易市场引入了熔断机制，一旦有不正当交易发生则开始启动。但是，2012 年 8 月 1 日，在熔断机制切断交易之前，一家从事计算机交易的"骑士"公司开发的"流氓"算法已经买入和卖出了 148 家公司的上百万只股票。最大的受害者其实是骑士公司和他们的客户，他们在不到一个小时内损失4.4 亿美元。这一系列的事件让小投资者确信，计算机已经控制了金融市场，投资游戏已成定局。

金融市场对于计算机的依赖不仅仅是高频交易系统。计算机在 2008 年房地产市场崩溃中也发挥了作用。计算机帮助好的和坏的债务产品组合在一起构成复杂的金融衍生品。一旦房地产市场崩溃，人们很难对银行持有的衍生品进行评估。即使是银行巨头也无法确定其承受力。

有意思的是，计算机在金融衍生品危机中并没有发生故障，反而是作为关键的基础设施支撑着存在问题的银行体系。计算机的存在使得造成危机的金融衍生品市场得以成功运行，同时也加剧了危机的影响。下一章，我们将进一步探讨依赖无法充分预测其行为和影响的复杂系统所导致的内在危险。

一些分析者注意到了计算机在房地产崩溃危机中所起的作用，但是他们的注意力更多放在批评那些贪婪的银行家，以及揭发莫多夫（Bernie Madoff）等骗子之流的违法行径。人们将"闪电崩溃"和"流氓"算法归罪于人类的错误。

从我们当前掌握的信息出发，很难知晓所有潜在的危险。有意使用技术追求破坏性和非法目标的坏人应为大部分的风险负责。这些风险涉及的范围包括个人的悲剧、公共卫生危机，能够提高人类能力的技术所带来的社会和伦理影响，隐私、财产以及自由丧失，关键基础设施崩溃以及反乌托邦社会等。

前沿技术的倡导者因追求研究成果的热情掩盖了潜在的风险。他们夸口说只要在摄像头的帮助下，以及将机械假肢装入神经系统，失明者将重见光明，跛足者能健步前行；高科技武器装备的军队定能战无不胜；破解人类基因就能对遗传性疾病进行个性化治疗；无人驾驶车辆能减少交通事故发生，在开车上班路上时能解放双手发短信；如果我们每日清晨饮用一杯含有认知提升药物的鸡尾酒，将会变得更快乐、聪明，甚至品行更加端正。

当然，我们知道一些投资银行家、风投家、企业家以及少数的投资人会因此更加富有。政客们将获得权贵的赞助，他们选区的企业将获得更多订单，找到工作的选民也会更支持他们。科学家和工程师将获得终身教授身份，他们将拥有资金充足的实验室和聪明的研究助理，偶尔还能得个诺贝尔奖或其他享有盛名的奖项。

最大的挑战并非是一场危及人类生存的大灾难，而是短时间内各方面的问题不断汇集。技术发展自然与医疗、环境以及经济等领域面临的挑战密不可分。通常技术能够解决这些问题，但是也会造成医疗危机，破坏环境，引起经济危机。如果各种灾难集中爆发，技术也不可能解决问题。许多学者和新闻记者已经将未能妥善解决挑战而造成的后果归因于其他的方面，本书则主要分析技术在这些问题中的作用。

社会系统只能承担这么多压力。对同时发生的多种灾难做出响应，即使是最强健的机制也难以应付。政府可以，也可以不为危机直接负责，但是一旦它没有做出有效应对，则会失去民众的信任。在民主国家中，政府治理的小失误通常会导致执政党下台。大的危机或多种危机可能会引起主要社会机制崩溃甚至政府垮台。

问题刚发生时及时得到解决是避免同时出现多种危机的最好方式，这通常需要采取成本较高的预防性措施。但是，由于并不能对于预防的灾难举出实例，很难明确预防措施是否奏效，因为预防的灾难尚未发生。

此外，以监管和政府监督形式的预防措施会延缓研究进度，这些研究总体上对社会是有益的。因此，立法者不愿意要求企业和公民做出牺牲。

近年来，政客们甚至更进了一步，他们假装认为全球气候变化以及高频交易带来的问题要么不存在要么难以驯服。

如果不能采取预防手段，我们只能在悲剧发生以后采取一些差强人意的补救措施。灾难的确能引起关注。牛海绵状脑病（俗称疯牛病）就给欧洲敲醒了警钟。2011年3月11日海啸之后发生的福岛核电站泄漏事故提醒了日本人，他们发现这一存在潜在危险的技术在管理方面存在普遍问题。不幸的是，对于灾难的响应通常只是应急之举而非未雨绸缪、思虑周全。为了遏制疯牛病蔓延，英国屠宰了440万头牛。日本是一个十分依赖核能发电的国家，截至2012年5月，不得不关停了所有反应堆。在大量检测之后，少数几座核电站有待2015年重启。

灾难管理的成本高昂。究竟是在灾难发生之后付出的代价高还是在灾难发生之前采取大量上游措施引发的成本高，政策计划者对此仍存争议。但是，时间会给出最终的答案。如果多种危机集中爆发，其中有些危机源自之前未能解决的和未预见的问题，那么其结果可能是很快进入一个反乌托邦的未来。

对未知的恐惧

长期以来，反乌托邦的未来愿景激发了许多科幻小说家和电影导演的想象力。奥尔德斯·赫胥黎（Aldous Huxley）的《美丽新世界》（1931）以及乔治·奥维尔（George Orwell）的《1984》（1949）都是警示性的小说，提醒读者我们应当避免的未来。

赛博朋克流派经典作品威廉·吉布森（William Gibson）的《神经漫游者》，以及尼尔·斯蒂芬森（Neal Stephenson）的《雪崩》（1992），这些书中描绘的未来社会只有进行技术增能才能占据上风，这也让公众开始认识了"网络空间"的概念，以及"虚拟现实"的可能性。

在《终结者》（1984）和《黑客帝国》（1999）的未来世界中，人工智能有意灭绝人类。电影中的计算机合成形象十分逼真，对预测的可能性大肆炒作，公众和媒体很难去辨别哪些技术可能实现，哪些不可能。即使是专家，也对于哪些预测可靠、哪些存在潜在的危害需要注意存在争议。

警示性的科幻小说助长了"潘多拉盒子直觉"——人们认为最好不去探索未知的路——那些聪明的游客避免选择的路。这种直觉常见表现形式是判断不应该去摆弄人类基因或是不应当制造杀人机器人。潘多拉盒子直觉常用于支持非理性的反科学行动，比如不愿意为孩子接种可以预防严重疾病的疫苗。如何将这种对伪问题担心的直觉引向真正能够且应当解决的问题上是一件困难的事情。

对于技术引发的事故，人们普遍持有一种态度，这在美国尤其如此，即任何新技术带来的问题都能从技术上找到解决办法。人们对于用技术解决问题持有近乎宗教崇拜的热忱，且称之为"技术解决主义"（technological solutionism）。技术反乌托邦主义将对科技政策产生阻碍作用。

如果公众认为，科幻小说的场景可能发生，那么即使对于极不可能出现问题的技术也会有人要求予以限制。回顾过去，20世纪50年代人们担心会被机器人取代以及遭受基因突变的硕大蝗虫攻击，但是也没有人会因此而放弃过去60多年来在计算机科学以及基因学领域研究所取得的成果。

认识到这一现象，技术乐观主义者竭力想描画出乌托邦的未来愿景。这一吸引人的愿景描述了如何去战胜疾病，结束贫穷，恢复环境。但是，这一愿景依赖的是能力增强的人类或是超人机器人，这听起来和带来20世纪灾难的破坏性的乌托邦意识一样空洞无物。

技术发展的脚步不受任何制衡向前迈进，其中隐含的风险是我许多朋友和同事所不愿明言的，他们是一些科学家和工程师，希望通过技术找到不治之症的治疗办法，或是希望提高人类心智和身体机能的超人类主义者，以及一些希望从前沿技术研究中获益的人。

他们特别担心任何关于科技危险的讨论会进一步增强反科学联盟的势力，这些反科学人士出于意识形态、政治、宗教等目的已经对进化论，以及有实证的全球气候变化现象拒不承认。大学和学院派学者认为开放和自由地探究事实真相是一个脆弱的事业，会因政治和经济的压力而妥协。

对于经历过 20 世纪 50 年代参议员麦卡锡反共运动的大学教授、管理人员来说，对于这点感受更为深刻，当时很多大学校园因此蒙上了恐怖的阴影。的确，因为担心不理智的反科学运动扩大，研究人员以及那些渴望获得科学研究好处的人加倍努力消除批判主义的负面影响。换句话说，这些批判主义反而进一步加剧了技术的破坏力量。

我对挑战的看法有所不同。新技术的推动者有必要与对新兴研究领域发展轨迹感到不安的人直接对话。此外，他们应当停止对一些秘密研究遮遮掩掩，比如这些研究可能会导致新武器系统诞生，而这些武器的危险直到投入使用后才为不持怀疑的公众所知晓。在新技术投入使用或市场之前，广大公众、政策规划者、学者必须有机会对这些技术所能带来的社会影响进行思考。

近年来，科学界内部有很多呼声要求研究人员发挥作用，将他们所从事的创新研究带来的社会影响介绍给公众。令人遗憾的是，很多科学家和工程人员并不认为他们的工作带来的伦理和政策方面的挑战是自己的问题。对于与公众对话，他们觉得准备不足，或是不感兴趣，他们把责任推卸给了别人。但是谁是"别人"呢？是政客，行业领袖，生物伦理学者，原教旨主义传教士，沉湎于新潮电子设备的技术达人，还是关心这些问题的公民？我们所需要的不是对这个问题一知半解的官员做出影响人类未来的决定。

即便是所罗门，倾其所有智慧，也很难从科技创新带来的积极成果中分析出可能存在潜在的破坏。不管怎样，我们每一个人都无形中默认技术进步的光辉成果和不懈进步。不幸的是，大多数人对于将会改变我们未来的想法和发现只有最基本的了解。

新的科学成果层出不穷。即使是那些制定公共政策，提供资金支持研究发展的人也高度地依赖专家们的意见。困难在于不知道该问什么问题，从何处寻求一个平衡的视角。很多时候，科学家的推断超出了他们的专业背景和理解。获得研究资金支持的渴望蒙蔽了他们的判断。

来自科学家的炒作，通常是对于实现下一个技术突破的时间框架过于乐观，助长了不切实际的希望也引起了对于科学进步的恐惧。最有说服力的声音大多来自坚定支持和坚决反对发展某一具体技术的人群。

依靠具备专门领域知识或有特殊兴趣的个人做出的决定并不能满意地解决可能改变成千上万人生活的一些问题。新兴技术的复杂性单靠个人智慧无法应对，但这并不是说这个问题不可解决。不同见解的人可以分享真知灼见，找到重点问题，关注薄弱环节，聚焦现有治理机制中的缺陷，以解决一些问题。

所罗门对于他所面对要解决的问题没有现成的答案。两个妇女在他面前都说自己是孩子的母亲，他也不知道谁说的是真话。但是他知道怎样设计一个场景，让真相自己浮出水面。他提议说把孩子砍成两半，这两个女人的反应使得真相立现。

优秀的记者和律师知道怎样问问题能够让事实真相大白于天下。有时候，一个人如果不诚实，躲躲闪闪，或谎称知情，一个微妙的手势和动作就能暴露他的本色。阐明难题的智慧形式是多样的。睿智的长者、善良的父母，抑或是街头混混都可能对专家并未注意的细枝末节更加敏感。

评估各种建议的一种比较好的方式是成立一个论坛，邀请专家用朴素易懂的语言解释艰深晦涩的理论，以便陪审员、记者以及感兴趣的公民都能听得懂。这种有取有予的方式可以一直持续下去，直到前进的道路最终出现在眼前。

成立这种论坛，或是任何讨论新技术挑战的机制，都需要培养一些热衷于技术发展前景的学者和关心此事的公民。一定数量的知情公民对于平衡那些对于特定结果拥有既定利益的利益相关者的影响具有一定的帮助作用。出于这个目的，本书绘制了一个框架，以帮助大家从跨学科的角度更广泛地理解新技术对社会产生的影响。

我做的任何预测都无法保证立法者采取行动制定更加严格的技术创新管理机制。毕竟，历史上很多预测也并不靠谱。只有通过全面地审视新兴技术才能找到担心的原因究竟是什么。这种审视首先要讨论一些核心问题和具体的危险，这正是促使我写这本书的原因。

一旦所关注的领域得以阐明，我们就可能发现转折点，并找到解决潜在危险的通用的或针对性的办法。只有我们携手努力，才能在技术发展的海洋上扬帆远航。

第三章　越来越复杂

1999 年 12 月 6 日，一架"全球鹰"无人侦察机在成功降落之后，在滑行过程中突然加速到 155 节（每小时 178 英里），在拐弯处滑离了跑道。它的前起落架撞到了附近的沙漠，造成了 530 万美元的损失。

事故发生时，操作无人机的操作员在控制室里完全不知为什么会发生事故。空军调查结果认为，突然加速是因为软件问题以及"监督不力"等复杂因素。

"全球鹰"制造商诺斯洛普·格鲁曼（Northrop Grumman）公司发言人将超速完全归罪于操作员。操作员确实在认清无人机意外行为上有所延误。即使是他们发现了一些异常，也不明白飞行器遵循的是哪项程序。飞行器对于他们发出的补偿性指令要么没能接收到，要么是不匹配。操作员无法理解这个半自动的设备打算做什么，从而提供合理的有效指令。

已有案例中有迹象表明无人机能够明白自己在做什么，或是飞行员打算让其做什么，这说明它具有一定形式的"意识"。当然，在上述的例子中并非如此。无人机只是根据软件编程的子程序进行运作。

"全球鹰"无人机只是依赖复杂计算机系统运行的无数新技术中的一个。现在已经部署和正在开发的大多数系统并非全自动，但也不是完全依靠人运行。无人机，就像有飞行员驾驶的飞机或是外科大夫用来做精细手术的机械手，是非常复杂且部分智能的装置，它是作为团队的一部分开展工作。这种团队会展示出人类与非人类行为者的复杂互动，以及相互学习对方的聪明才智。在正确操作下，无人机能够独立开展任务，也能够执行由人类操作员发出的指令。

复杂系统的成功运行取决于协调计算机和人所做的决定，一般认为，人应当在其中发挥作用，使系统适应预料之外的情况。像"全球鹰"滑离跑道这样的问题刚开始大家判断是人的因素造成的，其中一个解决办法是让智能系统有更高的自主性。但是，这并不能解决问题。

对智能系统的行为做出预测对于人类操作者来说越来越困难，因为智能系统以及它所运行的环境日益复杂。要让操作人员了解复杂的计算机在想什么，以及预测计算机的行为以协调人机团队的行动，实际上是增加了操作人员的责任。设计出具有高度适应性，独立于人控制的计算机和机械零件是工程师的长远目标。但是，这个目标是否能完全实现仍是个问题，因此也不清楚人类是否会被大型复杂系统运行排除在外。同时，当意外情况出现时，仍需要人类帮助机器做出响应。

复杂系统本质上说是不可预测的，一旦碰到意外情况容易出现各种问题。即使是设计精妙的复杂系统也会出现未曾预料到的问题。概率很低的事件一般为人所忽视，且没有做过计划，但是这种事件的确会发生。

设计一个能够协调人和机器行为的复杂系统是一个很困难的工程问题。同样棘手的问题是如何确保复杂系统在出现问题的情况下具有足够的韧性，从而恢复正常。计算机系统的行为是十分脆弱的，想想 Windows 计算机只要出现一点信息错位就会死机，所以它们几乎不能适应新的意外情况。意外情况，不管是纯粹的机械故障，还是计算机自身的问题、人的错误，或是突如其来的风暴，都会破坏那些真正复杂系统的运行，比如机场。

我的结论是没有人真正了解复杂系统。

麻省理工学院教授、畅销书作者谢利·托克（Sherry Turkle）提到管理复杂系统时这样说："也许我们人类就是不善此道。"我们是否可以获得必要的知识以了解如何管理复杂系统呢？某种程度上，答案是肯定的。但是对于如何控制好复杂系统，却存在着内在的限制。

这并不是一个新问题。过去半个世纪以来，人们一直在争辩政府和能源公司到底能否很好地管理核电站。当危险已为人所知，我们通常会花费更多的精力和注意力去管理风险。但是尽管如此，大部分（当然并非全部）的核泄漏事故的发生都是由于缺乏足够的认真，或是出于愚蠢，或是二者都有。少数核泄漏事故是由于意料之外的或无法解决的情况造成的。日本福岛核电站泄漏事故就是因为千年不遇的海啸引起的。

"复杂"一词的基本意思很容易掌握，但很难理解为什么"复杂性"竟然起到决定成败的作用。本章将介绍复杂性，包括目前已经显而易见的复杂系统、正在开发的复杂系统，以及认识哪些形式的复杂性带来风险。在澄清监督和管理复杂系统的难点过程中，也将阐明相应的 C 开头词语："混沌"（Chaos）。

从我们的目的出发，弄清楚"复杂性"和"混沌"对于了解其中可能被忽视的挑战、难点以及危险是非常重要的。如果我们要安全地采用和监管新技术，复杂性不应被视作障碍，而应给予重视。

现在已经有一些科学研究领域专门研究"复杂性"和"混沌"是如何工作的。"二战"以后，对系统以及系统内各个组成部分如何表现的跨学科研究，变得日益重要，最终发展成一个领域，即系统理论。自我管理的系统是天然存在的，比如人的身体；社会系统，比如政府或一种文化；或是技术创新系统，比如汽车或者合成生物等。

在日常语言中，"复杂性""混沌"这些词的用法比较宽泛。但在系统理论中，这些词的用法更加精确，以便为两个相关领域——复杂性科学和混沌科学，奠定基础。但是这些新兴的科学研究领域对于应对不可预测性以及控制突发灾难方面到底有没有用呢？

气象模型很复杂，经济市场的行为也很复杂，迄今在预测二者行为方面并没取得多少成功。复杂系统科学在建立模型方面取得了一些进展，多方数据输入相互作用形成了一些模型。大部分的进展依靠计算机模拟。但是未预料到的因素使得对市场和天气的预测兼具可能性和运气。对我们所创造的很多技术的行为进行预测也是如此。这令人十分困扰，因为当今社会日益依赖计算机网络和能源网络等复杂技术系统。

要了解这个问题的广度，很重要的一点是要认识到技术系统不仅仅是由技术的部件组成。以无人机为例，复杂的系统包括了制造、维护、改善、运行以及与技术进行互动的人类。总体来说，技术部件、人、机制、环境、社会价值观以及支撑系统运行的社会实践共同构成了所谓的"社会技术系统"。水净化设施、化工厂、意愿和政府都是社会技术系统。

换句话说，一项具体的技术——不论是计算机、药品，还是合成生物等，都是更大的社会技术系统的零部件。问题在于整个系统是否运转良好，并不完全取决于其中的技术零部件。本书将聚焦技术零部件或流程，因为问题往往源自社会系统中零部件的相互作用。

我们是否能够充分了解或完全驯服复杂系统？工程师努力使他们开发的工具具有可预测性，从而能够安全使用。如果我们开发的工具不可预测，有时候用起来并不安全，那我们还依靠这些工具管理关键的基础设施则是愚蠢鲁莽的。

目前迫在眉睫的是投入必要的资源（时间、人力和金钱）制定控制复杂技术的新战略，并了解这些战略的边界。如果规划者和工程师不能限制危害，那我们所在的社会不应再依赖日益复杂的技术系统。本章选取的例子旨在阐明复杂适应性系统哪些方面更容易为我们所理解。

复杂系统和混沌系统

复杂系统的单个部件如同计算机网络中的节点，大脑中的神经元，市场中的买家和卖家。当许多部件对相互之间的行动做出响应时，并没有十拿九稳的方法预测系统的整体行为。了解一个复杂系统的行为，有必要观察这个系统每一步如何展开。就像下棋，每一步可用的走法是有限的，尽管如此，也很难预测5步、10步或是20步之后会发生什么。

1997年IBM计算机"深蓝"打败国际象棋世界冠军盖里·卡斯帕罗夫（Garry Kasparov），"深蓝"需要巨大的计算能力计算后续走法。即使在当时，它也只能预测出5步或10步之后的走法，每一步都生出新的枝节。卡斯帕罗夫走的每一步棋都砍掉了一些枝节，同时也制造了新的可能性。

数学公式通过解题得出结果，但是计算机技术的核心所在——演算法，则是确定一步一步展开的流程。随着事件按顺序展开产生一个模式，但这个模式也可能无法告知我们如何预测后续事件。

与"全球鹰"无人机故障的例子类似，复杂机器人将根据演算程序开展行动，当新情况输入时，我们很难或者说不可能对它的行为进行预测。当然考虑到在仓库里运送亚马逊快递订单的半自动机器人所带来的好处，我们对它可能造成的危害是可以接受的。但是，作为武器平台的机器人，其行动可能会出人意料地，但也是可以想象的，造成很多人死亡。

引用一句格言："烤一个蛋糕很容易，造一辆车很难，养一个孩子很复杂。"复杂机械装置中零部件相互作用的方式基本上容易理解。复杂系统的行为可以进行预测。一个部件损坏，复杂系统会出现故障，但是工程师已经很善于预测多长时间以后系统出现故障。

我还年轻时，难以预测汽车的零部件比如轮胎什么时候会出问题，过上一段时间总会碰到意外爆胎。随着汽车技术发展，汽车越来越复杂同时可靠性也在提升。非常复杂的技术能够很好地预测事故。可以说，过去的一个世纪，汽车从复杂、不可预测的系统不断发展成可预测性更好，但也越来越复杂的系统。

不管怎样，不断有汽车召回说明现在的汽车零部件还是会出现问题。

而且，计算机化的车辆对软件错误很敏感。换句话说，因为有些问题在车辆上市之前就无法预料，所以事故仍会发生。

并非所有技术创新都是复杂的。但是即使是简单的技术，一旦对现有复杂系统的行为进行干预，比如气候、自然环境、人体等，后果也将是非常危险的。气溶胶罐及氯氟化碳（俗称：氟利昂）推进剂是十分简单的技术，但却出人意料地改变了大气臭氧层。从另一个角度来看，氯氟化碳使得已经很复杂且难以预测的气象模式更加复杂。

系统的不可预测性不在于部件数量的多少。1887年法国数学家、物理学家亨利·庞加莱（Henri Poincaré，1854—1912）研究了三体的经典难题。三体问题是去发现太空中三个大的天体之间的重力如何影响各自的轨道。彭加勒证明其中并没有可辨识的模式。换句话说，三个天体的轨道并不是一再重复其轨道。他证明即使在所有行为都受制于物理法则的机械宇宙中，所有的活动也是混沌和不可预测的。

复杂和混沌是相互关联的，且有时是交叉的概念。二者所指的系统行为是不可预测的，能因小事件而改变。二者不同之处在于，混沌学或混沌理论研究系统部件的活动如何在遵守简单物理法则的同时，既是充满活力的，又似乎是随意的。复杂学研究的是一个系统中大部分的部件或单元之间互相影响的动态行为。在混沌系统中，单个元素不必以明显的方式影响其他元素的行为。相比之下，复杂系统中的节点、部件或是个人是耦合的，并且要适应各自的行为。

复杂系统是强健的，能够进行自我组织。如果股市中某一大公司破产（想一想2008年金融危机雷曼兄弟公司倒闭），市场中的其他公司会做出调整，就算没有这个公司市场也能继续运行。设计关键基础设施时，比如说发电厂，工程师会考虑备用系统和冗余度以提高系统的强健性，以及系统承受故障及迅速恢复的能力。

混沌或复杂系统中某一个或多个元素的行为带来的影响可能在整个系

统中回弹，有时也会造成灾难性的大事件。在混沌理论中，通常称之为蝴蝶效应，即墨西哥的一只蝴蝶扇动一下翅膀，在恰当的情况下，将发展成得克萨斯州的一场龙卷风。"恰当的情况"在此非常关键，初始条件的任何微妙变化都将改变扇动翅膀所带来的影响。

我们通常称因一个简单变动导致复杂系统重组的事件为"引爆点"。引爆点与物理学中的相变类似，比如当温度在0摄氏度（32华氏度），液态水凝结成冰。要理解小事件如何改变复杂系统引起灾难性后果，其最好的例子并非来自科学界，而是政治历史事件。

1914年6月28日，奥地利大公斐迪南和他的妻子在萨拉热窝遇刺，引发了系列事件，成为第一次世界大战的导火索。1914年，欧洲大国之间的政治和军事联盟错综复杂共同构成一个复杂的政治和军事系统。塞尔维亚人行刺的动机是将斯拉夫省份从奥匈帝国分离。奥匈帝国与塞尔维亚一旦开战，欧洲所有的国家都因为各自的联盟关系拖入战争。

政治领袖从一战爆发原因中充分认识到国家联盟的紧密耦合关系，但是这些认识并没有传递到商界领袖那里，其实跨国集团技术系统之间也关联密切。

疾病的扩散或是某种狂热的出现都存在引爆点，在此点上只要增加几个人就能迅速导致大范围的流行病。新技术的扩散，比如手机的使用，刚开始只是几个人用，一旦过了引爆点，社会大部分人都开始使用。一种新的病毒引发世界范围流行病，在世界卫生组织开发有效疫苗之前已经过了临界点。

复杂系统的任何改变都需要在整个系统内进行调整，并造成一系列的问题。一个公司或是大学管理层新来一位经理人，他的风格和思路与前任大有不同，迫使该系统内的上百名员工都要调整他们的活动。荷兰特文特（Twente）大学的技术哲学家埃米·凡·文斯伯格（Aimee van Wynsberghe）指出，一家医院引进一台只从事简单护理工作的机器人都会改变该医院各种职员的作用和责任。

几年前，我搭乘航班从康涅狄格州前往加利福尼亚，途中经停美联航的枢纽达拉斯沃斯堡（Fort Worth）机场。因为突然遇到短时强降雨，我们被请出了飞机。重新登机之后，还有上百架飞机排队等待起飞。我们等了三个小时才起飞，这次各个航班的延误，导致美国和加拿大所有航班都得重新排时间。

幸运的是，民航管理部门已经从过去的经验以及对复杂系统的研究中学会如何应对这样的突发事件。航空运输行业系统设计已很完善，能够自我组织对任何挑战做出响应。一场暴风雨、撞击、恐怖主义袭击本身打不垮民用航空系统。但是，即使是这种自我组织的过程也会导致航班延误和严重破坏，还有个人不幸，以及灾难。

飞机延迟不仅仅是对那些误机的人来说造成了不便，也会让人们误认为混乱无序是生活的本质。更让人担心的是，有些情况下不可预测的事件导致灾难发生，甚至对整个系统造成灾难性的后果。

复杂意味着更容易出问题

复杂系统酿成灾难主要有四个原因（或四个原因的综合体），如果我们无法避免这几个原因同时发生，预防其中某一个原因也不容易。

管理人员或实际操作人员的无能或错误操作是第一个原因。切尔诺贝利核电站事故发生之前及过程中出现了一连串的错误决策。管理层和操作人员都没有受过良好的训练，为防止电站停堆采取了不当的补救措施。切尔诺贝利核事故发生只是迟早的问题。

一些追逐利润的管理层不愿意采取昂贵的安全系统，也是系统出现故障，导致危害发生的其中一个原因。2010年4月至7月，位于墨西哥湾的"深水地平线"离岸油井爆炸，导致11名工人死亡，490万桶原油泄露。如果英国石油公司和越洋公司（负主要责任的企业）的高管不急于完工，并不在安全措施方面大打折扣，这场事故本可以避免或者说后果不会如此严重。

设计缺陷或薄弱环节是复杂系统发生故障的第二个原因。反应堆设计缺陷是切尔诺贝利核泄漏事故发生的原因之一，程序错误或故障十分常见。通常情况下，用户并不会注意到软件的薄弱环节，除非各种事件同时发生。比如，像 Windows 操作系统的新版本有几百万条代码行，在对外开放使用的时候，就有成千个已知的故障，还有些故障直到终端用户报告才为人所知。

消除复杂系统的故障是一个持续不断的过程，因为每次故障维修都会遗留新的薄弱环节。正如第二章中提到的骑士贸易公司不到一个小时就在华尔街损失了 4.4 亿美元，主要原因是用了一个尚未成熟的新软件。关键软件在投入使用之前一定要进行严格的测试。很多情况下，软件没有得到充分测试，并且再严密的检测也会遗漏一些薄弱环节。

此外，每一个薄弱环节都可能遭到不当利用，比如黑客制造计算机病毒，或是出于非法目的的侵入系统。在网络犯罪和网络情报等蓬勃兴起的领域，带有非法目的的黑客已发展成一门高端艺术。我们对于阻挡破坏性病毒和阻止利用计算机薄弱点从事犯罪活动的各种反计算机病毒程序、防火墙、密码等都已非常熟悉。但不幸的是，这些安全措施增加了复杂性，导致诸多不便，更重要的是，增加了复杂系统的不可预测性。

第三，对社会技术系统的关键特征缺乏关注往往导致灾难发生。1984年12月2日，印度博帕尔联合碳化物公司农药厂异氰酸甲酯毒气泄漏导致3700人死亡，事故发生前该化工厂已经发生了很多小事故。但没有发出警示提醒周边居民，当天晚上泄漏发生后，风速缓慢以及毒气扩散的方向都是造成严重事故的原因。上述因素如有任何变化都会减少死亡的人数，当然悲剧还是发生了，并造成那么多人死亡。

博帕尔事件发生后30年里，再没有发生如此严重的化工厂事故。耶鲁大学退休的社会学家查尔斯·佩罗（Charles Perrow）认为："这并非因为我们采取了更多的安全措施；实际上，自博帕尔事件后，严重的化学事故发生概率是上升的，但是我们已没有如此规模的大厂和环境条件可供酿成一起灾难性事故。"

佩罗认为 1979 年宾夕法尼亚州三里岛核事故就是常态化事故的典型范例。该事故是因为三个方面同时出现问题造成的。反应堆设计者为每一种部件失灵制定了后备措施，但是他们并没有或许是无法解决多方面问题同时出现的情况。要为此类紧急情况做出预案，需要设计人员分析各个方面都出现问题时可能造成的影响。考虑到复杂的核反应堆中零部件如此之多，各种组合情况浩如繁沙。也许设计者可以对关键部件同时失灵的情况进行认真研究，但是这需要花费大量的时间和金钱。

工程师不会把全部精力都放在考量各种可能性的存在。1996 年畅销书作家麦肯姆·格拉德维尔（Malcolm Gladwell）发表了一篇分析三里岛核事故以及 1986 年挑战者号航天飞机爆炸的文章。挑战者号上的所有机组人员和乘客都殉难了，包括首次受邀参与飞行的来自新罕布什尔的教师克里斯塔·麦考利夫（Christa McAuliffe）。

挑战者号失事原因最终追溯到一个环形密封套垫——O 形环，因为一向阳光普照的佛罗里达有一段时间寒冷天气增多，导致 O 形环脆化。格拉德维尔得出结论，一般的理解是这些事故是因为各色人等没有很好地履职才导致这些不正常的事故发生，像三里岛核电站事故，有些处理程序抓住了多种因素产生的故障问题，但还是会忽视某些可能性。格拉德维尔写道："我们所构建的世界发生高科技灾难的潜在可能性已经深植于日常生活之中。"

考虑到重大事故并非经常发生，管理不善、糟糕设计以及一般性的事故都可以看成是低概率事件。问题在于，认为此类事件不太可能发生正是问题所在，这也是复杂系统出现故障的第四个原因。

通常，一些不幸事故发生的可能性被低估了，因此没有提前采取预防措施。这些事件被称为"黑天鹅"，因为人们看到黑天鹅通常会感到惊讶。

黎巴嫩裔美国人纳西姆·塔勒布（Nsaasim Taleb）是一位统计学家和畅销书作家，他支持黑天鹅理论，强调为什么人们对低概率事故发生的不可避免性视而不见，以及为什么这种事件一旦发生会产生大范围的影响。

塔来指出对于很多情况，钟形曲线（bell curve）并不能充分反映可能性分布概率。有些情况下，异常值发生的概率更高，标准的钟形曲线无法表现这一点。异常值发生的高概率性可以在分布曲线的末端加上一个"厚尾"或"长尾"进行视觉化表现。

更糟糕的是，在许多真实情况下，我们并不清楚实际可能性究竟是怎样的，而是不合理地消除了异常值，直至真的发生了异常事故。个人以及机构的行为比我们所理解的要危险得多。一家投资公司的战略可能多年来十分有效，但是突然某一天股票狂跌，这一战略导致公司倒闭。从多年来公司持续盈利的角度来看，该公司的战略看起来是成功的，但是从公司最终不可避免倒闭的角度看，该战略是失败的。

复杂技术系统，特别是计算机系统的行为大多被看成是低概率事件。就像赌场里的老虎机，所有标志排成一条线才能中头奖，但是这种情况并不常发生。低概率的事件并非完全无法预测，但是什么时候、在哪发生很难预测。此外，我们对于计算机系统可能的行动方案以及采取某些行动的可能性了解甚少。这是因为我们往计算机的计算程序中添加了数不清的信息节，而这些计算程序决定计算机采取何种行动。在某一既定时刻，输入的信息是具有独特性的。我们再看看第二章中所提及的闪电崩溃，也许能够更清楚地理解这个问题了。

复杂的技术系统

2010年5月6日下午2：42至2：47，道琼斯工业指数暴跌600点，当天已经下跌了300点了。市场缩水9%，上万亿美元蒸发。在最低点的时候，

CNBC 评论员伊林·博纳（Erin Burnet）报道说宝洁公司股份已经下跌 24% 至每股 47 美元。坐在她旁边的市场专家吉姆·克莱默（Jim Cramer）立马说："这肯定不是真实的价格，赶紧去买宝洁公司股票吧。"就在他解释为什么购买宝洁公司股票是明智之举的时候，市场已经止跌回弹，上升了 300 点。显然很多人，包括自动买入卖出的计算机，也认为是什么出了问题，重新买入股票。克莱默一分钟后又说："肯定是机器出了问题，系统出现大故障了。"不到几分钟，市场很快收复了大部分失地。

吉姆·克莱默继续展示了他的先见之明，谈到当天的事情，他说我们可能永远无法知道到底发生了什么问题。目前有一些理论解释造成"闪电崩溃"的原因，但是没有一个普遍认可的解释。最好的猜测就是一宗大型的交易因为计算机交易的不正常情况而放大了影响。

根据演算方法进行自动买入和卖出的计算机是复杂的系统。所有计算机与人类行为者纠缠在一起，人类的行为受到技术的影响，同时也影响技术的行为。从更广泛的角度而言，现代金融市场是一个复杂的适应性系统，由计算机、公司以及受到新闻、世界事件以及个人分析影响的人类行为者组成。

从更广泛的角度出发，世界经济体也是一个复杂的适应性系统，其行为受到多种因素的影响，比如天气、政治事件、单个市场及公司的表现、单个行为者包括计算机的决策等。换句话说，系统之内包含另一个系统，另一个系统内还有一个系统。反馈回路会影响每一个系统及组成部分的行为。

"闪电崩溃"只是一系列事件中的其中一项，在此过程中计算机高频交易释放的冲击波影响了全球市场。分析人员希望事后跟踪分析为什么会对市场产生巨大且不正常的影响，并且建议采取改革避免类似事件再次发生。

市场切断装置能够在探测出非典型模型出现时关闭交易就是其中的范例。但是切断器或是其他的市场改革能否真正终止奇特事件发生仍不清楚，也有可能它们只会给我们带来一切都好的幻觉。如果投资者认为市场不可靠或不公平，他们不会参与交易。但是复杂系统的改革，因为计算机和人类的行为密切耦合，会带来新的挑战和不平等。比如说，一些交易商具有不到一秒处理交易的技术占据了不公平的优势，改革对此进行修正，但也会给他们带来不公平的优势。

系统理论学者认为偶然的、不可预测的不稳定活动对于复杂系统而言是正常的。换句话说，"闪电崩溃"发生时，机器并没有坏，只是做了应该做的事，正如"全球鹰"无人机的软件只是按照编程程序要求做事。但是，考虑到金融市场应当是理性的，股票价格应该从某种程度上与有关公司的实际价值挂钩，这样来看，宝洁公司在"闪电崩溃"发生时股票下跌24%似乎没有正当理由。但是，股票通常是与市场整体情况捆绑在一起，市场总是因为某种原因在某个特别的日子或升或落，通常与投资者的心理以及短期目标密切相关，甚至超过与公司本身业绩的相关度。

人类心理是很复杂的，这也直接造成有人参与的任何活动都具有不可预测性。计算机的行为也存在同样的不可确定性，虽然说计算机没有自己的思维。2010年5月6日发生的道琼斯指数暴跌事件并非不理性，而是一系列因素巧合导致了低概率事件发生，这也代表了在一系列可能发生的事件中的其中一种可能性。

但是高频交易的世界里，系统本身很复杂，加上反应快速，能够加速低概率事件发生的可能性。抛硬币的话，正面朝上的可能性是50%，每一次投掷概率是一样的。运气不好的话，抛一百次都可能会输钱，但是如果抛足够多的次数总能达到平均数，即50%正面朝上，50%反面朝上。连续10次反面朝上的可能性很低。但是，如果你抛足够多的次数，迟早你会实现连续10次反面朝上的时候。实际上，非数学家们严重低估了连续多次得到同样一面的硬币的可能性。平均而言，每抛1024次可能会得到连续10次反面朝上的情况。

现在想象一下一台计算机模拟硬币投掷，每毫秒进行一次（千分之一秒）。对于计算机而言，得到连续 10 次反面朝上的概率与人类是一样的，但是人每投掷一次硬币需要 5 秒钟。所以说，这个简单的事实就是计算机投掷硬币的速度要比人快得多，这意味着计算机每过几秒钟就可能得到连续 10 次反面朝上。人类则需要一个半小时才能实现。交易速度加快即能加快异常值的出现。

对于短期交易员而言，金融市场的成功越来越依赖于使用越来越快的计算机加速交易。购买和出售同样的金融工具不到一秒就可以完成，在这极短的时间里，公司可能盈利或亏本。获得数据最快，第一个交易的公司更容易获得利润。

1815 年，内森·罗思柴尔德购买英国政府债券发了笔大财，因为信鸽的报信让他比其他投资者提前知道威灵顿公爵在滑铁卢大胜拿破仑的消息。现在的计算机交易公司都愿意大笔投入服务器，减少获取信息的时间，哪怕是减少一秒钟。几毫秒的时间可能就是胜负两重天的区别。

通过使用计算机演算进行决策，同时排除人的因素，加速了新信息的获取，通过自动执行任务加速了市场的活动。计算机获取的信息越多，做出的决策越合理。输入的信息反映了当前世界所发生的情况，比如政府关于就业的报告、中央银行改变汇率、饭店连锁店宣布预期收益下降，或是巴西的风暴破坏了甘蔗林。

计算机的行动也会对外部世界造成影响。比如，订单急剧减少会迫使公司管理层辞掉大量员工进行重组。这些工人会重新找工作，从而影响当地的经济，甚至店主是否有钱继续为女儿支付舞蹈培训班的费用都会受到影响。复杂计算机系统的行为对市场产生影响，它不仅与市场密切相关，也与市场之外的复杂机构、大社会里的复杂个人的行为等紧密耦合。复杂的环境和地缘政治力量也在不断地改变我们的世界。

计算机的行动与输入信息的耦合加剧了复杂性，如信息输入的数量，以及软件如何根据这些输入信息做出交易的决定。增加系统的复杂性会影响所有可能事件的分布，从而出现更多的异常值。简单地说，由于复杂性增加，分布曲线会拉很长或是尾部增厚，计算机行动越不可预测，它们造成的影响也复杂。

当系统的各个元素紧密耦合或是复杂系统之间产生重要的影响，一些小的不可预料的事件会在整个大系统中产生反响并带来影响深远的后果。全球金融服务公司雷曼兄弟（建于 1850 年）与其他主要的金融机构有千丝万缕的联系，2008 年该公司破产之时，威胁到全球整体金融系统。幸运的是，全球金融大系统十分强健，它吸纳了这些损失并在没有雷曼的情况下进行了结构调整。这种强健部分原因是在预料到雷曼兄弟破产的有限几天里，其他的金融机构做了大量的准备工作。如果没有那段时间，众多公司同时倒闭将造成国际银行系统崩溃。

从所有的可能性分析，"闪电崩溃"是由于某一系统的低概率事件引起的，又因其他系统的低概率响应变得复杂化。刚开始的不正常交易引发了链式反应，因此造成了剧烈的且短时间的影响。

可以肯定的是，这并非一个很精确的诊断。我们没有办法证明这个理论，或是这个问题的其他解释是对还是不对。但是，计算机交易导致的低概率事件的预防和管理问题的确值得注意以防止未来出现类似的危机。

计算机模拟是提前确定复杂系统可能遇到的各种情况的最好办法。好的模拟将影响系统行为的信息输入和影响建立模型。通过运行成千上万的不同场景，工程师或商业分析人员能够了解不同的情况导致较低或较高发生可能性的情况。好的模型能为提前规划提供信息并得出应在复杂系统中加入哪些安全机制。他们能帮助减少某些灾难发生的可能性，当然并非所有的灾难都能防止发生。

复杂建模能否解决问题

20世纪80年代，系统理论诞生了复杂自适应系统的科学研究，主要研究单个部件如何适应各自的行为，转而改变系统的结构和活动。更强大的计算机的出现使得这一对于复杂系统研究的变化得以成为可能。强大的计算机有利于通过为复杂活动建立模型进行模拟。系统理论家希望复杂自适应系统的科学研究可以提供一个工具，以理解并驯化我们日益依赖的复杂系统。

大部分对于自适应系统的研究关注物理和生物过程。即使是微小的生物系统比如活细胞都十分复杂。医学绘图师戴维·博林斯基（David Bolinsky）创造了有名的动画，描绘了在一个细胞中分子充满活力地跳舞。这个动画非常神奇，展现了一个丰富的宇宙，魔幻的结构活跃地互动。细胞中大量的分子微型机器不断改变状态。

哈佛大学分子、细胞生物部门都用博林斯基的动画模拟作教学工具，帮助学生想象细胞内部生命的复杂。但是，尽管这个动画展现了细胞内部的复杂性，戴维·博林斯基却告诉我细胞里发生的活动非常之多，该动画只是展现了分子结构及其活动的10%~15%。

复杂自适应系统的研究初期关注的是对进化进行模拟。在人工环境中探索进化进程带来了很多好处。在生物世界中，需要无数代的进化才能成功发展为具有有趣特征的物种。在电脑模拟中，从一代到下一代只需几秒时间。

随着对进化进程的研究出现了一个全新的领域，即人工生命（Alife）。人工生命的研究人员在模拟环境中增加了虚拟有机体。其想法是探索这些人工有机体会怎么改变，并对模拟环境中其他有机体的行为做出何种响应或如何应对环境的变化。我们可以把这当作计算机游戏《孢子》（Maxis公司出品，一款模拟生命进化的游戏，该公司还出了《模拟人生》《模拟城市》等产品）。人们希望模拟世界的有机体能够进化成复杂的虚拟生命，转而帮助大家更清楚地了解生物生命的强健性。

不幸的是，虚拟有机体的进化进入了一个平台稳定期。计算机环境中的人工实体并没有发展成足够复杂的程度。生物学家托马斯·雷（Thomas Ray），他发明了一个受到高度认可的研究人工进化的软件项目（Tierra），承认"数字介质中的进化仍然在进行过程中，所取得的成绩非常有限"。目前尚不清楚为什么人工生命模拟如此令人失望。不成功说明计算机模拟中的生物系统模型存在根本缺陷，至少通过目前所有的尝试结果是这样。尽管如此，人工生命研究人员继续探索新办法，取得了不同程度的成功。

科学认识取决于绘图和模型，它们通常抓住了物理、生物或社会条件下的突出特点，但忽略了明显的外部细节。绘图展示的是已经发现的特征。绘图中没有的是未经探索或未知的领域。动态模型重点放在看起来很重要的特征而忽视其他的特征从而使得对于关系和遵循法则的活动的研究成为可能。理论模型要成为可行的假说，必须揭示一些观察或预测并为现实世界的实验所确认。如果预测被证明是错误的，那这个模型要么是不对的，或是不完整的。

模型失效有多种原因。通常理论模型过于简单，不能抓住所有影响系统的重要因素。在计算机出现之前，科学家只限于处理相对简单的概念模型。计算机模拟使得有机会观察更复杂的系统如何一步步展开的，并成为研究所有从分子到宇宙的混沌和复杂系统行为的最重要的工具。随着新一代速度更快的计算机和更好的编程工具的出现，模拟将能够为越来越复杂的流程建立模型。

即使是优秀的模型如果不能吸纳根本的特征也是不够的。混沌和复杂性理论告诉我们模型中产生的非常小的影响能产生重要的作用。伦敦千年大桥是一座悬挂于泰晤士河之上的专供行人步行的桥，本是建筑学上的奇迹，但是在通行第一天，成千上万的行人走过去导致大桥摇晃。这座大桥很快就得到一个昵称" 摇摇晃晃"， 许多过桥的人都因为摇晃很困扰，设计大桥的工程公司也感到不安。

大桥摇晃的情况在计算机模型中并没有出现，风洞模拟也不明显。这家公司很快明白了，它们的模型并没有考虑路人步伐同步时悬浮的步行桥产生微弱共振的情况，步伐同步造成大桥摇晃。因为大桥摇晃，吸引更多的人以相同的步伐在大桥上走，从而使大桥摇晃得更加厉害。

不可确定性是工程师的敌人，他们的工作就是设计可靠的工具、机械、建筑以及桥梁。战胜不可确定性是安全的有机组成部分。机械系统天然倾向于从有序发展到混乱状态。比如，摩擦导致车辆发动机振动，振动会损坏或导致其他零部件松动。检测和消除混沌行为是确保复杂系统最佳表现的关键。

以千年大桥为例，找到问题根源后，工程师决定加装减震器可以有效缓解大桥晃动。闪电崩溃也引来了极大的关注，促成了各种改革措施，一旦交易中出现不正常现象，市场将暂时停止交易。但是，虽然开展了大量研究，人们并没有学到太多经验，也没有采取充分的改革措施驯服高频计算机交易占据主导地位的市场不确定性。

这个故事的寓意就是：即使使用高度精确的模型，人们仍没有掌握复杂自适应系统的研究，也无法跟上公司和政府继续发展的极度复杂的技术。我们对于复杂自适应系统的初步了解仍然不够，我们需要给予人类运行人员介入的机会。但是为了给他们履行职责的自由，我们需要给予他们充分的时间。

全力应对不确定性

2003年8月14日,我正在办公室工作,突然停电了一会儿,又恢复正常。俄亥俄州的用电高峰导致美国和加拿大历史上最严重的一次大范围停电。从密歇根到马萨诸塞州,以及加拿大的安大略省都受到了影响。有的用户需要两天或两个星期才能恢复正常。停电刚开始是因为克利夫兰(Cleveland)的输电线过热倒到了一棵树上。这起小事件升级成大范围停电,涉及8个州并影响到了加拿大。

软件故障使得停电更加复杂,操作员的决策也增加了复杂因素。在新英格兰南部,我们躲过了停电,是因为技术人员明显违反了自动化停电规程,并将我们的电力供应商与其他州的电网切断了。只需几秒时间就足以让我们住在康涅狄格州的人免于遭受停电带来的不便以及经济负担。

当今世纪,计算机网络紧密相连已很常见。可以争取的一点时间就是将关键单元从复杂系统中解放出来。模块化的设计,允许单个单元进行更加独立的行动,能够通过减少部件之间的密切联系提高安全性。因特网的根本是模块化系统的最好例子。分配中心出现故障不会导致互联网崩溃,因为在设计之初就考虑到要不断地寻找新的路径通过网络可用的节点传输数据。

查尔·斯佩罗(Chairles Perrow)和其他的专家建议通过打破耦合和模型化以减少意外事件所产生的影响。不幸的是,很多行业主流的倾向是各个次单元之间建立更紧密的耦合关系。在增加利润的压力下,商业吞并或与竞争者融合,消除冗余的单元,并对程序进行简化。跨国公司越来越大,日益集中,各个次单元高度集中以实现效率最大化。做出这些决定的商业领袖很少认识到其中的风险。他们只是做好自己的工作。反对对大型集团进行监管的政客们也根本不了解在每次周期性下滑或意料之外的灾难发生时,他们其实给经济带来了更大的破坏。

　　将金融市场和加剧金融市场动荡的高频交易解开耦合可以通过一些温和的改革来实现。比如，应对股票交易市场对每一次短期交易收取交易费。交易公司持有股票、货币或商品不到 5 分钟的，可对其收获的利润征税。按分或是按秒进行交易将会使那些获取信息或交易时间比竞争者慢几分之一秒的公司完全没有任何优势。上述的改革措施肯定可以很大程度上减少高频交易的数量。所以，并不奇怪的是，受益于高频交易的公司想方设法阻止采取可能干扰他们业务的措施，自"闪电崩溃"之后只有少数改革措施真正得以实施。他们辩称短期交易的流动性是有益的。那些最能驾驭系统的获利者似乎比市场的完整性和稳定性更重要。

　　我们对那些能够从系统中受益的人反对改革并不惊奇。我们也不能期待有改革思维的政府官员完全理解他们所考虑的并不完美的措施是否能够解决所考虑的问题。专家们对于复杂系统管理的决定有极大的影响力。考虑到其中的错综复杂，专家也可能搅浑水，有时候是为了支持现状，或是推动改革。那谁负责决定应如何管理复杂系统以及什么时候开始改革呢？

　　有关限制灾难性后果，还有人建议将化工厂、核电站以及其他有潜在危险的设施建在偏远地区。这个建议也很少得到重视。将化工厂建在人口密集的中心能够减少劳动、交通和能源等方面的成本。将核电站建在能源需求多的城市附近可以减少建造将能源输送给用户的基础设施。

　　后备和冗余系统对于解决一般的系统失效问题是有用的。自动停电可以保护电网的设备免遭电涌的破坏。关键系统的设计当然考虑了安全，但是很少会考虑具有灾难性后果的低概率事件。比如说，日本平均每 7 年会经历一次海啸，因此东京电力公司的规划人员确保了福岛第一核电站比海平面高 18 英尺（5.5 米）。但是他们对于最糟糕的情况估计却忽视了公元 869 年该地区发生了 Jogan 海啸，其产生的海浪高度与 2011 年海啸引起的海浪高度类似，导致了福岛电站受到洪水袭击。当时海啸波峰超过了 15 米，比核电站防海水墙高出了 5 米。

　　2010 年美国墨西哥湾原油泄漏事故的负责方：英国石油公司和越洋公司曾做出基本的计算，认为防灾计划花费昂贵，于是侥幸认为意外不会发生。其实，事故造成的环境破坏、经济损失和清理污染的成本是巨大的。截至 2013 年 9 月，英国石油公司在清污、索赔、罚款方面花费了 420 亿美元（310 亿欧元），同时还要支付另外的 180 亿美元（130 亿欧元）。英国石油公司辩称，很多索赔其实并非因石油泄漏造成的。1 年以后（2014 年 9 月），美国区法院法官卡尔·巴比尔（Carl Barbier）判决英国石油公司负有严重过失的责任必须支付所有的索赔。

　　在整个事件中，英国石油公司似乎是运气不好。其他一些冒着同样风险的公司似乎要幸运地多。这起事故发生之后的几年里，很多石油钻井公司还是没有主动采取昂贵的安全措施。他们仍然与要求强制采取安全措施的立法做斗争，在政治同盟的帮助下，他们是获胜者。但是目前尚不清楚，对于低概率的灾难缺乏规划对石油公司以及社会累计造成的经济损失是否会高于周期性灾难真的发生了所造成的经济和环境损失。

　　也许随着对复杂性的认识加深，工程师和政策规划者能找到新方法来驯服猛兽。但是当前而言，解耦合，模块化，将危险设施建在偏远地区，减缓对于少数人有利但对于社会而言好处微小的交易，风险评估以及更好的测试程序是限制灾难，或者至少是缓解灾难造成的伤害的目前最好的办法。要相信会采取上述措施还真的在于心诚则灵。更可能的结果是越来越依赖日益复杂的技术，大部分的公司对于采取昂贵的安全措施漫不经心，依赖复杂系统的危险依然被低估，灾难发生的频率将越来越高。

　　纳西姆·塔勒布（NassimTaleb）建议所有战胜不确定性的努力都是将"灰天鹅"（模糊认识的问题）变成"白天鹅"。复杂世界的非常逻辑就是"黑天鹅"永远存在。一场事故之后，有几只"黑天鹅"会变成"灰天鹅"。"黑天鹅"因此减少了很少一部分。但是日益复杂的技术会催生出更多的"黑天鹅"。"黑天鹅"无法根除的理念决不可作为不采取安全措施减少破坏

性事件发生的借口。

人体是一个复杂系统

从科学的角度出发，人体是复杂的系统，其神秘的面纱要通过精确的调查才能掀开。为了我们的讨论，这一领域的研究也适用于复杂系统的管理，可从三个不同方面来看这个问题。第一，人体适应力惊人，非常强健，有韧性。了解人类，实际上所有的有机体，为什么如此有韧性，能够促使科学家和工程师采取类似的机制改善非生物技术的适应能力。第二，很多在开发的复杂技术意味着对生物过程进行干预，以用于医疗目的或提高能力。所有的好医生都知道，干预人类的功能必须非常小心，否则很危险且难以预测。第三，人体的复杂性使得我们完全且轻松实现一些广为关注的技术理想非常困难，比如开发个性化药物，或是在婴儿出生前给他设定一些特征。本书中，复杂性的作用自然而然会拖慢技术创新步伐的观点会反复出现。

在对人体研究采用科学语言和方法之前，"灵魂"和"精神"等词语用于代表人的神秘特征。生命、智慧、创造力以及意识都是灵魂的天赋。按复杂性的语言来说，灵魂的天赋是涌现特征，是一种不只是他们产生的化学和生物互动的综合特征。涌现的概念是否足以解释生命的神秘仍是一个未回答的哲学问题。涌现是一个准科学的术语，经常作为一个占位符号，用现有的科学无法理解。人体中流动的能量特征比如力量、磁性、感觉等不足以描述"精神"一词所能抓住的特质和精神状态。当然，医学发现在加速发展。但是，将人体作为系统研究揭示出其多重复杂性和不可预测性。人体包括错综复杂的子系统，相互之间的影响并未为人所知。

在复杂系统的研究中，涌现的概念是一个特别有意思的主题。系统部件之间的简单互动会涌现出新的模式或全新的特质。化学和物理变化涌现出生命。如果没有传导体，心脏内窦房结中的上万个起搏细胞也能自我组织形成整个心脏的连贯心跳。人体大脑的单个神经元并没有意识，但是所有的神经元形成一个整体能使我们可以阅读眼前的这本书，并且意识到自己正在阅读。

一些形式的涌现是可以解释的，比如大型城市在两条河流交汇处出现，是因为许多单个的行为者追求自我利益的行为导致的。其他形式的涌现，包括单个神经元的活动涌现出的精神状态更为神秘些。

人体是所有复杂系统中研究最多的领域。这个系统对疾病、事故很脆弱，关键部件容易恶化。人体在没有多少药物或医生的帮助下，也具有很强的疾病康复能力。小伤口能自我康复。断的骨头一旦复位也能自我恢复。中风之后几个月，语言能力等关键功能能够专项被大脑的其他区域支持。但是，自然的损耗，比如说酗酒将破坏人体的强健和韧性。比如说，吸烟能损害人体的自然抵抗力，并为肺部疾病埋下隐患。

身体中薄弱性的"剥削者"包括病原体细菌，通常在胆中生存，并且当免疫系统脆弱时有机会利用自身的动力生存、再生和繁殖。"设计"的特征可能会让身体更强健，但也可能改变其生存和发展的适应力和能力。所有物种都是如此。如果对胆进行重新设计使其不再成为病原体的港湾，那可能会导致胆也不能保存其他的对于消化十分必要的其他形式的细菌。

在生病之前，身体里反映是否有问题发生的生物化学环境会产生变化。探测有疾病发生的标志物，通常称之为生物标记，医学家们认为它们对于预防疾病十分重要，对于降低医疗成本十分关键。美国每年在医疗方面的花费高达 2 万亿美元，其中仅有 10% 用于药物，2% 用于诊断检测，大概 85% 用于照顾病人以及医疗管理。很显然，预防疾病将对医疗成本产生最大的影响。

大部分在开发的新医学技术研发方向都指向及早探测反映疾病发生的生物变化。亚利桑那州立大学生物设计研究所的创新和医药中心研究人员设想发明一款家用的检测人体健康状态的设备："盒子里的医生"（Docin-a-Box)。"盒子里的医生"可以放在家里的长柜上,用来定期分析血液、唾液和尿液样品,以确定某些变化,指示是否有早期疾病发作。不同层级的生物标记与指示剂的正常基础水平进行对比。换句话说,通过与其他人的身体情况进行比较确定健康水平,或是通过与自身正常的身体化学和生物学情况进行比较。比如说,如果身体里的抗体正在与血液中数量上升的病毒做斗争,这就警示身体感染了病毒。

除了开发这种可以进行多种诊断测试的"盒子里的医生"存在很大的困难以外,读取数据和确定检测结果应当如何使用也面临很多的问题。有一种设想是通过个性化药物,并告知相关的诊断信息,赋予个人为自己的健康负责的能力。但是,考虑到人体的复杂性,这是个糟糕的想法。有些人一看到自己有感染的迹象,就毫无疑问倾向于使用一些自己并不需要的抗生素等药物。或是想象一位女士她读了自己的染色体,分析了菌群(肠道里的动植物群),每天都从"盒子里的医生"那里得到生物标记变化的反馈。所有的这些诊断信息到底是有用还是造成困惑?的确,有些信息非常具体可以表示有必要进行治疗。安吉丽娜·朱莉家族患有乳腺癌和子宫癌的病史,以及 BRCA1 基因病变的存在表明她患癌症的可能性很高。但是,大多数的诊断信号并不明确。在大多数情况下,要将各种因素结合起来分析。已知和未知的生物标记能够极大地提高和减少患有严重疾病的可能性。此外,生物标记因为一些非问题的因素比如青春期开始、怀孕、更年期等也会发生变动。即便是秋季季节变化也能改变人体准备过冬的生物化学特征。

比诊断信息更重要的是分析总体数据的工具。来自复杂计算机程序的帮助对于解析数据用处非常有限,该计算机程序用于组织和分析生物数据(有一门学科叫作生物信息学)。生物信息系统可能或不可能意识到或将一些基本信息考虑在内。或者该系统对于有一些疾病可以报告一系列的可能性。万一诊断数据的可靠程度或预测准确度很低怎么办? 多大程度的不确定是可以接受的? 读取的数据是否应当进行一些改动以符合个人的心理承受度？或者说这个人心理上是否合理地对待坏消息或不确定的消息？生物信息系统是否会报告这种疾病很有可能没有已知的疗法？

也许"盒子里的医生"或生物信息系统不应当将分析结果直接发给个人，而应当直接传送给医生、健康顾问或保险公司。但是如果雇主、保险公司或是政府掌握了个人的诊断数据，是否会在使用的过程中损害个人的权利？这些都是我们在考虑采用预先诊断疾病的新工具过程中出现的问题和担心。技术本来的用意是简化决策实际上却使得决策变得更加困难。为客户提供早期诊断数据的目标是值得钦佩的。被分析的身体的复杂性以及复杂的社会关注随着并不完美的消费者和机构企图使用这些信息而出现，这将使得实现这一目标变得更加复杂或者说阻碍了这一目标的实现。

与计算机数据读取产生对比的是，一位经验丰富的医生，更充分地考虑当地环境对于疾病的影响，虽然掌握的信息要比"盒子里的医生"少，但他的诊断更准确。进一步说，一位技艺精良的医生或护士会考量病人的精神状况，并以恰当的方式告诉病人身患严重疾病的消息。

在最好的情况下，一位技术好的医生总是能获取好的诊断数据，包括病人生物标记的每日变化。目前，因其价格昂贵使得只有特别富有的人才能获得。可令人遗憾的是，基因数据和诊断结果越来越容易拿到，这意味着很多缺乏必要知识如何恰当使用这些信息的人因为一些没有根据的担心给自己开一些没有必要的药。在有些情况下，他们的做法是十分危险的。

医疗方面取得的进步表明复杂系统比如人体出现的问题是可以进行管理的，虽然并不能总是得到解决或治愈。充满希望但是很天真的想法就是医学很快能解决所有的医疗问题，这种想法忽略了一个简单事实，即我们了解得越多，我们越能发现人类生物潜在的复杂性。我们找到的缓解痛苦的办法，比如药物，增加了问题的复杂性，它改变了反馈回路，引起了副作用或压制的一些病情在别处爆发。生物医学技术改善了某一方面的功能通常会导致复杂有机体或社会技术系统其他层面的脆弱。解决了某些问题使得整个系统更加复杂，因此很可能变得不可预测，有时候甚至是危险。

无法预测的命运

短篇小说家豪尔赫·路易斯·博尔赫斯（Jorge Luis Borges），曾在一段名为《论科学的严谨》的短篇故事中描述了一个国家的制图师技艺高超，他们绘制的每一张地图都以精确到点的方式抓住了国家地理的每一个特征。形成的整体地图越来越大，直至国家面积的同等大小，以至于后代的人们发现这幅地图大而无当，完全没用。

所有的科学都建立在模型基础上，模型在有些情况下预测非常准确，所排除的元素不会产生太大的影响。但是自然的复杂性和以技术为基础的文化导致即使是最微妙的影响在适当的环境下也能产生深远的影响。我们生存的世界涵盖无数的子系统，其中有一些是复杂的自适应系统。其他的子系统是复杂脆弱的，还有其他一些子系统的活动是混乱的。这些系统之间的反馈回路错综复杂，很难去跟踪或破译。

换句话说，我们的世界和我们身边的环境不符合任何模型。我们并不能完全将其概念化或对现实进行模拟，幻想我们能够完全预测或掌握人类的命运是天真幼稚的。从历史而言，承认和拥抱人类生存的不可预测性是智慧的表现。没有理由认为这一点已经改变了。

第四章　变化的速度

3D 打印

2012 年 8 月，科迪·威尔森（Cody Wilson）和他朋友在维基武器项目募集了 2 万美元，研究用 3D 打印制造一把枪。用这笔钱，他们可以购买或租用一台价值 1 万美元的斯特拉塔西（Stratasys）3D 打印机测试各种枪支设计。

3D 打印机最常见的形式与喷墨打印机类似，只不过是喷嘴压出的是速干塑料或其他的材料，通过多个出口慢慢堆积成一个物品。威尔森设想 3D 技术可以作为有用的工具帮助他达成政治目标，削弱任何限制枪支的提案。在接下来的 6 个月里，一系列的媒体报道向公众介绍 3D 打印，以及警告世人其负面作用。

打印 3D 枪支的主要障碍是很难制造出一个能够承受住子弹推力的枪管。但是，2013 年得克萨斯的一家公司成功测试了一个 3D 打印枪支，他们将其命名为：解放者。虽然打了几次子弹后，这支枪就变得不太可靠，但是他们还是将该枪支制造的设计图放到网上供下载。

大家设想一下如果一个年轻人在网上下载了"解放者"的设计图，在自己家里 3D 打印机上打印出一把枪。他拿着这把枪出去测试，装上子弹，扣下扳机，打到第四枪，枪在手中爆炸了。也许可以在设计图上规定测试的枪支必须用特别强的原料，即塑料和陶瓷材料的混合材料制造，而这个年轻人什么也没有。没有耐心的他用手上的塑料直接造了一支枪，结果是失败了，他被炸掉了一条腿。

或者一个可能的场景是，这个年轻人使用了几年前打印出来的塑料枪。这种塑料与滑雪和自行车头盔相似，必须过几年进行更换，否则会退化，子弹打出来的时候枪管震碎了。使用 3D 打印机生产枪支绝对是一个坏主意。

但是在这个问题上， 3D 打印枪支造成的悲剧当然没有使用常规方法制造的枪支造成的年轻人死亡人数多。关于 3D 打印的媒体报道都集中于其造成的悲剧上，虽然这与常规枪支相比相形见绌。这些关注转移了人们对于一些更大问题的担心，比如说武器获取问题，以及对于迅速出现并快速发展的技术进行监管。

3D 打印已经开始成为消费品。从计算机打印出 3D 物品的流程最早是 1984 年由查尔斯·赫尔（Charles Hull）发明的。自 20 世纪 90 年代以来，3D 打印开始工业应用。特别大型的 3D 打印机能够在 1 天多的时间里打印出一座房子的框架，而这种技术很快可供建筑公司采用。但是，家用 3D 打印机只能够粗糙地打印出计算机软件设计的物品。

2014 年，用于复杂设计的高端 3D 打印机使用的一项主要技术——激光烧结的专利保护期将到期。可以预见未来几十年里，复杂的高端家用 3D 打印机市场将迎来爆炸性发展。

1450 年，约翰内斯·古腾堡发明的西方印刷术仍然是人类历史上改变社会发展的最重要的技术之一。虽然 3D 打印技术的影响不会有那么深远，但是也具有不可估量的重要性，因为它将制造工具发到了个人手中。

消费者要如何使用 3D 打印机呢？ 3D 打印的使用也并非一无是处，很多地方都是非常有用的。比如遥控器的电池塑料外壳摔坏了，制造商可以让你在网上支持商店下载解决方案。这些标准软件可以减少修理遥控器花费的时间精力，直接打印出一个替换的外壳，也要比重新从工厂订制一个便宜。

　　当然一个普通消费者也不会因为只是修理一个家用物品购买3D打印机。但是家用3D打印机对于那些认真的说客、冉冉升起的企业家或艺术家可能有用。美食家可以用晚餐材料比如意大利面和发面团打印出有形的食物。基本设计可以从网上下载或者通过简单软件生成。

　　有创造精神的人更容易发明一些物品或制造出艺术品，而无须像以前那样必须付出大量资源才能实现。但是原创设计一个具体的物品则需要很高的技巧。打印复杂的物品需要大量的时间，因为材料出口的喷嘴必须很小，每一层必须非常薄以抓住所有的微小细节。

　　制造业以外的行业也能找到使用打印技术的有趣例子，比如医药行业，利用打印技术能力组装或合成生物奇观。维克森林（Wake Forest）大学再生医药学院发明了功能性肾脏，就是用打印机一层一层一个细胞一个细胞打印出来的。实验细胞通过喷墨打印机的机头，"打印"出血管。这些血管可以方便医生将血液供给需要氧气来治愈的组织。这对器官移植和加速中风后康复十分有用。

　　用3D打印机加工器官和夹板将很快变得习以为常。2012年密歇根的一组医生利用这个技术挽救了一个患有呼吸疾病的6周岁婴儿。他们利用婴儿气管的高清影像以及计算机辅助的设计为婴儿量身打造了一个夹板。这个夹板就是用生物可降解的材料打印出来并进行移植，3年以后将被婴儿的身体完全吸收。

　　打印技术也能极大地减少每次打印出一对DNA链的时间及成本。DNA打印机能够在新兴的合成生物学领域加快生物部件及新的有机体的组装。像其他很多技术一样，几年后，打印一小段DNA的成本将急剧减少。如果成本继续大幅下降，未来10到20年，想要自己动手在家里的实验室亲手制造单细胞有机体的生物学家将能够支付得起DNA打印机了。

　　现在还不清楚我们有多少人将在自己家里或办公室拥有3D打印机。即便如此，该项技术也已被称颂为革命性技术，并被认为将引来桌面制造的时代。这种技术也可能出现一些"杀手级应用"，乃至我们会怀疑如果没有这个小制造机怎么活下去。

3D打印让人想起了《星际迷航》中的复制机，它能为机组成员定制任何自己想要的食物并立即生产出来。但是，在不久的将来，3D打印机很可能成为富有人家的又一个工具而已，只是隔三岔五地用上一次。

3D打印技术的主要社会影响还是在于它将使得之前需要花费大量时间和金钱的流程大大加快。工程师和艺术家能够砍掉中间人环节，迅速从概念到设计再到加工。生物部件的制造也是如此。

科学发现和新技术开发之间的联系互动意味着创新不仅是在加速，而且是加速的速度在不断加快，这很大程度上是因为那些采用这些技术的人的需求在驱动。比如说，诊断工具，比如功能性磁共振成像系统（FMRI）能够根据血液流动反映脑部活动。

FMRI加速了脑科学的研究，越来越多的脑科学家应用FMRI，他们越来越希望对这一技术进行改进，要求成像更加清晰并能抓住脑部各时间变化的细节。的确，奥巴马总统的"脑倡议"（Brain Initiative）的第一阶段的方向就是开发下一代的成像系统和其他可以帮助快速推进脑科学发展的工具。

但是新兴技术加速一系列流程发展的方式是福还是祸呢？变化的速度越快，越难以对新兴技术进行监督和监管。的确，随着技术发展速度加快，对其进行监管的法律和伦理机制却陷于停滞。这就是所谓的步调问题：技术部署的时间与采用有效手段确保公众安全的时间之间的沟壑越来越大。

人类是有韧性且脆弱的物种，我们反应和改变的速度是有限的。但日常生活中的需要可能超出人类可以掌控的速度。当需求超过我们的能力，我们往往会选择走捷径，事故就可能发生，人类的身心就会崩溃。创新的速度不断加快造成的第一个牺牲，就是不得不分配时间去认真思考应该采取怎样的行动计划（进行周详考虑）。

技术发展的速度不断加快也是人类对新工具和技术倾注了目标和理想的结果。虽然有人说技术发展就像有机体一样，单个的技术和技术的集合体没有能力去做或想去做什么。实际上，技术发展是因为我们人类想要从技术获得什么，以及我们愿意相信这样一个说法，即技术能够提供我们所想和所需。

随着通讯、制造和分配模式的加速，在很短的时间里新工具很快能得以广泛推广。从本身而言，3D 打印只是又一项有用的技术。和其他大量的技术创新一起，它将加速提高或是降低人类生活的质量。

互联网前和互联网后

从字节到计算机到网络空间，信息时代的术语和工具正在迅速地重新定义和改造我们的日常生活，但这些只是冰山一角。信息时代的到来不只是新的电子器件层出不穷。有人甚至说未来的历史学家将把历史划分为 B.I.(互联网前) 和 A.I.(互联网后)。

当然通讯、娱乐、教育、研究等新工具以及生产力正在调整和改善数不清的活动。一些技术比如信息处理、演算以及计算等给我们提供了了解生命、人类文化以及思想的新方式。他们用最新的比喻来解释物理、生物以及社会、宇宙等方面。从基因学到脑科学到宇宙学到量子机械学，信息理论为我们提供了新的方式去揭示、解释（有时候也扭曲）赋予我们世界形式的各种作用力量。

过去 50 年，我有机会观察计算机技术的发展和传播，以及它对社会活动方方面面的侵蚀。20 世纪 50 年代我所见到的第一台计算机塞满纽约银行的两层楼，现场需要大量的技术人员不停地更换真空管。用集成电路代替真空管使得计算机更加可靠、更快、体积更小，价格更低。计算机从发明到作为家用电器才不过 40 年。因特网和智能手机的普及速度更快。

对于第二次世界大战过后不久出生的人来说，新工具和技术的引用是大踏步向前发展的。我们可以将从加法器到计算器和计算机的转变看作是渐进性的提高。计算技术的迭代发展使得书写、处理数字和分项信息等基本活动越来越容易，从而使很多用户都能很容易使用。

文字处理器使得写作更加容易；电子指标软件使得数字处理变成了游戏那么简单；因特网为每一个家庭提供了多如图书馆的信息，以及与朋友和家人即时联络的工具。可以说，信息技术的初期发展仍以人类可以掌握的速度向前推进。

对于我的同伴（以及我自己）而言，计算机技术的每一代发展都取得了我们所期待和普遍欢迎的进步。我们认为青少年和年轻人都很希望最新的电子设备，并且很快能去芜存菁地选出最最有用的设备。换句话说，计算机技术对我们如何开展一系列的任务产生了深远的影响，但是这一消化吸收的过程是相当顺利的。

工业界所感受到的主要破坏性影响是信息技术在取代很多工人的工作。对于那些伴随能够进行各种神奇操作的电子设备一同长大的孩子和年轻人来说，他们的认识与前一代人相比出现了一些不易觉察的变化。他们很少去了解这些工具历史上是怎样产生的以及怎样运行的。从这个角度说，年轻人很少认知他们的世界和历史发展之间的延续性。

迄今为止，与工业时代相比，信息时代带来的破坏性影响要小得多。但这点也在发生变化。信息技术的破坏性正在变得越来越明显。安全和隐私的风险已不能被忽视。随着计算机速度越来越快，开展的活动越来越多，要跟得上它的步伐日益困难。

信息技术本身也在加快一系列的流程。这种变化的速度以及将越来越多的工作交给机器的压力变得错综复杂。一些活动对于计算机日益依赖，比如买卖股票，就是因为计算机能够比人类计算速度更快，行动更为迅速，从而盈利更多。

金融市场就是第一个被计算机占据的行业。计算机在其他很多行业也很快代替了人类决策。但是将决策权完全交给机器也潜伏了严重的危机和损失。比如，机器在做选择和采取行动的时候从来不会将歧视、敏感、同情以及关心等情感因素考虑在内。

加速、智慧以及奇点

计算机的处理能力随着时间推移大幅提升。某些理论认为这是技术发展整体加速的其中一个表现，并将不可避免地带来人类命运的激进变化。按照这种观点，人类似乎朝着一个转折点前进，未来要么属于机器或超人类或是整个加速过程因不可持续而崩溃。不管是哪种结果都是灾难性的。至少这样的一个转折点是破坏性的。或许有可能正如很多预言师所相信的那样，造成未来世界与过去的一切完全没有连贯性。

摩尔定律和智慧爆炸这两种理论是目前老生常谈的一种看法的核心所在，即认为科学发现的速度在不断加快，并将走向一个彻底改变世界的转折点。两种理论的出现都是因为对于计算机影响日益扩大的思考，二者都是在 1965 年发表的。戈登·摩尔（Gordon E. Moore）是英特尔公司的创办人之一，他观察到自 1958 年集成电路发明以来，集成电路上的晶体管数量每两年（后更改为 18 个月）翻一倍。

数学家古德（I.J. Good）在 1965 年发表了一篇题为《有关第一台超智能机器的猜想》的文章中，预测计算机将从各方面都超过人类的智慧能力。超智能机器的一个显著特点是具备制造出更好机器的能力 。它们的出现会引发"智慧爆炸"，机器将设计出更智能的计算机，它们的进化将远远超出人类的智慧。古德写下了一句非常著名的话："第一台超智能机器将是人类的最后一项发明。"

　　15 年以后，另一位数学家，同时也是一位享有盛誉的科幻小说家弗诺·文奇（Vernor Vinge）虚构了一个小说情节，背景是刚刚发生智慧爆炸后的世界。文奇认识到超智能奇迹能从很多方面改变生命和文化，以至于无法完全想象未来世界的样子。文奇用一个数学和自然科学使用的术语将人类历史的这个转折点定义为技术奇点。

　　那些相信这个故事情节的人有两个核心问题要问：技术奇点什么时候发生？它会使人类受益还是威胁人类生存？目前这个阶段，没人可以给出答案，但是年轻专家和有经验的科学家对这个问题思考了很久，并在想办法如何确保未来超智能计算机对人类"友好"。

　　有关技术奇点何时到来的讨论非常热烈，一些理论家预测将在最近的将来发生（150 或 100 年后），另外有些人认为很遥远或根本不可能。雷·库兹韦尔（Ray Kurzweil）是一位投资家和作家，其代表性观点认为技术奇点在近期将会发生，他预测计算机将在 2028—2030 年前后展示出人类水平的智慧，奇点将接踵而至。

　　对于技术奇点不可避免到来的这一趋势持批评意见的人，并不认为能开展各项任务的计算机构成智能机器。当然，计算机在某些方面已经超出了人类的能力，比如解决数学计算、模拟复杂系统、搜索大型数据库发现片断信息之间的联系等。

　　但是，人类智力的某些层面仍是当今计算机无能为力或难以企及的。计算机甚至不具备分辨真实环境中重要信息和非重要信息的基本能力。计算机系统不具备人类的学习能力，缺乏情感智慧，道德智慧以及意识。但是有很多的理论是关于如何通过计算机实现这些能力，也有相当多的理论解释为什么计算机永远不会具备这些能力。

　　乔治·华盛顿（George Washington）大学教授威廉·哈莱尔（William Halal）发起了技术调查，在其中他采访了一些知名专家关于各种技术事件什么时候会发生。他注意到在这些预测中，最乐观的专家和最悲观的专家总是针锋相对。27 位专家认同技术奇点存在。他们被问及是否同意这样的说法，即"智能机器将超越人类并造成破坏"。在 27 名专家之中，45% 同意这个观点。对于那些既同意也不同意的人，对自己观点正确与否的自信程度平均为 63%。

就像流行音乐有经典老歌一样，各种领域的学术研究也有一些几十年来反复被阅读和引述的经典文章。在计算机科学领域，其中的两篇"经典之作"涉及对计算机智能进行评价的文章。

第一篇是阿兰•图灵（Alan Turing）所写，他是计算机科学的奠基人之一，二战期间率领团队破解了纳粹军队的密码。图灵在 1950 年一篇名为《计算机和智能》的文章开头写下令人难忘的一句话："机器能思考吗？"要知道，当时对于人工智能尚无明确定义。

图灵提出用一个测试将人类对这个问题的反应来与机器对此的反应进行对比。提问者不能直接面对被提问的人，而是通过文字信息的方式来沟通。如果提问者仅仅根据二者的回答无法区分到底是计算机还是人类的答案，那么图灵建议必须认为智能机器是能够思考的。图灵称他的思考试验为一个模仿游戏，现在人们通常称这种试验为"图灵测试"。

虽然很多人批评图灵测试不足以作为衡量人工智能的标杆，但是没人有更好的提议。有一种批评意见认为一个非常聪明的机器人可能会装糊涂，假装很傻地回答以欺骗专家，否则的话专家会知道它比人类了解的知识还多。

对于图灵测试最有意思的批评是关于人工智能的第二篇"经典老歌"。1980 年哲学家约翰•西尔勒（John Searle）发表了《思想、大脑、计划》的文章，认为即使计算机像人类一样答出了专家的问题，也不能代表它知道自己在做什么。他用了一个"中文房间"的思维试验来说明自己的观点。

想象自己在一个房间里，里面是计算机所能获取的所有关于中国语言的资料，人和机器都获得充分的时间去学习掌握这些资料，然后让计算机回答一个中国人提出的问题，西尔勒推测他自己能够根据翻译材料给出正确的答案，虽然，他并不是真的懂中文，由此可以相信计算机也可以在同样不懂符号含义的情况下给出正确答案。

西尔勒企图说明的是，从形式上掌握中文符号和充分理解中文意思是不同的。他的思考试验想要证明，操纵符号的计算机并不了解这些符号的意思，对符号的操纵不等于语意理解。

西尔勒认为他提出的是一个常识性的简单观点。但让他感到奇怪的是，"中文房间"的论点引起了无穷无尽的讨论。很多人则认为用于计算机工程的思维模型不足以生产出具备理解和意识能力的机器。

我对于人工智能导致技术奇点（通常也称之为超智能的到来）的研究前景持友好的怀疑态度。我对于无所不能的工程精神也持友好的态度，他们提议制造具有通用智能的机器，以便开展各种任务。但我非常怀疑我们是否对智能或意识的本性有足够多的了解，以至于能将其完全复制在芯片或其他材料里。

生物系统中某些人类智力特质是我们无法理解的，所需要的科学灼见也是现阶段我们尚未具备的。人类思想与身体的融合，以及对于外界环境改变所做的适应性反应及韧性，是很难通过非生物的方式加以复制的。

有人认为，将人类的脑力和先进的人工智能形式结合起来的超智能终将问世。某种程度上说，我认为这样的观点更实际些。但是，认为人和机器的能力相结合会带来智能爆炸或是技术奇点的观点仍然说得过去但不太可能。

当然，信息技术将产生新的思想种类，放大或取代人的思想去从事很多任务。虽然我对未来50~100年会发生技术奇点仍然持有怀疑，但是未来200年后是否会发生技术奇点，我无从判断。但是时间越长，机会越多，可以确保超智能机器人对人类和人类的价值观友好。认为科学家肯定终有一天会发现制造此类机器人或实现人类进化当然不是愚蠢的。但是，这很大程度上取决于在 20 年、200 年还是 1000 年以后实现。

2009 年，一群计算机专家举行会议，反思人工智能研究在社会层面上所取得的进步，他们对于智能爆炸和即将到来的奇点表示怀疑。仅仅 5 年之后，这次会议的联席主席巴特·塞尔曼（Bart Selman）认为，因为最近在感知和机器学习方面取得的突破，在大部分人工智能研究人员的心目中，超智能的可能性正在上升。

超智能的可能性受到了极大的关注，特别是一些著名人物，比如宇宙学家斯蒂芬·霍金（Stephen Hawking）、特斯拉的创立人伊隆·马斯克（Elon Musk），他们认为人工智能的研究将对人类造成严重威胁。

有时候这种对于未来的消极担忧某种程度上转移了人们对于解决当下更为紧要的问题的注意力。但是，技术奇点可以作为人类无法自我掌控命运的象征。对于技术奇点的关注可以提醒商界领袖更加重视这个问题，人类发明的技术如何迈出了最初的几步，直至迫使人类交出控制权，从这个角度说来，技术奇点倒也是有用的。

技术发展的失控

技术的发展仅仅只是快速向前，还是不断加速以至脱离人类的控制？那些相信技术发展奇点不可避免的人，往往批评不认同技术在呈指数级增长的人。前者认为后者陷入了线形思维，将技术发展当今的速度投射到未来，对于技术的加速发展视而不见。

摩尔定律是第一个观察到技术增长和能量指数级翻番的范例。但是，其他的一些领域科学发现和技术创新也在以指数级的速度发展。数据储备，互联网宽带，数据传输速度都在以指数级增长。从 DNA 片段进行基因组的配对的速度和成本在成指数下降，但是每年基因地图的数量却在成指数增加。

卡耐基梅隆大学（Carnegie Mellon）机器人学专家和未来主义学家汉

斯·莫拉维克（Hans Moravecs）假设摩尔定律可以视作计算机科学的渊源，生物进化导致了动物物种大脑能量的成指数翻番。目前还在从历史上搜寻更多的证据支撑技术进步以指数级加速发展的观点。雷·库兹韦尔（Ray Kurzweil）甚至提出技术发展的进步是基于他所谓的"加速返回法则"。库兹韦尔将这种假说命名为法则，需要一定的勇气和大量可靠证据作为支撑，所以目前生物进化仍只被视作一种理论。

对指数级增长持批评意见的人指出，有一些速度减缓的发展形式或一些技术创新平台化的例子。他们认为这一理论的倡导者有选择性的使用一些数据以支撑其观点。但是，对每一种批评意见，这些倡导者都做出了回应。比如说，如果有人批评说发展的速度相对较慢，他们就会解释因为这是指数级增长的早期阶段。就像一组简单的递增数字——1，2，4，8，16，32，64，128，256，512，1024，2048，4096，8192，16384。

如果我们用线条来呈现这组数字，刚开始的数字只是一条缓慢上升的线条。中间的数字将开始上升直到最后几个数字将呈现垂直向上的曲线。如果缓慢增长代表的是指数级增长的初期阶段，那么也没有办法证明我们最终会看到急剧上升的情况。换句话说，你只能证明指数级增长不会逆向发生。

人类自身的进化无法达到指数级令人困扰。显然我们在技术前进的必然进程中只不过像仆人的角色而已。这一理论的支持者承认人类不得不承受一些大规模的技术发展后果，比如像曼哈顿计划制造的原子弹导致广岛和长崎夷为平地，还有比如更强大的计算机，人类基因排序等，我们在这些问题上选择很少或者说没有选择。

近年来的一些技术发展，如纳米技术、机器人、大脑模型等也是如此。我们作为公众只能幻想这是集体决策，或是通过我们的政治代表做出的选择。按这种观点，慢慢展开的发展模式以及超出人类控制的力量联合已经决定了我们的命运。

　　快速发展的创新势头已经限制了人类进行创造性干预的机会，并且超出了人类可以有效控制技术发展的限度。许多支持指数级加速发展的人会辩称，重新指引或控制技术发展方向的方法不是说很少，而是在面对那些不可阻挡的发展时这种方法本就不存在。但是，我对于加速发展不可避免的看法持怀疑态度，也怀疑许多预测会发生的技术"合理存在"的理论基础是否牢固。

　　也许我是错的。朝着技术奇点迈进的指数化加速发展，对于未来的智力生命而言的确是一个革命，与之相比其他任何变革都相形见绌。但是如果我是对的，变化速度将在我们对未来发展的控制程度中发挥核心作用。

　　有一次我与雷·库兹韦尔参加了一个专家委员会，我也第一次承认有一些技术趋势呈现了指数级增长的特点，但我不能接受对于指数级增长的定性逻辑。我认为人类应当能在其中发挥作用。我们有能力进行一定程度的控制，从而加速或放缓技术的发展。

　　库兹韦尔回应说，虽然人类是能发挥作用，但是也无法改变他的预测，即图灵级别的人工智能会在 2028 年实现。库兹韦尔不仅仅只是一个指出我们可能遗漏的发展趋势的预言家，他也是支持技术奇点的积极分子。

　　也许库兹韦尔同时接受人类作用和技术奇点不可避免并不矛盾。也许他的慧眼已经看到了人类的本性以及我们愿意接受新兴技术所带来的希望。以此看来，我们已经屈服于驱动人类进入未知未来的那股看不见的力量。

我们是否有能力控制

　　本书的核心论点是：作为人类整体，我们是否有能力主导自己的命运，还是我们的愿望和计划已正被新兴技术引发的海啸淹没。如果是后者，那么技术奇点就已经开始了，并不是指智能机器和超人技术智人在没等人类意识到就会消灭整个人类的技术奇点，而是技术发展的可能性超越了人类的意志并主导人类的命运。可以肯定的是，技术表达了某些人的愿望。但是，对某些人群是有用的，可能对社会更大的群体是有害的。

雷·库兹韦尔是一个技术决定论者，他的理论就是人类的命运已经书写完毕。对于技术发展还有另外两种理论来看待这个问题。

一种理论认为，社会因素，包括技术使用者的反馈，在创新工具的发明中发挥了重要作用。早期的自行车经历了很多形式的发展，最后才在19世纪晚期确定安装两个同样大小的轮子。19世纪70年代，大前轮非常流行，但是上下坡很费劲，甚至很危险。消费者要求制造商使用安全、便捷的设计方案。

自行车的设计不断完善，直到20世纪中叶基本特征才得以确定。随后，多样化的新进程才开始，根据赛车、通勤、山地越野等不同需求对自行车的基本特征进行更改。每一个阶段，自行车制造商谁胜谁负都取决于哪一个厂家更好地迎合了消费者的需求。

同样的模式不断重复。计算机制造商造出了台式计算机和平板电脑。一两家公司的工程团队找到了好的外观设计、体验感以及优势，占领了大部分的市场份额。台式机的巨头就是IBM和东芝，平板电脑则是苹果公司独占鳌头。

一旦市场前景不错，其他的公司会蜂拥而上，不断复制并进行低价竞争。随着市场进一步发展，制造商就不得不对产品进行多样化设计，满足客户的具体需求。可以说，这些电子产品只是社会技术系统的元素之一。正如上章所说，社会技术系统还应包括人、人与人之间的关系、其他的技术，以及主流客户及程序。不同元素之间的互动碰撞催生技术的出现，并以某种形式呈现。

第二种理论认为技术发展的势头很难但并非不可能改变或控制。比如说，人们对于电子处理能力的需求不断提升，为满足需求，工程人员设定年度目标，摩尔定律的特征是目标可实现。

　　在这种理论的变体中，技术发展势头可以看作一个正在展开的有其自己的生命的模型。一旦确立，摩尔定律将主导基础设施发展的进程，包括建工厂，聘用和培训工程师，为研发提供资金支持，为所有的活动筹集资金。

　　对于处理速度更快的半导体的需求上升是自然而然的事。但是，很多行业必须在获利前先培育市场，最终证明对于企业的资金投入是值得的。为了产品培育市场的这一过程又进一步促进了基础设施发展的进程。

　　一旦发展势头或模型确立了，通常需要外部力量进行干预，才会改变进程。通常这以事故、灾难和悲剧的形式出现。比如，福岛核反应堆因为洪水的原因发生泄漏事故，迫使日本政客宣布关闭国内所有核反应堆，并寻求别的资源满足能源需求。改变经济条件也能改变技术发展的进程，比如市场的起起落落会影响技术发展的整体速度。

　　一些研究表明，计算机力量的指数级增长在经济好或坏的时候都得以发展。他们支持雷·库兹韦尔观点，即认为这一模式是一个定律而非临时的现象。

　　这三种有关技术发展的理论并非完全不同。在某些条件下，可能都是正确的。社会技术系统的活力在发展的早期是非常重要的。一旦技术的发展在新的行业得以确立，它将顺应潮流自行发展。如果这一发展进程不为人所认识或未得到实质性的干预，其结果肯定是不可阻挡的。

技术变化的获益和风险

　　通常认为，如果可以提前预测创新技术是否会造成负面的社会影响，其发展将得以控制。对于这种看法，有很多条理由可以予以质疑。

　　戴维·科林里奇（David Collingridge）1980 年第一次提出了有关技术评价的困境。在技术发展的早期对其进行控制会容易很多，科林里奇在《技术的社会控制》一书中写道："当认识到不希望的后果已经发生了的时候，技术已经成为社会经济生活密不可分的一部分，对其进行控制尤其困难。"

30 多年来，科林里奇困境是技术评价界的基本教义。它所强调的问题是真实存在的，其二元组成很简单。在新技术引入和站稳脚跟之间通常会有一个转折点，这个机会可以让我们在技术充分应用前聚焦问题所在。这个机会窗口时间可能很短也可能持续多年。随着技术发展加速，转折点将大大收缩。这可能是快速的社会变化造成的，比如，刚开始只是富人以及部分人使用手机，很快就遍及大街小巷了。

一个进程一旦开始，就很难控制，即使人们认识到它将带来一些危害。铁路工程师可能会发现前面的铁轨上有一辆车，但是紧急刹车也难以让火车停下来避免事故发生。在一些传统行业领域，既得利益者想方设法阻挠任何可能危及其行业或利润的变革发生。当然，这种分析有很多微妙元素影响，替代产品可能摧毁一个旧的行业。像我的传真机就被淘汰了，扔在地下室里布满了灰尘。

学者和批评人士在创新技术的发展初期予以关注，通常会揭示潜在的害处，从而延长转折点。但是，即使一早发现了，也需要开展实质性的研究，论证这些害处是否真的很严重。可能还需要发起公众活动以提醒决策者注意其中的风险。

当然，很多新技术的影响只有在投入使用后很长时间才能为人所知。没有人能提前预知 X 射线以及将石棉作为建筑材料的危险。但是，本书将介绍一些本来已经知道或强烈怀疑可能出问题，却采取很少或没有采取预防性措施的事例。

其中的原因很多。在有些情况下，做出了利大于弊的评估，这说得过去。但是我们的担心在于，有些技术的风险并未进行评估或已经知道其中的风险却被决策者忽略了。

本书的最后四章将倡议加强上游防护的必要性，更多地控制存在潜在害处的技术开发以及投入社会使用的方式。上游管理当然要比下游监管更可取，特别是当一种技术已经深植于社会或已经存在主要的问题。但是，即使我们能够对风险进行评估，仍难以认识到什么时候或者采取多大程度的控制。什么时候是采取预防措施合理之时，什么时候又是过度预防呢？

许多社会理论家提倡预防原则，即如果怀疑任何的行动或技术可能对公众或环境带来不利影响都应当摒弃。其最严格的形式是必须证明这一技术对于任何想要使用的人都是安全的。欧盟已经将预防原则写入法律限制新技术的引入，比如转基因食品。相比之下，美国通常是需要质疑该项技术的人提出举证。在采用技术的时候，美国通常会淡化风险，并认为任何问题都能找到技术上的解决办法。

实际上，对于欧洲人是防御性的，美国人挑战性的定义过于简单。欧洲人和美国人都以令人困惑的方式与风险打交道。美国人对安全进行立法并尽力消除一些存在较小伤害领域的风险（1982 年泰诺药品事件后采用密闭性药瓶），同时对新技术进行充分检测前已经推广采用（转基因食物和纳米材料）。

欧洲人将存在内在风险的活动导致的伤害的责任放在比如说选择去滑雪的人身上，但是喜欢打官司的美国人则要支付昂贵的滑雪票以掩盖滑雪场高昂的保险费用。美国人很愿意为一个安全性能更好的车辆支付更多的钱，却不愿意放弃存在风险的车辆带来的便捷而选择速度更慢、更安全的公共交通方式。

预防措施将放慢创新的速度。采取严格的预防政策的国家在收获具有潜在革新型的技术所带来的收益时将处于竞争弱势地位。对于新工具或工艺第一个吃螃蟹的人是具有真正的经济上的优势的。但另一方面，持有更开放政策的国家则可能使其公民暴露在风险面前。

当然，这并非一个新问题。每一个国家的政治辩论都会关注这一问题，立法机构不得不权衡安全和经济生产力之间的关系。

有一些政党，比如美国的民主党，其特点是对弊端进行监管，在刺激经济发展之前必须公平分配产品和服务，而共和党则认为减少政府和监管将刺激经济发展。当监管机构弱化时，出现事故、灾难、滥用以及经济崩溃等问题，则可以提出反证。经济和技术政策的历史可以看作是对于风险、正义和经济增长之间不同处理办法所得所失进行争辩的历史。

这些问题将会影响新型技术开发管理方式的手段及有效性，虽然我们能够预测有些工具和实践存在风险。不管是否以指数级加速发展，科学发现和技术创新都在迅速往前推进。速度带来的势头将深深地影响对于技术发展进程的干预。

不断加快的变化速度以及复杂混沌系统的不可预测并非对技术管理前景产生深远影响的唯一挑战。从地理工程到基因学，每一个新的领域都是好处和风险并存。

第五章　权衡

DDT 和氟利昂

1926 年，挪威工程师艾瑞克·罗德姆（Erik Rotheim）为气溶胶罐申请专利时，他并没有预见气溶胶罐竟然会成为世界上伟大的一项发明，也没有想到会对环境造成破坏。直到第二次世界大战时，气溶胶罐成为非常有用的装置，军队用来喷射携带疟疾的蚊子，以及藏有引发伤寒的细菌的虱子。

1939 年人们发现了 DDT 的杀虫特性，DDT 是军队最重要的杀虫剂以控制疟疾和伤寒的扩散。战后的几十年里，DDT 在农业领域的应用带来了亩产粮食产量大幅上升。气溶胶罐用来喷洒各种东西，从鲜奶油到防晒霜不一而足。不幸的是，气溶胶罐和 DDT 的应用都带来了不可预测的环境后果。

生物学家瑞秋·卡尔森（Rachel Carson）在《寂静的春天》（1962）一书中详细介绍了上述技术使用的严重后果，这本书也通常被认为是现代环保运动诞生的最重要的书之一。卡尔森解释像 DDT 这样的合成杀虫剂会杀害鸟类，对环境有害。她公开质疑 DDT 的广泛使用，虽然她并没有要求完全禁止。直到 1968 年匈牙利开始禁止使用 DDT，德国和美国于 1972 年禁止，2004 年斯德哥尔摩大会世界范围内全面禁止其使用。

　　DDT 的禁用也并非没有不同意见。限制 DDT 的使用本身也造成了一些损失。DDT 能够控制的疾病比如疟疾继续成为主要的杀手。世界卫生组织报告称，2012 年记录在案的是 2.07 亿例疟疾，62.7 万人因疟疾死亡。

　　在 2007 年一份充满争议的报告中，美国国家卫生机构的罗伯特·戈瓦兹（Robert Gwadz）甚至表示，禁止 DDT 可能导致 2000 万儿童死亡。老牌的周刊杂志《人类事件》发表的一篇名为《19 世纪和 20 世纪十大最害人书籍》的文章中对于《寂静的春天》给予了恶评。

　　但是，DDT 和许多杀虫剂都躲过了简单的评估。正如（美国）东北大学公共政策教授克里斯托弗·鲍索（Christopher Bosso）指出，杀虫剂或许可以简单地定义成有害的好东西或是能做好事的坏东西，这完全取决于你的看法。

　　氯氟化碳 (CFC，俗称氟利昂) 曾经作为气溶胶罐的主要推进剂非常流行，但是后来发现 CFC 破坏地球平流层的臭氧层。臭氧层能够阻挡太阳紫外线辐射产生的不利影响，臭氧层空洞导致皮肤癌患者增多。1987 年"蒙特利尔议定书"确立的导则要求逐步取消使用 CFC，自那以后，几乎所有国家开始转向选择危害性更小的推进剂。

　　CFC 不仅是造成臭氧层空洞，同时还是"超级"温室气体加剧全球变暖。自工业时代开始以来，地球的平均表面温度上升了 1.4 华氏度（0.8 摄氏度），据估计其中 2/3 的上升都是在过去 30 年内发生的。科学家们希望将地球的温度稳定在与工业时代前相比上升 2 摄氏度（3.6 华氏度）的水平，但是如果这无法实现，对全球气候变化产生的累积效果的预测将十分悲观。冰川融化，沿海城市被洪水淹没，成百万人必须搬迁，内陆生活的十几亿人将不得不适应气候模式变化带来的旱灾的影响，而这些地方在冰川时代曾是富庶之地。

　　终止或者说至少延缓全球气候变化的政策重点放在环境保护上，通过减少对于碳基生物燃料的依赖，转向清洁可再生的能源，从而减少温室气体的排放。全球变暖的技术解决方案受到了重视，这些措施属于地球工程这一新兴领域（气候工程）。技术解决的可能性对于那些希望淡化全球气候变化带来的威胁的人来说非常具有吸引力。在不认同全球变化的人心目中，只要有一丝可以想到的技术解决办法就说明气候变化的威胁只是夸大其词。

气候变化的管理不只是说说而已。但是我们在这里讨论地球工程学的利弊权衡主要在于比较气候变化管理各种技术方案存在的风险。一些方案潜在的影响可能比它所能解决的问题更危险。

缓解气候变化影响的相对容易、快速、便宜和尚未完善的技术已经存在。像很多新技术一样，这种技术也存在风险。比如，在大气层上层空间播撒硫酸盐粒子，将阳光反射回去，从而降低地球表面的温度。这种效果就如同大型火山喷发，向大气中喷射了大量灰尘，形成了阳光遮挡物，从而暂时降低了气温。

臭氧层吸收大部分紫外线辐射，处于平流层往上 12~19 英里（20~30 公里），正是大部分喷气式飞机飞行的区域之上。根据计算机模拟，平流层中分布的硫酸盐能够将因温室气体增多造成的变暖效应每年减少 50% 甚至更多。这项任务需要飞得更高的飞机执行，比如 F-15Cs。但是，这项技术的采用从道德和政治上都存在争议，因此从来没有付诸实施。

预测气象非常困难，微妙的影响可能将一场飓风化为扬尘微风。没有人知道如何分析干扰大气层上空所能造成的影响。除了计算机模拟之外，没有办法进行大型或是小型的试验。火山喷发能提供一些经验，但是这很难预测常年在平流层播撒硫酸盐粒子所造成的长期后果。

在大气层播撒硫酸盐的方式非常简单，这就可能导致一个国家可能被选出来实施这一措施对当地气候进行工程处理，但是却忽略了对于邻近地区的影响。比如季风气候为中国和印度的肥沃农田提供了降雨，我们想象一下到 2020 年某些国家因为担心季风带来的降雨逐年减少，该国政府会同意制定一项改善降雨的措施即使这会导致周边国家降雨减少或加剧洪灾发生吗?

为地球工程实践制定议定书从而减少地缘政治冲突发生应当受到更多的重视。自1992年以来,联合国气候变化框架大会协调政府间共同应对全球变暖,但是其效果很难说好坏。联合国的计划包括将开展高层讨论制定一项管理太阳辐射监管办法协议。

在大气层播撒物质只是研究人员正在研究的地球工程学办法中的一种。地球工程包含减少全球变暖的一系列技术方案。这些技术主要分为两大类:太阳辐射管理(SRM),减少到达地球的太阳辐射量;以及去除二氧化碳(CDR),从大气中提取温室气体。每一种方案都有不同的战略,但这些战略都需要大规模的干预以实现长远的影响而非短期的地区性影响。

大规模植树造林就是被广泛接受的一种减少大气中二氧化碳的战略。但是这种办法如同其他减少二氧化碳的战略一样,只能对延缓气候变化发生发挥微弱的作用。还可以在世界各地建立很多大型高塔捕捉大气中的碳并进行封存。但是建造大量的高塔经费高昂。从大气中去除碳的所有办法都需要几十年才能对气候模型产生明显的影响。

太阳辐射管理并非解决气候变化的方法,也无法阻止温室气体的累积。最好的结果也只是通过减少抵达地球阳光的量争取了一定的纾解。但是如果其他的办法都无法解决气候变化影响,那么采用这种技术才具有说服力。因此,负责任的科学家比如哈佛大学的戴维·基斯(David Keith)呼吁制定导则允许开展中等的试验研究太阳辐射管理究竟会对大气环境造成怎样的影响。小型试验的环境影响可以忽略不计。

考虑到公众对于地球工程试验的敏感性,科学家在国际协议达成之前都控制这一领域研究的推进速度。但是,一些地球物理学家和环境学家甚至抵制像基斯以及其他人提出的明显很谨慎的做法。

雷蒙·皮埃尔亨伯特(Raymond Pierrehumbert)等批评人士指出允

许开展地球工程学研究要解决的三个核心问题。

第一，研究团队必须经常征求任何支持他们技术的人员的意见。

第二，对于地球工程的投入将会从目前更为环保的研究项目比如环境保护、开发清洁能源等抢夺资源。

第三，环保主义者对于长远影响的担心，他们认为地球工程是"自然终结"的开始。一旦某些国家决定直接干预气候模式，将会带来不断的需求以及持续的压力要求根据本地和全球的需求对天气进行管理。

在目前这个阶段，以我们对气候科学的了解而言，任何认为能够成功管理气候的想法都是狂妄自大、肆无忌惮的，这出于人们幼稚地认为人可以战胜自然。即使成功管理天气是一个可以实现的目标，就不同国家和地区之间的竞争型需求进行谈判，如果有可能的话，都是一个难以完成的任务。

或许反对意见没有多少政治权重，但是所有的这些担心都不能掉以轻心。地球工程方案的开发者已经开始呼吁实施他们的方案。全球变暖的解决方案目前尚不存在。太阳能和风能不足以为未来的需求生产足够的清洁能源。环境保护措施虽然很重要，但是因为能源需求上涨，特别是发展中国家的需求而受到限制。

管理全球气候变化的多元战略应当将地球工程学作为其中的一项措施。也许将包括地球工程学在内的多种措施结合起来更能有效缓解气候变化问题，同时在不制造次级问题的情况下满足能源需求。

我们可以批准对于太阳辐射控制所产生影响的初期研究，以找出是否可以实施或取消某些地球工程方案。科学家可以在那些"流氓行为者"采取单边行动之前了解地球工程学的不同方案如何改变大气的生物化学和物理特性，就可以接受的试验达成一项国际协议，同时建立监管机构进行有效监督。

地球工程是一个新兴领域，利弊权衡是问题的核心。对于该领域的科学家以及政策计划人员而言，围绕地球工程的伦理和政治问题是首要和中心问题。此外，地球工程是一个全球性问题，而非国家层面的问题，这一先例还应当延展到其他明显会影响全球的技术领域。所有各方无须遵守国际规则，但至少要设定标准评估国家以及独立行动方的行为。

如果没有规定约束，一部分人可能会自行其是地改变很多物种和群落赖以生存的自然生态环境。比如2012年6月，一艘渔船倾倒了100吨硫酸铁在夏洛特皇后群岛往西200海里的太平洋区域。美国商人罗斯·乔治（Russ George）和他的同事创办的海达三文鱼恢复集团进行了这次铁施肥试验。乔治表示因为引入了这一化学品，海藻生长增多，能够捕捉附近1万平方公里的碳。

人们仍在争论乔治所进行的试验是否违反了法律。但是从某种方式上说我们得感谢他。罗斯·乔治给世界领袖们提了一个醒，如果我们还不采取限制手段和实施监管，那么流氓行为者、公司以及国家就能够对我们共同享有的自然资源做出什么行为。很快，这种流氓试验，不管是否出于好意，都会对地球生命，动物以及人类带来悲惨的后果。地球工程是可怕的。但是我们应该更担心在没有或开展很少初期研究风险评估的前提下地球工程方案所能造成的危害。

通过使用清洁、有效和可再生资源满足能源需求可以一定程度上延缓全球气候变化。在制定新兴技术开发中全球气候变化和世界能源需求两个相互交织的问题发挥着重要作用。它们让大家充分思考在采取某一措施应对其中任一问题需要进行哪些权衡。

所有的能源来源，包括清洁能源对环境、有些也会对人体健康造成影响。风电叶轮每年造成上千只鸟死亡，但是其他人造设施比如电线、汽车、大楼窗户导致鸟儿死亡的数量更多。转向使用清洁能源将减少对于环境的影响，但其权衡在于这些能源的投资成本高昂。风能和太阳能的成本虽然在下降，但是在未来5到50年与低成本的煤或其他化石能源相比很难有竞争力。

如同太阳辐射管理，生产、储存和运输能源的新方案所产生的环境影响很难进行评估。有一些方案取决于老的技术，比如压裂法，核电都已根据新的目的进行了改进。更新的方案比如纳米技术以及合成有机物产生的石油等。每一个方案带来的优势都毫无疑问压倒了其潜在风险。但是在制定能源政策时，对各种方案进行权衡对于限制危害发生具有重要的意义。

纳米技术

纳米技术上的进步通常被称作下一个科学革命的催化剂。纳米技术应用十分广泛，比如医学技术、新制造业、水的纯化等。其中一个潜在的用途是开发生产和储存能源，并且减少全球变暖。微小的伞状纳米粒子被发射到大气层上层空间可以作为硫酸盐粒子的替代物进行太阳辐射的调节。

无论使用什么材料总是会落回到地面。但是经过设计的纳米粒子能在大气层待的时间更长并且能够有效地将太阳光反射回去。但另一方面，一旦这些纳米粒子下沉回到地面将对环境和公众健康造成不利影响。

2014 年，美国政府国家纳米技术计划（NNI）的预算是 17.02 亿美元。最初人们认为纳米技术将带来伦理、法律和社会问题，所以预算中都会分出一部分资金用于专门研究纳米在这些方面带来的影响。

2014 年 NNI 预算中用于研究纳米技术在环境、健康、安全方面的研究、教育和社会层面经费为 1.57 亿美元。NNI 的大部分预算都用于能源研究，1.024 亿美元用于研究太阳能收集和转化，另外还有美国能源部的纳米技术计划申请的 3.69 亿美元预算。这还不能包括美国政府其他项目赞助的资金，以及其他国家、私人企业在能源相关的纳米技术领域开展研究的资金。

纳米材料对于开发生产、获取、储存和分散能源更有效的方式十分关键。比如，采用各种纳米材料多层结构可以使太阳能电池更加有效地将太阳光转化成电能。将微型太阳能电池嵌在柔性材料上将降低成本，更轻的能源收集器可以安装在不平的表面。大容量的电池能够实现快速充电，从而使电动车成为天然气车的可靠替代品。

纳米技术专家的长期目标是能操纵原子和分子使其自我组织成有用的工具或者是极小的分子工厂，生产出满足特定规格的产品。《星际迷航》中的复制机，就能根据需求将原材料加工成任何食物，这也给我们提供了未来纳米工厂的美妙想象。但是，即使纳米机器只是能不停地完美复制同样的计算机芯片，工程人员、公司老板以及投资者也会兴奋不已。

纳米技术科学家从自然过程获取灵感，更为关注的是如何在极其微小的纳米规模下让没有组织的原子和分子听从他们的命令。纳米是1米的十亿分之一，或者说一根头发丝的十万分之一。纳米级就是任何大小在1~100纳米间的物体。原子和最简单的分子就属于纳米级。单个的水分子是0.3纳米。DNA两个分子链之间距离是2.5纳米，红细胞的宽度为7000纳米。

过去10年，纳米成了热门词，因为它能让人联想到太空技术。许多产品比如说雨衣的广告也说是纳米材料制成，虽然其使用的粒子远远大于100纳米。其他领域方面，因为公众已经认识到吸收某些纳米粒子会对身体健康造成长远的不利影响，广告商经常会说某个产品，比如说防晒霜，含有非纳米的氧化锌，意思就是其中的活性剂只会停留在皮肤表面不会被毛孔吸收。

原子规模操纵物质的可能性，在历史上可以追溯到1959年12月29日理论物理学家理查德·费曼（Richard Feynman）在一篇名为《底部有足够空间》的演讲中所说的："我想建造10亿个微型工厂，模型相似，同时生产。"

费曼说："物理学的原则，就我看来，并不排除一个原子一个原子移动东西的可能性。它并不尝试违反任何自然法则，原则上它是能做到的事，现实中我们没有去做，因为我们自己太大了。"

在发表此次演讲之时，费曼已经是一位世界知名人物。他年轻的时候参与过制造原子弹的"曼哈顿计划"。1965 年他因为量子电动力学上的成就和别人一起获得了诺贝尔奖。后来，他通过出版畅销的自传成了名人。作为航天飞机挑战者号事故调查委员会专家，他在一次电视直播中，戏剧般地拿出了一个 O 型环，扔到一杯冰水里，证明它遇冷会脆化。他还颇具幽默感，时不时说出经典言论，比如："物理学如同性爱，可能会有些实际作用，但这并非我们去做这件事的原因。"

许多物理学家都在读费曼的操纵原子导引的文稿，20 年已经过去，工程师艾瑞克·德雷西勒（Eric Drexler）扩展了费曼的理论，他在 1986 年发行的畅销书《创造引擎：即将带来的纳米技术时代》中根据纳米机器的理念，激发一代科学家去开创一个理想未来：纳米机器人可以清理堵塞的血管，环境清理人员可以清除空气中的污染物，国会图书馆的所有书籍副本都可以存储在不到方糖大小的芯片上。他也吓唬了很多读者，编造了一个灰色的噩梦，在其中，可以自我繁殖的纳米机器人吃光了地球上所有的有机物质。

不久之后，政治家们也开始谈起了纳米技术的可能性。比尔·克林顿在 2000 年的一次演讲中说可能需要 20 年或更多时间实现这一想法。2003 年，小布什签署了《21 世纪纳米技术研发法案》。2001 年—2004 年，美国政府投入了 200 亿美元用于纳米技术研究。

随着大量资金涌向纳米技术研究，NNI 以及其他国家的类似项目很快对材料学十分着迷，材料学长期致力于创造新的金属合金、塑料以及其他物质等。微型化工艺，比如光刻和蚀刻技术能够制造出用于硅的微细半导体，并且很快接近了纳米级。

纳米研究在创造成千种新材料方面非常成功，但是分子自我组成有用的物体或是建造微型纳米机器方面仍只是设想而已。决定单个原子行为的定律与主导大型材料的定律不同。这一领域的科学家必须首先了解纳米材料的特性，并充分利用其特性开展具体的活动。比如，以煤或石墨形式存在的碳元素结块不带电或光学性质，但是微型碳纳米管具有这些特性。碳纳米管的这些独特性质对于增强轻型自行车零部件的特性非常有用。但是，目前尚不清楚工程师对于更加精确地操作不同元素的单个原子所能取得多大程度的成功。

NNI 的资金投入收到了成效：已经批准了 2000~3000 种人造纳米材料用于新产品。但是蜂拥而上寻找纳米技术的新用途时，我们是否忽视了其中存在的风险？许多分析人士怀疑其中有些纳米材料可能具有毒性，但是这些材料并没有经过严格测试，比如美国联邦药品管理局（FDA）要求药品在出售之前必须获得许可证。

FDA 对于新药测试的规定是世界上最严格的。一种新药开发和获得批准需要 7~10 年时间，花费达 5 亿美元。对于每一种纳米材料也作相似的规定可能会减缓甚至中断大部分的纳米技术研究。只有一小部分开发出来的纳米材料有足够大的市场能承担得住如此巨大的测试费用。

FDA 的确要求纳米技术必须经过基本的毒性分析。是否我们应当更为谨慎地采取更多预防性措施，并要求对纳米材料对健康的影响进行更多的测试。还是说纳米技术的潜在好处需要我们加速这一领域的研究？如果我们不等上 20~30 年看看到底会产生怎样的影响，又怎么能知道如何解决潜在的风险？要有多少例的癌症、肺病以及精神疾病才能证明目前对纳米材料的健康风险所进行的测试是不够的？

对纳米材料进行更为严格的测试很困难，因为难以确定这种材料会加工成食物还是药物，还是不会用来吃的东西，人一旦吃下去，到底有没有害。比如说，FDA 一直很担心几十年来一些产品被标榜为食物补充品，从而不用像药品一样需要成本很高的测试，但是这些产品可能也是有害的。

可以假设的是，如果防水织物的涂层是有毒的纳米材料，随着衣物的老化涂层可能会气化，从而可能被人体吸入。此外，有些材料在转化为纳米粒子时会改变性质，就像水在不同温度下可能会变成晶体、液体或蒸汽。

再比如，如果你摄入了一点银，它会经过身体的系统不会造成伤害。在印度，银箔用来装饰甜点，可以当作食物服用，但是在美国不允许将银作为食物，因为银盐，以及与其他分子在一起的含银化合物是有毒的。

使问题更加复杂化的是，其他的银盐以及银纳米粒子是反微生物的，经常用于作为医疗装置的涂层，比如伤口敷料，甚至用在洗衣机中以阻止致病微生物的生长。随着越来越多的致病性疾病演变为对抗生素免疫，银纳米粒子的抗菌特征将变得更加重要。但多数人无法清楚是否或者是在什么条件下，银纳米粒子可能与其他分子结合形成有毒的化合物。

太阳能电池或电池中采用的纳米材料是不可摄入的，但重点应当是在装置的使用寿命结束后废物的产生和废物处理问题。生命周期分析是用于确定一个大型项目的影响或新材料应用的指标之一。

对于风险分析和环境影响分析非常认真的执行者，会努力控制偏见对其研究结果客观性造成的不利影响。一篇好的报告应当注意那些目前仍不知道的，要么是因为没有或不能开展必要的研究，要么是因为各种行动造成的结果太复杂，无法进行分析。

在最好的情况下，在决策过程中考虑的各个问题可以通过风险分析和成本效益分析进行说明。在具备很多具体条件约束的背景下，认真的分析可以相当准确地反映实际情况。报告将充满表明客观性的数字和图表。当然，环境影响报告和风险分析也可以包含许多价值判断，什么更重要、什么不那么重要，以及导致研究结果产生偏见的其他主观因素。

引入新的材料、设备和工艺将带来环境、健康和安全方面的关注并不是什么新鲜事。但美国几乎所有主要的环境法都是 1969 年—1976 年之间制定的。1976 年，美国政府颁布了《有毒物质控制法》(TSCA)，要求对危险或者潜在的致癌物质进行测试。急性毒性试验是指将有可能被食用的某种新食物或物质的一部分剂量注射到试验动物体内。为了让 TSCA 获得立法机关通过，超过 6 万种先前存在的化学物质被免除测试。

考虑到纳米技术产品带来的新挑战，目前 TSCA 的修订还无法实现。监管机构的资金和人手严重不足，因此无法有效地应对新出现的挑战。换言之，以为公众受到充分保护免于受到危险物质的侵害的想法只是一种错觉。未来如果发生了一场灾难，也许可以刺激公众对此关注，采取补救措施，并制定一连串的新法规。即使到那时，现有产品也可能会抵制检测，从而免于受到监管——这是建立更严格的安全体制的政治代价。

在加速发展和长期风险之间进行权衡，往往加速发展会获胜。特别是在风险尚不确定，预计的利益巨大的情况下尤为如此。公众健康和环境风险加大是其中的权衡取舍之一。在产生和储存能量的纳米技术创新发展过程中，仍然有很多机会成本。

全球气候变化和对清洁能源的迫切需求都是紧急事项，政府有必要对市场效益低的工业产品的发展提供补贴。政策制定者格外注重潜在的好处，希望通过创新和规模化生产，将最终使太阳能和风力发电成本与其他非可再生的能源相比具有竞争力。尚无证据表明能很快实现这一目标。

清洁能源的成本会下降，但是下降的速度可能在未来几十年里不会低于煤电的成本。同时，机会会失之交臂，因为额外的钱都花在了资助清洁能源，本来这笔钱可以用来资助其他的社会发展需要。政策制定者对于因为全球变暖应当放缓发展的观点持不同的态度。因此，我们并没有有效的方法对各种能源选择做出综合的权衡。

清洁能源的倡导者认为对各种能源进行成本比较是一种误导。煤、石油和天然气的生产商和供应商并不为他们的产品造成的环境和公众健康损失负责。他们提出对煤炭和化石燃料征收碳税，以弥补社会成本，实现公平竞争。但到目前为止，政客们对于如何应对碳排放税实施可能遭到的抵制并没有多少兴趣。对于很多政客而言，特别是那些所代表的选区拥有很强的石油工业，抵制碳税是否认全球气候变化的主要理由。

当然，购买价格并不一定能反映产品的成本。计算机的成本并没有考虑到过期后部件维修和回收利用的费用。塑料袋生产厂商并不为垃圾填埋场或受污染的水域买单。

确定市场价格与实际成本之间的差价并非易事。不过，学者们正忙于找到比较不同能源相关费用的方法。但即使他们最终成功，也会在对公共政策产生重大影响之前，遭到大量的政治因素干涉。

环境风险：合成石油和水力压裂

一些环保主义者认为商业开发生产石油的合成海藻是危险的。

合成海藻生产的石油最终可能为我们的车辆提供燃料，并且减少对化石燃料的依赖。石油必须从第一代合成海藻中挤压出来，但是生物学家希望对海藻进行基因改造以快速产油，分泌到池塘里，飘浮在表面上。这样的话，可以从池塘表面撇出浮在表面的石油，大大降低成本。未来有些形式的合成石油甚至可能不会往大气中排放碳，从而不会造成全球气候变化。

加入到利用合成海藻大规模商业化生产石油的竞争中来的，有一家是克莱格·温特（J.Craig Venter）的合成基因公司。作为一位生物学家和企业家，温特在推动基因学研究方面发挥了重要作用，这其中包括 2000 年完成首例人类基因排序，2010 年发明了首个半合成细菌细胞。

温特在 2005 年与人合作成立了合成基因公司，这家公司对微生物进行修改以生产有用的生物化学物以及新的合成燃料。埃克森·美孚（Exxon Mobil）已经承诺投入 6 亿美元与合成基因公司进行合作。

现有的合成海藻池处于封闭的状态。但是如果要生产足够数量的石油实现成本效益则需要成千个开放的海藻池。合成海藻很快就会蔓延到沼泽地、湖泊和水井。合成海藻会对生态系统造成怎样的影响或破坏目前还不得而知。海藻生长将影响大量水体，导致无法饮用或使用，比如使得水池太滑没法游泳了。

如果我们说的只是几种新的合成物种，它们的环境影响尚可进行控制。但是，组装具有独特性能的生物系统近年来成为工程界的新潮流，很多 DIY 发烧友和高中生物学生都可以上手去做——就像 20 世纪 50 年代很多人动手造收音机，20 世纪 70 年代组装计算机一样。

大部分生物创造试验的影响是良性的。但是，也不排除一些"害群之马"——恶性占据主导地位的物种，会造成严重的环境破坏。我们想到 1850 年加利福尼亚州引入桉树的例子。当时州政府鼓励种植桉树，以便提供可再生的木材用于作为铁路枕木和建房。但是结果表明，桉树根本不适合作为枕木，因为它变干后会变形开裂，也不够硬不适合打钉子进去。

从环境的角度说，桉树与当地的植物形成竞争，且并不能被当地的动物食用，还容易着火。后来，加利福尼亚有些地区的桉树园被清除了，重新栽种当地的植物，付出了高昂的代价。

过去几年中，水力压裂法从页岩中提取石油和天然气引起了极大的关注。压裂技术已经问世近 50 年，但是水力压裂法是比较新的。作为提取石油和天然气的方法之一，水力压裂发展迅速。目前世界上所有新开的井 60% 都是采用这一方法。压裂出井需要 700 万加仑的水（或更多）与沙子和化学物品（有些有毒）混合在一起，然后往地里泵，直到压裂页岩，释放出石油和天然气。

美国和加拿大拥有丰富的页岩天然气。压裂法提供了很好的机会实现能源独立。另一方面，压裂法需要消耗大量宝贵的水资源，导致温室气体甲烷释放到空气中，造成地下水污染，可能还会引发地震。有些国家已经禁止使用压裂法，但是最近英国放开了对压裂法的限制，转而寻求如何让压裂法更加安全。

我们如何衡量能源独立的好处与经济上和政治上被石油生产国绑架所付出的代价？地缘政治上的好处是否能证明国内承担环境污染的风险是合理的？

通过压裂法生产的石油和天然气会造成大气中温室气体排放。但是我们还有别的选择吗？这就是满足世界能源需求所面临的难题所在。

核电和能源

核电站是否比转基因、开车、吸烟、化工、打盹、吃薯条、坐飞机更危险？每个人对风险的评价不同，专家对于各种活动风险排序的方式与普通公众不同。专家很大程度上依赖量化的评价方式，比如伤亡的数量，但是一般公民的判断会更多地包含心理和猜测等因素。

心理学家保罗·斯洛维克（Paul Slovic）在 1987 年的经典研究中要求一些学生、美国妇女选举团成员以及专家对 30 种活动和技术的风险界别进行排序。妇女选举团成员将 X 射线排名为 22，专家依靠量化数据的分析将 X 射线列为第 7 位，学生们还有妇女选举团成员将核电列为风险最高的活动和技术。专家们将核电列为第 20 位，摩托车列为第 1 位最危险的活动。

发生在苏联切尔诺贝利的核泄漏事故广为人知，无疑大量对于事故的宣传报道给学生和妇女选举团成员留下了难以磨灭的印象。切尔诺贝利核事故是历史上最严重的。57 名消防员和其他一些消除事故影响的人当时就献出了生命。这次事故导致 35 万人搬迁，365 万英亩农田和森林不能再用于农业和其他人类所需的用途。

世界卫生组织研究人员估计切尔诺贝利事故已经（或会）造成 9000 人死于癌症和其他疾病。9000 人提早离开人世当然不是小事，但是如果核泄漏事故没有发生，这一受影响地区也有 90 万人因癌症死亡，9000 人只是其中的 1% 而已。相比之下，世界卫生组织统计每年有 120 万人死于交通事故。

另外一些专家认为世界卫生组织对于切尔诺贝利核事故造成的癌症死亡人数的估计太过于保守，他们认为该事故造成了 1.6 万人死于癌症，甚至更多。辐照的风险并不是简单的科学。多年来，核工业一直强调低水平的辐射是无害的，但是最近的一些发现表明暴露在任何一种辐照下可能都是有害的。2007 年德国的一项研究发现距离 16 座核电站不到 5 公里的孩子比住在 5 公里以外的孩子更容易患肺炎。这一研究还是很重要的，虽然受影响的孩子总体数量很少。

核电站的危险是否被夸大了？核电的历史提供了一个关于难以评价技术的利弊的典型案例，以及新的创新如何改变过去的判断。新的设计承诺将对旧的核电技术改成更加安全的技术。要与时俱进需要适应新的信息并改变条件。但是立法者和公众对于一种技术的看法很快会根深蒂固，并很难进行再次评估。

1979 年宾夕法尼亚州三里岛核事故导致美国公众反对核电项目。很多老的核反应堆被关停，只剩下 4 座新电站在建。欧洲比美国更加依赖核能。但是，切尔诺贝利以及最近的福岛核泄漏事故导致欧洲公众对于核电的接受度直线下降。德国打算在 2022 年前关闭其现存所有核电站。

截至 2012 年，世界上有 31 个国家运行 430 座商用核反应堆，提供世界 13.5% 的电力供应。中国对于核电发展的需求旺盛，17 个核电机组在运，28 个在建，还有很多有待建设或处于规划的各个不同阶段。

2011 年 3 月 11 日，巨大海啸导致日本 1.9 万人死亡，海啸掀起的巨浪袭击了福岛核电站，浪高达到 15 米（49 英尺），导致三个反应堆出现问题。福岛核事故本身直接引起的死亡人数为 0。但是福岛事故的长期影响难以磨灭。有人估计其释放出的辐射导致因癌症死亡的人数可能为 0~1200 人。但是福岛核事故还是可能影响其他地区甚至全世界的灾难。

最严重的威胁就是 4 号机组 100 英尺高的水池里存储的 1300 根乏燃料棒（每根有 2/3 吨那么重），事故发生后没多久产生的氢气爆炸导致水池受损。这些所谓的"乏"燃料中只有少部分的能量可供继续产生能源。4号机组的乏燃料棒必须移除。

这通常是由计算机系统和精细校准的机器定期开展的一项任务，但是这些设备已遭破坏无法重建。此外，水池本身也受损了，爆炸时有些炸飞的碎块掉入了乏燃料水池中，整个建筑结构在下沉，目前是由相当于绷带的高科技设备在维持着。

2013年11月人们开始提取其中的燃料棒。在提取每一根燃料棒的过程中任何一个小失误都可能引发一系列灾难性事件。鉴于建筑物本身已很脆弱，一次小地震都可能引发链条式的一系列反应。如果乏燃料棒相互离得很近还可能引发裂变反应。其他相邻水池里的上万根乏燃料棒也可能被牵连引发链式反应。

有人估计如果4号机组发生链式反应，其释放的放射性铯 −137 可能是切尔诺贝利核泄漏事故的10倍，将导致东京的4000万人迁移。最糟糕的情况是释放出的铯 −137 将是切尔诺贝利核泄漏事故的85倍。如此多的铯 −137 可能毁灭全球的环境，危及人类的存亡。

拆除4号机组需要技术、运气和上天的恩赐以避免严重灾难的发生。只有万分谨慎，日本人民和整个世界才可能躲过这颗特别的核弹。虽然进程很慢，到2014年5月，一半的乏燃料棒已经移出，到2014年11月6日，除了180根不那么危险的乏燃料棒以外，其他的都已经移出乏燃料水池。但是福岛核电站造成的其他威胁仍有待处理，退役过程也将需要40年。

核能发电带来的问题不只是核事故，有些核电反应堆可以生产武器级的钚，放射性废物的处理也是一个难题。福岛以及其他核电站水池中储存的乏燃料只是权宜之计，目前还没有长远的解决办法。大家都认识到，放射性废物处置仍然是必须解决的诸多难题之一，但是世界各地的普遍反应就是"邻避"态度（别建在我家后院，Not in My Back Yard）。

拆除的核弹头、事故现场、退役核电站管理的问题未曾远去。确保切尔诺贝利核电站事故现场的安全花费巨大。确保放射性废物不会造成辐射污染或破坏环境需要政府担负责任。有一些废物衰变时间需要数千年。能够对这些危险物质进行管理的部门是否可以延续存在这么多年？放射性废物是一个永恒的挑战，是另一个定时炸弹，在未来某个特定的条件下就可能造成危机。

上述所有的问题似乎都可以排除考虑将核能作为重要的新能源来源。但是最近，令人奇怪的是，核电受到了包括环境学家比尔·麦克基朋（Bill McKibben）和詹姆士·罗夫洛克（James Lovelock）等人在内的一些团体的支持。此外，还出现了一些有望解决上述某些问题的未来核电站设计。

扶椅式环保分子（armchair environmentalist）几乎反对所有形式的能源，但是对这个问题看法更加全面的环保主义者来说，没有一蹴而就的办法。当今世界的运转需要16万亿瓦的能源，这些能源普遍会产生二氧化碳。遏制温室气体效应，我们不仅需要将世界四分之三的能源更换成清洁能源，还需要在未来20年将清洁能源的生产增长三倍满足全球不断上涨的需求。

核能不会产生大量的二氧化碳，可以作为重要的清洁能源来源。风能和太阳能虽然是具有很大吸引力的可再生清洁能源，但是成本高昂的问题短期内难以解决。

煤仍然是一种很容易获取的能源，但对煤的依赖是致命的。煤的开采和发电是造成大气中二氧化碳累积的罪魁祸首。最重要的是，煤发电造成的死亡人数远多于切尔诺贝利事故造成的死亡人数。单以美国为例，据清洁空气任务小组的估计，煤炭燃烧和发电释放到空气中的扬尘、一氧化碳和汞每年造成的死亡人数是1.3万人。每年煤电造成的全球死亡人数已经上升至17万人。

煤炭的破坏性作用为再次评估核电的利弊提供了绝佳理由。此外，还有一些好消息比如更安全和更小型的核电站设计的出现。两种创新性的方案引来了极大的关注。一种方案是快堆，其温度更高，能够将核废料以及武器级的铀和钚作为燃料。核电站产生的乏燃料实际上还有99%未得到充分利用。科学家内森·米沃尔德（Nathan Myhrvold），以前是微软公司首席技术官，最近他将注意力转向了一种新型核电反应堆。他说："未来的一千年里我们只需要将目前储存的乏燃料和贫铀进行燃烧和处理就足以为全世界提供足够的能源。"

另一种创新的核电站设计是使用液态氟化钍作为燃料，钍在原子序列中排第 90 位，储量是铀的 4 倍。钍反应堆还不会产生长寿命的放射性产物。

核电是一个可行的选择，但是我们没有其他更好的选择应对全球变暖带来的挑战。人类陷入了全球变暖和对能源渴求的困局之中。仅仅通过改变行为方式快速减缓全球变暖的论点是伪命题。节约能源的办法能够减少空调、取暖、照明和冰箱使用的电量，但是其规模根本不足以缓解单个国家或全球对于能源的不断需求。没几个人考虑放弃吃肉，即使喂养牛、猪、鸡等养殖业是造成温室气体的第三大主要来源。

新的核电技术存在难以预测的挑战，而且只有在充分测试和应用之后才能显现。一些小型、便携式的反应堆设计能够用于一些贫穷的地区，无须进行维护或较少的维护就可以提供足够的电力。只要能为当地提供急需的能源，这个想法听起来还不错。但是小型反应堆也存在一些安保方面的问题，一些心怀不轨的国家或恐怖分子可能会用于其他目的。

核电反应堆的新设计并非子虚乌有，但是仍然是理论层面的，还需要进一步测试验证。测试也必须万分谨慎。而且，即使未来设计的反应堆更加安全，我们也不能排除许多老的核电站产生的废物所带来的危险。

假设决策者根据这些新办法对核电进行重新评价并得出结论是安全的，仍然需要很多年建造示范装置。届时，立法者和官员批准继续推行这一技术的速度将会很慢，还需要花费很多时间向公众进行宣传以获取公众广泛支持，才能同意建造新核电站。

同时，满足世界能源需求仍然是极大的挑战。真正毁灭性的核事故仍是难以避免的。水力压裂获取的能源产生碳。煤电作为保底的选择，却造成上百万人死亡。拆除现代工业基础设施是不可能的。节约能源的措施缺乏效率。便宜、清洁可再生的新能源是一个值得寻求的目标，但仍很遥远。满足世界能源需求仍然无计可施，全球变暖又无法缓解。我们仍将对糟糕的选择和无法满意的选择进行权衡。

利弊权衡、复杂性和变化速度都是评价新兴技术社会影响管理办法是否可行的重要因素。第六章和第七章将讨论基因学，这一方面的案例就是研究新技术带来的挑战。我们必须要记住这三个主题词，作为思考每一个案例的独特方法。

第六章　生物工程和转基因

2010 年 8 月举行的一次合成生物和纳米技术研讨会的邀请卡上某个赞助商的名字立刻引起了我的注意：联邦调查局（FBI）大规模杀伤性武器处生物反制科。我决定参加这次活动。波士顿公园广场饭店的会议室有一半的空位，只有大概 100 个人零零散散坐着。场上最多的还是来自全国各地的联邦调查局官员。

此次研讨会主要是培训官员如何与大学以及 DIY 生物研究人员合作，阻止合成生物和纳米材料的不当使用。FBI 担心受恐怖主义意识形态驱使的恐怖分子、心怀不满的研究人员、企图报复的青年学生以及实验室工作人员，可能会使用致命的生物制剂或纳米毒品伤害别人或造成公众健康危机。未来的智能炸弹客可能会从互联网买到生物部件在自家实验室制造病原生物。

爱德华·尤（Edward You）是生物反制科的督察特警，曾经是美国安进公司（Amgen）的癌症研究人员，他认为 FBI 有必要与科学界建立互信关系。信任能缓解科学人员的担忧，从而使他们能够在发现实验室的某个研究人员或工作人员行为古怪，存在恶意的打算，立即通知当地的 FBI 探员。

尤说道："我参与这件工作以后，明白 FBI 并非只给一些大公司投钱搞生命科学……我们必须在合成生物学界创造一种安保的文化，一种负责任科学的文化，让研究人员能理解他们就是未来的守护者。"在研究人员和 FBI 之间建立信任是很好的开头，但是这远不足以阻止合成生物的释放而导致的灾难。

生物安全只是合成生物造成的其中一个挑战。即便是合法的新工程生命形式也将对环境造成有害的影响，这也给人类敲响了警钟。目前已经制造的基因修改生物和微生物可能极大地改变自然生态环境。但是，合成生物最有可能改变的环境其实是人体。

人的胃肠道内有上千种细菌和几十种真菌，一般统称为人类肠道菌群或微生物群。人体和微生物群关联密切，如果没有微生物在我们肠胃消化食物获取营养，人类焉能生存。不健康的肠道菌群造成的消化问题会导致身体和精神上的损耗；反之，我们的精神和身体状况也能影响身体中微生物群的健康。

美国国家卫生研究院（NIH）资助的一项研究表明，肠道中有1万种不同的微生物，每一种都有基因序列。肠道菌群总共有800种不同的基因，是人体中基因总数的360倍。这些基因菌是人体健康必需的许多酶的来源。

越来越多的学者认为肠道中的微生物是人体不可分的一部分，如同皮肤或者神经细胞。他们更多地称呼肠道菌群为隐藏的器官。考虑到人体由大约3700万细胞组成，但是人体中细菌的数量是细胞的10倍，将微生物视作人体器官对于研究其对人类的意义提供了全新的角度。

人体内的细菌是否是人不可分的一部分或微生物的存在不可或缺这一事实为一些具有创新精神的合成生物学家提供了广泛的应用领域。将来，某一种合成的细菌将引入肠道缓解消化问题，改善新陈代谢，与HIV等病原体做斗争，加强自我免疫，刺激胰岛素分泌以治愈糖尿病。以上好处足以证明制造新形态的消化细菌的利多于弊——假设我们采取必要的降低风险的措施。

酸奶里添加的细菌可能足以将新的合成微生物引入消化菌群。一些创新企业甚至可能制造新的微生物在我们肠道中孕育繁殖，以便吃各种巧克力和冰激凌也无须担心增肥。如果是这样，除非是那些顽固不化的"天然食品守护者"才会拒绝这种微生物进入他们的消化系统。

NHI 的研究证明，每个人的肠道里都有病原细菌。目前我们仍然不清楚为什么病原体时而导致疾病。在肠道中引入额外的病原体对于大多数人而言可能是问题，也可能不是问题。但是，摆弄微生物需要特别小心，改变肠道的环境可能引起新的流行病，因为加速现有病原体突变会引发另一种具有攻击性的新型疾病。

修改单细胞生物和制造新的生物部件是基因学领域的前沿研究。合成生物不仅会改善人体健康，还会引起其他领域的变革，比如为生产可持续能源提供了新方式。有估计表明合成生物工业的价值到 2016 年将从 2010 年的 16 亿美元上升至 108 亿美元。

转基因生物对环境和公众健康造成的挑战很容易理解，对具体的风险进行分析和应对虽然很困难，却是必要的。这一任务之所以复杂还因为任何与基因学有关的事情都会涉及多方面的生物伦理战争，难道仅仅为了有一些好处就要摆弄基因吗？这样做是否已经越界了？

有人指责改变基因的科学家是在玩弄上帝，这样的指责具有神学的腔调。但是他们表达了普遍存在的一种担忧：人类不应当去开展这一方面的研究。转基因新方法之间的小打小闹只是范围更广的血腥战场的冰山一角，这场战争主题是：是否所有的伦理之争都将缩减到简单的好坏之争。

有些项目，根据这一观点，肯定是错的。比如说，所有人都有内在的价值，因此必须受到尊重。通常这一原则以某种黄金法则或是康德"绝对命令"等形式来表述，即人本身是目的，而不应当作为目的的手段。很多人认为，动物和环境具有内在的价值，不应当受到虐待。并非所有人认同这一观点，但是人们普遍认同环境应当受到更好的对待，动物不应当受到不必要的折磨。

指导我们决定发展哪些技术的价值理念具有重要意义。是否因为某一领域的研究所带来的好处超过其所带来的风险，就足以证明推行这一研究是合理的？或者有些红线是不可以跨越的，如果是，哪些是红线？此外，如果在一个社会对于哪些形式的研究可以做、哪些是明令禁止的存在根本分歧，那么科研人员和决策者应该怎么办？

基因材料生物伦理方面的小冲突仍将是有关建立内在价值的大斗争的替代品。从很多方面而言，斗争本身是非常重要的，可以帮助清理那些造成偏见和不宽容的价值观念。但是随着洗澡水一起扔出去的还有里面的婴儿，特别是因为某些过去强化了的带有偏见的宗教理念，导致所有宗教认可的价值都被摒弃了。

哪些行动是正确和善意的，这一方面的伦理理论通常分为两大阵营，其中一个阵营支持内在价值的各种规则或责任，碰到新情况正确的做法是应用上述规则。另一个阵营则认为，只有对各种应对挑战的办法所造成的后果进行分析评价之后才能确定正确的行动，即选择能够产生最大净效益的行动方案。

如果不得不思考这一原则所带来的结果，很多人都会声称支持后果主义，追求最大程度的最大效益，但是实际上很少有人将其作为一个严格的原则。这一点也经常通过一个伦理思维实验得以证明，这个实验的名字统称为"有轨电车难题"（trolley problems）：如果救 5 个人可能导致另外 1 人丧命，大部分人很可能是按下开关救下火车即将撞上的 5 个人，但是火车会倒回去将反方向的另 1 个人撞倒。但是很少人会认同，1 个健康的人为 5 个需要接受器官移植的人捐献脏器。国际通行的保护个人权利的原则要胜过对于利弊的简单算计。

对于科学家和科学政策而言，如何弄清遵循哪些原则，特别是关于孰是孰非存在不同的观点和原理。虽然自相矛盾，技术并非完全没有价值。技术的价值是实用性，是目的的手段，通常对技术使用的内在后果进行衡量后确定其价值，但这也造成了一个未回答的问题：当某些群体采用了某一技术后无情践踏了另一些群体接受的本质价值，那该怎么办？

当观点不同时，民主社会的领袖通常会采用实用主义（后果主义）分析方法，对利益和损失进行衡量比较。听从某个群体的价值而不顾其他群体的诉求被认为是违反了政教分离的原则。实际上，强势群体的意志通常占据上风，甚至侵占了少数派的权利。道德上的进步可以通过纠正过去的错误来衡量，比如：奴隶制、妇女权益，以及近来的同性恋者权益。尊重非人类动物的权利正在逐步受到重视。

如果有关设计婴儿、转基因生物、人类克隆和人兽杂交等问题的争论都沦为实用主义的计算，那将是可悲的。只是因为技术上可行，且好处明显超过了坏处，就可以放行开展研究吗？对于生物工程中什么是可能的，以及什么应当或不应当发展存在的争论已经超越了基因学的范畴，成为关于极大程度延长人类寿命以及提高人类能力的技术之争。在本章和下一章就基因可能性进行讨论之后，我们将在后续三章转向基因方面的争论。

基因学简史

科学研究史的最新篇章是有关改变基因材料的力量，其原动力来自于查尔斯·达尔文的进化论。因为发现了新形式的力量，同时就带来了很多问题，如何予以利用，如何安全恰当地利用。如果不能理解进化理论的正确性，以及现在还在不断地修改和完善，就无法智慧地解决这些问题。

进化论是一个非常成功的科学理论。基于这一理论的无数预测都得到了证实。但是，这并不意味着我们能够理解进化论运作的任何情况以及进化论的影响导致这个星球上生命的开始。理论的正确性也并不意味着通过我们对基因学的理解实现的技术发展是良性的或应当定性为进步。但是，正如 1973 年美国生物学家西奥多修斯·杜布赞斯基（Theodosius Dobzhansky）所精确描述的达尔文理论的重要意义那样："生物学中没有什么是说得通的，除非用进化论来解释。"

达尔文（1809—1882）实际上并不是发明了物种进化论。当时科学家和哲学家对于是否是上帝在繁忙的第一周创造了所有的动物，以及人类是否随着时间推移通过生物变化而进化已经有很多的分歧。大部分的基督徒认为地球只有数千年的年龄，但是19世纪的地质学家已经积累了足够的证据表明地球的年龄可能已有千万或上亿岁。达尔文认识到了这些证据。这么长的时间跨度使得进化发展的可能性应当是可信的。但是，那时候达尔文的同行们所做的估计要比现在确定的时间，即地球年龄为45.4亿年，要少很多。

达尔文的伟大成就在于描述包括人类在内的物种如何通过一个他称之为"自然选择"的过程得以诞生。他在划时代的作品《物种起源》（1859）中充分介绍了自然界的物种如何凭借机遇在后续几代中发展新的技能和特征，因此也带来了博大精深的生物多样性。自然的生命工程是漫无目的的，要么击中，要么错过，而且往往错过的比击中的多，散漫的变异经常发生，但新生物的性状只有适应环境条件并与同类或其他类的物种形成有效竞争才能适应并生存下来，并将性状传递给后代。达尔文进化论的基础主要是三点：遗传、变异和自然选择。但是，达尔文完全不了解生物机制，其生物性状或其变异体能否遗传给后代。

格里戈·孟德尔（Gregor Mendel，1822—1884）利用豌豆进行试验为解释上述机制走出了重要的第一步。孟德尔认识到显性或隐性性状，比如花的颜色为什么能遗传给下一代。孟德尔的突破性成就在他有生之年并未受到认可，他的研究在1900年重新被人发现。

孟德尔的基因学和达尔文的自然选择在1936年至1947年间成功融合并发展为广为人们所接受的进化论。当时，人们已经知道DNA染色体和分布在染色体上的DNA基因片段是遗传材料的携带者。但是，DNA是如何通过生物机制将性状从一代遗传到下一代以及这些性状为什么会变异（突变）仍是神秘不可解释的。

詹姆士·沃森（James Watson，1928 年出生）和弗朗西斯·克里克（Francis Crick，1916—2004）在 1953 年描述了 DNA 的结构。这一突破性时刻的出现是因为他们未经其同事罗萨林·富兰克林（Rosalind Franklin，1920—1958）的允许，从她那里"借用"了所需要的数据。华森和克里克对 DNA 的描述让人了解了它双螺旋的优雅结构，以及单个的 DNA 碱基与分子链结合产生的变化为基因突变提供了简单的载体。化学品、辐射或病毒改变染色体上的基因或位置时就会发生基因的变化。

DNA 经常被称为生命书本或"源代码"。如同一本书一样，DNA 碱基对被比作单个的字母，基因是承担某个具体任务的句子或段落，单个染色体如同书本的篇章。基因携带产生具体蛋白质的代码，这些蛋白质则是化学变化的催化剂。染色体书本对于每一种植物物种而言都存在变异体。通过有性繁殖产生的每一种动物或单个人的 DNA 都是独一无二的，父母双方都提供了某些基因。人体或非人类动物或植物中几乎所有的细胞都包含 DNA 书本的原样复制品。

染色体两个链条打开为复制基因代码提供了执行机制。自由漂浮的碱基（核苷酸）沿着打开的链条排成一队形成新的信使链条 RNA，然后脱离染色体继续将复制的基因信息传递到细胞中的核糖体。核糖体利用这个信息指导某一具体的蛋白质的生产。每一个核糖体都可以理解为自然界的一个纳米工厂。

染色体都是成对的。鸡体内 39 对，马 32 对，土豆 24 对，猪 19 对，水稻 12 对，蚊子 3 对。人体内大部分细胞的核心中有 22 对常染色体以及 1 对决定性别的性染色体。23 对染色体中含有 32 亿个碱基对。我们的基因代码 90% 与老鼠相同，21% 与虫子相同。猩猩的基因代码 98% 与人类一样。

制造生物和全新的生物产品的力量来自于操纵基因材料的技术，过去 40 年来这一技术得到了发展。改变基因或基因组可能会产生新的生物。比如设计婴儿，技术重点在于攻关能将两个个体区别开来的 2% 的基因。

自上而下和自下而上

生物工程总体可归结成两类：自上而下（top-down）和自下而上（bottom-up）的方法。自上而下方法是对现有生物的全部基因组进行量身定制，制造出一个类似的具备一种或几种不同的特征或性质的生物。一种生物的基因材料与一种或多种来源的基因材料相结合成为一个从来没有的新生物的重组 DNA 代码。自下而上的方法是指将 DNA 片段连接起来重新制造一个全新的生物部件。一些科学家认为合成生物学只限于称呼自下而上的方法，虽然通常情况下，这个称呼也被用于自上而下的方法。

DNA 片段重组是一种自上而下的方法，可以用来生产转基因食品和药品。最早发明的重组药品是合成胰岛素，大大降低了治疗糖尿病的药物成本。以前，大多数奶酪都是用牛犊的胃内膜生产，但是现在世界上大部分的奶酪都使用合成凝乳酶（胃内膜的活性成分）。

转基因作物具有抗虫害、抵御寒冷天气、生长快、高产、色泽好、营养价值高、货架时间更长等优点，美国市场上很容易买到。甚至有一些常见的转基因谷物品种可以用来生产低价的抗生素。但是，因为担心它们会搅混和污染原生物种，美国对于农场生产抗生素的谷物方面的测试制定了严格的限制。

美国的消费者很少知道他们吃的食物来自转基因作物。欧洲的科学家和消费者担心转基因食物对健康造成的风险可能在几代人之后会显现。这种担忧有一定的道理。转基因作物具有的一些特征比如抗杂草和抗害虫，对于农民而言十分具有吸引力，但是对于人类的长期影响还不得而知。

欧盟限制转基因产品的进口和销售，导致美国和欧洲之间的贸易紧张。在美国，有人呼吁给转基因食物添加标签，这样消费者至少可以避免选择转基因产品。但是说来容易做起来难。比如，一个农民对于地里种的是否是转基因种子根本不清楚。农民购买的种子可能是非转基因的，但也可能是鸟儿从转基因玉米地里衔来种子落到了原生玉米地里。

虽然很多人害怕转基因食品，但是目前仍然缺乏实质性的证据表明转基因食品会比传统食品危险。在某些情况下，转基因食品消除了常规生长的谷物或蔬菜带来的风险。比如，转基因作物能抗疾病或害虫，生长过程需要的化肥更少，因此对环境更友好。因为减少了化肥使用，人吃了未洗的水果和蔬菜中残余的化学品导致生病的可能性也减少了。问题是，美国和加拿大有明确的证据表明抗害虫的转基因作物会导致抗害虫的野草滋生，这就需要喷洒药性更强的除草剂。

欧盟已经批准了种植一种转基因玉米，但是也要求欧盟成员国政府对于本国种植转基因作物设定限制。欧洲特别关心转基因作物污染高价值的原生作物的可能性，当地人更加看重自然生长的水果和蔬菜的口感和质量。转基因作物味道更好的论点在味蕾更加挑剔的欧洲人那里行不通。因此，争论仍在继续，能产生长期影响的判决仍悬而未决。

除了刚才在讨论的植物和种子以外，鱼是什么情况呢？2010年美国食品和药品管理局（FDA）评估了供人类食用的首个转基因鱼案例。美国一家叫作水邦提（AquaBounty）的公司将一条太平洋 Chinook 三文鱼体内的生长激素控制基因转移到大西洋三文鱼中。Chinook 比大西洋三文鱼生长速度快。该公司还在新鱼种中添加了第二种基因确保生长激素持续有效。

水邦提公司希望将这些生长周期短的转基因三文鱼推向市场以补充"寿司热"造成的三文鱼短缺。转基因动物可能比转基因植物危险更大，因为动物具有将疾病传导到人身体的能力。但是转基因动物与注射激素的牲畜（欧洲和美国几乎所有的牲畜都注射了生长激素）相比，究竟哪一种对人体健康造成的危险更大，目前还不清楚。

这种名字叫作水优势（AquaAdvantage）的转基因鱼在内陆的水池中生长。但是，环保主义者担心如果这些鱼逃到了海洋并与其他鱼类杂交，对其他的三文鱼物种会造成不利的影响。FDA 自 1995 年以来对水邦提公司提交的关于允许转基因鱼进入市场销售的申请进行审核。2010年专家组发现这种三文鱼对于环境没有明显影响，可以食用。但是截至2014年秋天，FDA没有发布最终审评报告。也许他们有所顾虑，因为2008年他们批准了一个类似的审核，允许食用克隆动物产的奶和肉，招致成千上万的公民提出反对。

对于自下而上的基因工程方法，了解的人更少一些，因此安全性的争论声音也更小一些。但是这种方法带来的风险值得认真考虑，因为一些业余人士也能够亲手制造基因产品。自下而上的基因工程可以将标准的生物部件（生物砖块）组合起来制造一些承担具体任务的简单有机物系统。

生物砖块是具备独特结构的DNA序列，一些生物砖块与生物中的某些特别性状相对应。生物砖块基金已经注册了数千种生物砖块，该基金会也建议这些仍属于公开使用范围。这些标准的生物砖块相当于数千块不同的生物乐高积木块。生物砖块的使用正在将新生物系统制造转变成某种DIY工程。

每年，一群群大学生和教授通过国际基因工程机器大赛（IGEM）学习合成生物技术。参加大赛的每一个队都分到一个标准的生物部件工具箱，利用这个工具箱以及其他的部件，他们可以自己设计，整个团队要制造一个能够在活细胞中运行的生态系统。无害的实验室大肠杆菌株是这些新的生物系统最佳载体。

大肠杆菌存在于人体和所有温血生物中的肠道中，用于研究的菌株已经丧失了在肠道中生长的能力。大肠杆菌能够迅速繁殖，一夜之间就能长成，因此是研究最多，最容易理解的单细胞生命形式。有一个参加IGEM的团队制造了一个大肠杆菌新变体，能够改变其pH值。pH值被用来衡量一个物质的酸碱性，从而判断是否检测到砷的存在。换句话说，这个细菌可以作为有毒物质的探测器。

选择自下而上方法的合成生物学家的愿望是能够组装足够多的生物砖

块，将生物学变成类似于电子组装的工程学。但是活细胞内部的更加复杂的活力是否可以通过简单的零部件组装流程来实现仍然不得而知。

围绕自下而上方法合成生物相关的伦理问题争论声音并不大，部分原因可能是这门科学还很年轻，而且也没有使用人类胚胎。正如下一章中所讨论的，任何使用人类胚胎以及胚胎细胞的项目都是一个敏感的底线问题，在美国尤为如此。

基因科技的前沿

进入美国西部的第一批先锋发现了广袤的土地同时也存在未知的危险。有些人随遇而安，而很多人还是希望将法律和秩序带到西部边疆使之成为文明之地可供养家糊口。正如同今天基因研究的前沿阵地，有些人认为这片危险的风景有待驯服和监管，其他的人则认为让其自行发展，不加干预。

克雷格·温特（J.Craig Venter）在基因学前沿领域进行了大量探索，他的贡献不仅在于人类基因组排序，还包括对非人类生物和细菌基因排序。人们通常认为他是强烈反对对基因学研究监管的代言人。但是，安德鲁·伯纳德（Andrew Pllard）在《纽约时报》上撰文称，"温特博士说他长期以来支持和资助伦理学以及伦理学领域监管研究，因此应当对合成细胞到处乱飞的情况予以限制"。

温特的研究项目中有一项是弄清楚维持生命所必需的最少染色体数目。生殖支原体细菌是所能培养的最小的生物基因组。温特希望最终制造出一种新生命形式，其中用最可能少的基因作为研究平台。一种极其简单的生物对于从头开发某些具有实用特征比如吞噬泄露原油等的细菌十分有用。

温特还要求一个研究团队制造首个可自我复制的细菌细胞。2010年，他们宣布利用自下而上和自上而下的结合办法取得了成功。一开始，他们对现有细菌的基因组进行排序，然后利用这个序列，按照碱基对逐个组装成一个 100 万碱基对长度的基因组。另外一些 DNA 片段被添加到序列中以确认其是合成生物。合成 DNA 移植到活细胞中，这个细胞开始"启动"。这是一项非常了不起的成就，但是有些人批评称这种生物只是部分合成品。

自我复制的细菌细胞取得成功的新闻对外发布后，反响复杂，有担忧、愤怒也有赞扬。担心主要是围绕科学家是否可以随心所欲制造生命，以及这个关键性的成功会将人类带入怎样的未来。这个细菌被标注为 Frankencell。作为回应，奥巴马总统要求其生物伦理问题研究委员会提供一份报告。委员会获得了一个独特的机会，因为它能够在这项技术的研究初期阶段施加影响。

围绕基因研究伦理问题的讨论主要有三个关键问题。实验室规程能否确保工作人员安全以及新的生物产品和生物体不会无意中释放到外部环境中去？新的生物产品和生物体什么时候可能释放到实验室之外？什么是科学家或企业可以自由追求的？

科学界已经开始着手解决第一个问题。比如，对于有关重组 DNA 所造成的危险的担心，1975 年在加利福尼亚艾丝洛玛海滩（Asilomar State Beach）举行了一次科学家、物理学家和律师参加的国际大会，对这一问题进行了讨论。这也经常被当作负责任的科学典范事件，这次会议制定了实验室安全程序的自愿性导则。这些导则现在仍然是参与生物技术研究的大学和公司遵循的生物安全基本原则。但是这些导则在新的时代有些跟不上要求，因为现在制造生物产品的场所开始从相对来说更加安全的政府实验室向私人实验室转移。

生物伦理委员会主席在 2010 年 12 月发表的一篇名为《新方向：合成生物学和新兴技术伦理》的报告。报告介绍了一个新词"谨慎小心"以寻求在强有力的预防措施和没有及很少进行监管的研究中寻求平衡。委员会成员一致得出结论，"合成生物学并不需要新的监管机构或是暂时停止推进这一领域的研究"。

报告受到很多人的批评，特别是该文章并没有要求对释放到实验室之外的人工生物产生的环境影响进行全面评估。显然，委员会成员认为现在采取这一政策为时尚早。此外，有人还批评这份报告对于私人企业在追求创新过程中自我监管方面的自由太过放松。相比之下，英国生物伦理纳菲尔德（Nuffield）委员会撰写的一份类似的报告则更加关注人类、社会以及伦理方面的担忧，以及对公众利益的重视。但是，两份报告虽然具有不同的伦理考量，但两国这一方面的政策并不存在很大差别。

迄今为止，仍没有证据表明合成生物产品或物种释放到实验室之外会对公众健康和环境造成危机。不管怎样，委员会已经错过了一个本来可以呼吁共同制定一项针对释放生物的指南的机会。

但是，他们也促进了针对生物技术研究的公众讨论，以及对于科学自由可以或应当设定怎样的限制。开放公众对话是一个可怕的情况，特别是各方可能都企图出于政治、宗教或经济目的操纵讨论。但是正如我在本书中一直坚持的观点，我们正处于历史上的转折点，开展讨论的重要性再怎么强调也不为过。虽然可以强调自由和开放的科学探索必须没有或很少限制，但是这仍然需要公众的重新认可。

就合成生物学的目标开展讨论有一些现实理由。其中一个理由涉及已经灭绝很久的物种，现在可以考虑进行再造。《侏罗纪公园》普及了基因再造灭绝动物的概念，但是首先获得重生机会的可能不是恐龙而是可爱的信鸽。最终，4000年前已经灭绝的猛犸象都有可能得到重生。一些猛犸象DNA片段以及足够数量的软组织得到了保存，哈佛大学分子生物学家乔治·切齐（George Church）认为他可以尝试复活一些物种。切齐已经开发了一项基因组编辑技术，用于制造灭绝物种的DNA。他有关再造猛犸象的建议受到了很多人嘲笑，但是很快一些对于复活其他灭绝物种感兴趣的研究小组与他进行了联系。

重新引入猛犸象，假设数量达到数十万头，将对生态环境十分有利。

猛犸象啃草的习惯将有利于保护北极永久冻土的草生长。北极永久冻土目前保存的碳要比全世界所有热带雨林保存的碳多 1~2 倍。若没有草的保护，永久冻土将会融化。

去灭绝化是未来 10 年左右可能实现的一个有意思的前景。选择这条研究道路有利有弊。一方面，生态多样性受到尊崇，也能够保障生态系统的其他物种蓬勃发展。另一方面，将食肉性物种重新引入自然生存环境也将改变生态系统对现存物种造成的危害。此外，去灭绝化成本高昂。沿着这条路一直走下去当然能够增长科学知识，虽然其环境价值尚不明确，除非我们看到了结果。

人兽杂交

通过生物改进手段提高猩猩的智力是不道德的还是医学福音，是干扰自然还是有意思的实验，是残忍行为还是道德义务，抑或是进入现实版《决战猩球》的邀请卡？这并非单项选择，也可以是多项选择。如果在猩猩身上加入了一些身体结构特点，使它能够表达丰富的声音，这会不会发展成一种语言呢？

人兽杂交是神话和科幻小说的主要内容。事实上研究人员现在能够在动物胚胎中加入人类基因材料，也能将人类的干细胞放入非人类的动物中，这也是小说成为现实的一个例子。

生物伦理学家现在已经开始讨论人兽杂交带来的伦理困境，但是他们的建议随着越来越多实验浮出水面已经没有多少分量。仅仅在英国，2011年发现实验室正在秘密就155例含有人类和动物基因材料的胚胎开展研究。这些胚胎都是出于研究目的，并没有打算给予这些混合物生命。

无疑有些科学家只是想做实验看到底会发生什么，但是很多人都在质疑这一方面的研究对于人类究竟有什么好处。人兽杂交物，通常称之为"奇美拉"，可用于检测新药的效果，可能比现有的动物检测更好。理论上说，人猪杂交生物是提供治病救人所需的肾脏、心脏或者肺脏的最好来源。实际上，公开尝试研制这样的物种肯定会招来道德上的义愤。大部分的愤怒原因是创造了一个部分是人的生灵。在创造人兽杂交物过程中，动物所经受的痛苦为排斥这一方面的研究提供了很好的理由。

除了害怕出现新老版本《决战猩球》系列电影中描绘的令人恐惧的猩猩夺取地球的场景，还有其他的一些原因要求限制这方面的研究。比如，一些动物疾病可能变异成传染性的流感，并通过人兽混合生物进行传染，从而造成世界范围的流感。

动物被用于研究的随意方式和研究人员伤害大量的动物都是不道德的。每年因为研究牺牲的动物数量大概是 500 万到 1 亿。一些动物权益组织称之为动物大屠杀。牺牲的大部分动物都用于药品测试，但是测试结果却不一定完全适用于人类。理论上，人兽杂交生物测试某一种药品是否可以用于人体是更好的选择，能减少受试动物的总数。但是这将导致很多与我们基因相似的动物付出性命，目前越来越多的人反对虐待与我们基因最相近的生态祖先，即其他 6 大种类的类人猿。

虽然存在道德上的不安，这个领域的研究很可能继续往前推进，特别是一些"流氓"研究实验室。我们某一天在某个偏远的岛上遇到蒙洛（Moreau）博士和他的杂交孩子可能只是时间问题。1896 年威尔（H.G Well）在他的小说里，描述了蒙洛博士通过活体解剖制造了杂交生物，但是在小说的第三版电影中，被描述成他是采用基因学的办法。

人兽杂交生物的研究应当公开进行，这样我们至少可对之进行监管并实施严格的实验室安全规程。但是，我们不可能在使严肃研究合法化的同时，为一些奇怪、危险和明显不道德的实验开绿灯。理论上，让行业或大学开展的研究透明是件好事，但实际上，可能并不现实。

黄金大米事件

在评估者眼中，通常如果一项研究既有风险又有好处，往往会决策纳入考虑范围。以黄金大米的事例为例，这种大米是一种转基因食品，并特意提高了其中的维生素含量。亚洲地区以大米为主食，那里的人普遍缺乏维生素A。每年因为缺乏维生素A导致25万~50万儿童失明。

但是，2013年8月400个示威者摧毁了菲律宾比科尔地区的黄金大米试验田。在示威者眼中，与不可预知的环境和健康风险相比，黄金大米所带来的好处是次要的。他们认为，黄金大米最终会导致穷人完全依赖孟山都这样的农业化学公司。这些示威者分析，农业化学的利益超越了穷人的需求，这种反应非他们独有。世界各地都有批评和反对转基因食品的声音，有些情况下理由还很充分。

黄金大米进行了基因加工，富含 β 胡萝卜素，这也是维生素A最主要的来源。β 胡萝卜素的天然橘红色使得这种大米具有了独特的黄色色泽。此外，黄金大米中还引入了帮助转换成 β 胡萝卜素的一种细菌的基因。有意思的是，人们反对这种转基因食物恰恰是因为黄金大米对每一种可能改善的地方都进行了最大化。种子不属于任何一家公司而是由非营利性组织开发，关注的重点是健康。黄金大米也不如其他品种昂贵。有一些试验表明黄金大米有较低的可能性与其他稻米种类进行异化授粉，因此可能污染原生作物。

"邻避"（不在我家后院）心态当然是拒绝转基因作物的一种因素。大多数人不希望自己的家庭成为某种具有长期影响的未知食物的试验品。但是，黄金大米的直接好处是使食用者受益。对于反对者来说还有一个想法是，即使是有益的转基因作物也是"特洛伊木马"，农业化学公司企图将其作为长期战略的一部分，让所有人依赖其提供的种子。农民为这些性能改善的"超级庄稼"付出一笔费用，生物技术公司将尝试包括合同在内的各种办法迫使农民每年都得找他们买种子。当然对于农民是否遵守合同也几乎不可能进行有效管理。

孟山都公司打算收购一家开发了种子绝育终结者基因的公司（Delta and Pine land Company），给转基因作物的反对者们提供了绝好的理由证明他们的担忧是合理的。终结者基因导致种子绝育，迫使农民每年要购买新种子。这一战略对于孟山都而言是说得通的，因为要保护自己的知识产权，但是这将迫使农民每一季都要依赖它们的种子。

一些农民习惯在每年春季购买新种子。如果说多花钱而没法增加生产力，一些农民肯定会反对转基因作物。也许如果农民们购买了孟山都公司设计的性能强大的庄稼，其生产能力肯定会提升，也会挣更多收入买得起新种子。但是从公共关系角度出发，终结者基因对于孟山都公司来说是一场灾难，他们不得不在 1999 年承诺不会将这一技术商业化。但是人们担心一旦对于转基因作物的热情退却之后，孟山都公司终会将这一技术推向市场。

绝育种子的批评者认为这些种子最终会实现异化授粉，从而导致更大面积的其他作物绝育。但是，这种可能性很低，终结者基因之所以具有吸引力，其自我绝育的特性也是原因之一。反转基因作物者长期以来认为携带种子和花粉的风或鸟儿能将绝育种子带到别的地方导致原生作物污染。终结者基因实际上能够起到保护作用，使这种情况不可能发生。但是针对终结者基因的批评声音并不适用于黄金大米。黄金大米的种子是可以每年收获并在下一季播种。

关于黄金大米另一个批评声音，在于质疑这种转基因作物创造的过程及是否真能够解决维生素 A 缺乏。开发黄金大米的领导者们并没有被人提前问及他们是否认为这种战略会被人接受。转基因大米开发和种子配送花费了上百万美元，但这笔钱实际上可用于其他解决维生素 A 缺乏的办法上，比如维生素片；或是种其他富含维生素 A 的蔬菜，比如胡萝卜。

　　换句话说，局外的一些好心人做出了一个决定，认为可以采用新技术解决问题，但是那些直接受到影响的人却在这个决策中没有发言权。菲律宾比科尔地区反对黄金大米的示威者也许对于事实不够理智。但是如果在你生活的地区有人告诉大家必须要停止开车因为无人驾驶造成的死亡更少（假设的确可以的话），你又会做何感想呢？二者之间的比较也许不太合适，但是权力部门是否有权告诉我们为了我们好所以必须这么做的问题依然存在。我们最终是否会迫于压力对每一个问题都接受技术的解决办法，虽然这种解决办法还未经证明或有明显的缺陷。

　　关于大企业将占据全球农业市场的前景并非耸人听闻，并将继续影响公共政策。到 2009 年，四大公司将控制全球 54% 的种子市场，他们还将继续收购其他的公司。但是，对于黄金大米的抗议证明有时候我们对于单个创新的利弊评估没有多少空间。对于科学将带我们进入怎样的未来的担忧将湮灭任何合理的反思。

　　如果有明显的证据表明遭到广泛批评的转基因作物会造成严重疾病，反对转基因作物的压力将会急剧上升。同时，与基因学应用招致的抗议声音相比，反对转基因植物和动物的声音是比较温和的，因为前者可能会克隆人类，对儿童的特性进行提前选择。

第七章　掌控人类基因

即使是 84 岁的高龄，哥伦比亚教授艾瑞克·坎德尔（Eric Kandel）仍然是一个个性活泼明快的老师，他很喜欢在自己的讲演稿里放上透纳（J.M. Turner）和马克·罗斯科（Mark Rothko）的油画。2000 年，坎德尔因为其对神经元生理学及神经元如何创造和存储记忆方面的研究获得了诺贝尔奖。坎德尔刚开始研究的是大脑皮层下马蹄形状的区域——海马体，海马体与情感、方位以及记忆处理有关。但是人脑或其他哺乳动物大脑神经元的数量使他的研究难以取得进展。

人脑大概有 86 亿神经元，每一个都可以通过成千甚至上万个突触与其他神经元进行联系。人类海马体的五个区域有大概 4000 万个神经元，实验室的老鼠大概有 210 万个海马体神经元。

因此，坎德尔转向研究更简单的生物，比如海蜗牛，它的 2 万个神经元相对来说体积较大。海蜗牛最简单的行为能够用上 100 个细胞，研究人员可以弄清楚每个神经元在某个具体活动中发挥什么样的作用。像海蜗牛的腮非常敏感，一受刺激迅速缩回去，就像人的手碰到火迅速移开。在每一个海蜗牛体内，这样的反射涉及与 6 个转动神经元相联系的 24 个感官神经细胞。

和腮的反应类似，海蜗牛在受到刺激后会做出害怕的反应，它的尾巴会缩回去。通过短时间和长时间刺激海蜗牛的尾巴，坎德尔和他的团队能够研究导致造成短期和长期行为变化的生物化学及突触活动。碰一次尾巴以后，海蜗牛会形成短期的记忆，反应速度也会提升几分钟。5次或多次反复刺激会造成延续几天甚至几周的长期行为变化。坎德尔说："即使是蜗牛也能熟能生巧。"

通过低端生物海蜗牛的反应可以发现，记忆的产生是复杂的分子、突触和基因相互作用的结果。坎德尔发现，短期记忆的产生是由于蛋白质的变化导致神经元之间突触连接的增强，进一步的刺激会导致新的突触的产生。

坎德尔的研究特别有意思的地方是基因在对长期记忆进行编码中发挥的作用。长期记忆的产生存在一些生物化学的抑制因素，这也是我们不会对所有学过的东西形成长期记忆的原因。但是一旦能够解决这些抑制因素，学习和记忆就是一种通过启动脑细胞核的基因产生新的与别的神经元相连接的突触并改变神经元结构的过程。对于海蜗牛而言，持续的刺激能够使神经元上的突触从1200个增长到2600个。

坎德尔的研究采用了极端简化的办法。他对所能研究的最简单的生物形态的最小元素的活动进行了分析，比如分子、基因、神经元细胞以及突触等。坎德尔和其他的研究人员已经证明哺乳动物中的记忆产生过程和海蜗牛的记忆产生过程相似。

坎德尔的研究特别有意思还在于其处于两个最伟大的科学谜团的交界面：基因表达和大脑的功能。基因表达是指单个细胞中DNA储存的信息用于建造蛋白质（或其他基因产品）的过程。每一种蛋白质继续完成某一具体的功能。但是如果一种基因的表达因为来自细胞外部的化学品而被改变，某个具体的蛋白质的产生也会被激活或被压制。

一个并不严谨的词"与生俱来"（hard-wiring）用来描述我们之所以是自己以及为什么会有这种表现是由基因代码决定的，而且在我们出生的时候已经铭刻在大脑结构中。但是基因表达却是一个终生的变化过程，能够随着经验、环境、时间甚至随意的影响而改变。虽然大脑有一个基本结构，但它也是可塑造的，因为学习和经验能够加强或弱化神经元之间的突触连接，并创造新的连接。这个过程可以用"脑可塑性"（neuroplasticity）这个词来描述。在一场事故之后，大脑甚至能够将一个区和另一个区的功能进行重新连接。

对于人类来说，神经元之间的新突触连接的产生在儿童时期最为明显。随着长大成熟，开始进行修剪和删除，随着新突触的产生，其中一些突触变得沉默，一些被移除。神经元连接的组织不断完善终其一生，充分反映学到的东西以及未得到使用的能力。神经元之间的每个新的连接都带来独一无二的联系。每次新记忆的形成都会有一次神经元之间的连接。

基因学和神经学的前沿研究成果让人以为，基因组和人的思想会很快揭示其自身所有的秘密。当然，目前的发现将会改变很多人的生活。另一方面，大量的研究发现表明基因表达和神经功能比我们现有的了解要复杂得多。基因的每一次表达都与无数的生物化学机制相互缠绕，许多还未经发现和证实。

大脑活动来自于神经元之间的连接，包括现在了解得很少的反馈回路。100多种不同的神经递质的化学活动促进或抑制神经连接。神经重塑等词语只是一种用来说明大脑活动并非像以前理解的那样是一成不变的方式。从某种程度上说，神经学家正在取得进展，换句话说，他们正在一层层解开这个复杂的问题。虽然科学发现的速度呈指数增长，但是"生命之书"仍需要许多许多代人来完成。

充分认识复杂性对于谨慎做出决定资助哪些研究，培育哪些希望，为哪些威胁做计划是非常必要的。在理想世界里，每一条科研路径都应当给予经费支持直至根除所有的问题。在现实世界，必须要做出选择。分清虚妄和现实对于设定重点是很重要的。分清哪些突破可能实现、哪些我们无法掌握，对于新兴技术的合理开发很关键。

　　人类基因的研究极其可能对人类命运造成改变，目前很少有课题真正引发对这一领域研究的热情或招致道德谴责。对于改变人类基因相关的热情对于科学家和政治领袖来说提出了巨大的挑战。什么时候应该听取他们的意见，什么时候又可能受其误导？

　　改变人类基因受到的批判比通过控制大脑改变人的性格等其他企图改变人类的形式要多得多。干扰基因严重侵犯了宗教界所尊崇的信仰，他们认为人的生命是神赐予的礼物，此外对基因的干扰也不符合很多非宗教人类学家的信念。奇怪的是，不知怎么基因被赋予了一种本质的精神价值。基因具有了确定人类本质的光环，它决定一个人个性的特质，以前认为人的特性来自于灵魂，而现在则认为是基因决定的。

　　对于基因不可侵犯的看法一般基于误解或错误信息。但是它们也表明了一种根深蒂固的认识，即基因发现根本上改变了人类生物学的未来以及对于人类的意义。

　　对于公众来说，只要一提到改变基因材料立刻会联想到设计婴儿的设想。当然，我们有理由进行暂停并在这一领域设置监管。但是设计婴儿只是一个过度炒作的极端例子，这种可能性的确存在，也值得去掌握。但是我们不能忽略一些更平淡但是值得我们注意的一些重要应用，比如个性化的药物以确保一些严重的遗传疾病不会遗传给子孙后代。

　　选择哪些受精卵进行基因工程是一个伦理冲突关注的问题。通过根本上机械的过程采用科技上可能的办法来决定谁可以拥有生命而谁不能拥有？许多宗教认为，确定谁能出生并非人类自己的选择，而应该是上帝的意志。无神论者以及那些认为上帝与此无关的人也质疑这些决定是否必须留给基因选择这个赌注，这其中很多都取决于是否某一个特别的精子碰巧与一个卵子相遇。

　　这场争论的解决并非只取决于伦理或政治。科学家所开发的办法实际上是受限于他们实际能承受的选择。比如，在设计婴儿的尝试过程中可能造成的死亡可能会招来对于后续研究的谴责。换句话说，关于基因学将开创人类的进化先河的有力观点将被证明是错误的。"可以、可能和将会"的字眼只能说明，这一方面的研究仍只在猜测阶段。

基因作为全新打造的思想和身体蓝图的作用在伦理辩论中占据重要地位。对于生命中基因表达方面的研究，比如坎德尔的研究很少为公众和许多学者所知，因此争议没有那么大，但当然也是重要的。的确，对于基因表达的研究，如果将带来个性化医疗药物的开发，则必将对医疗产生深远影响。它也会揭示如果要创造设计婴儿的话，干预个人基因是否具有可行性。

设计人类？

近来关于基因选择和设计婴儿的争辩只是争议史上的最新篇章，有助于揭示为什么人们尤其担心基因工程。从一开始，达尔文的进化论就引起过冲突。有关人类和其他物种是从共同的祖先进化而来的理论挑战了对于圣经的严格解读。达尔文深刻意识到，在他所处的时代对圣经的严格解读不会接受物竞天择的说法，直至今日仍有很多人不认可自然选择。

比起宗教原教旨主义者反对进化论，社会理论者用此推崇种族和阶级优越性的概念。在他们解读中的进化论，在社会竞争中最成功的人就是适者生存。"适者生存"的说法通常被人错误地认为是达尔文发明的，其实这个词的创始人是赫伯特·斯宾塞（Herbert Spencer，1820—1903），他用此来说明不受约束的竞争的合理性。

过去70年多以来，批评这个词的人将其打上了社会达尔文主义的标签。社会达尔文主义者用科学的虚饰来表达阶级优越性、种族主义和意识形态纯粹性等模糊论点。"自私"物种之间的为了生存的竞争被提升到自然法则的高度，并去说明强盗大亨和帝国主义的合法性。

弗朗西斯·加尔顿（Francis Galton，1822—1911）是达尔文的表弟和科学家，他影响了进化论的社会史。1883 年他提出了优生学的概念。加尔顿认为通过一些鼓励具有优良特质的人群生育，同时控制具有不良特质的人不要生育的办法来改善社会。在 20 世纪的前几十年，优生学运动具有较大的政治影响力。在最高潮时，英国、瑞典、阿根廷等国政府实施了优生措施。西奥多·罗斯福、温斯顿·丘吉尔、玛格丽特·桑格（他是计划生育倡导者以及父母计划机构的创始人）都支持优生政策。

更加良性的优生办法是计划生育、对怀孕母亲进行孕期照料、通过医学方法消除遗传性疾病等。具有争议的优生措施包括强迫流产、强制怀孕、强迫绝育以及杀婴等。可耻的是，美国曾经制定法律，强制对"有缺陷"的人群进行绝育。

在 1909 年至 1960 年年初，有 6 万所谓的"缺陷"人群被绝育。许多被绝育的人并没有遗传性疾病。他们的"罪恶"只是因为出生贫穷，营养不良，或未受教育。最高法院大多数人的意见（1927 年的巴克诉贝尔案）支持通过一部关于印第安人的法律要求对精神病人及其他认为不健康的人进行绝育，大法官奥利弗·温德尔·霍姆斯（Oliver wendell Holmes Jr.）非常有名的一句话是，"整整三代人都是傻子已经够了"。这个案子使得美国的优生绝育合法化，而且从来没有明确被推翻过。按照今日的标准，这个案子的当事人算不上精神上存在缺陷。

阿道夫·希特勒和他的纳粹政权比起美国政府来有过之而无不及，对35 万余人进行绝育。纳粹分子对犹太人、波兰人、吉卜赛人以及同性恋者的大屠杀使得优生学名誉扫地，并且使得这一理念的支持者也开始反思它的负面性。纳粹的种族灭绝政策导致二战之后很少有人公开支持优生政策。但是在美国，国家支持的绝育计划仍在继续，1943 年至 1963 年仍有 2.2 万人被绝育。最近，基因学可能被用于改造人类特征，而这也通常被称为"新优生学"。

当前关于自然和人类行为培育的相对重要性之争仍在左右摇摆，对公众政策产生了重要的影响。保守主义者倾向于认为人的性格相对固化不易改变，但是持自由主义观点的人认为改变环境能够改善人的行为。

到20世纪80年代，在社会工程方面进行的实验失败——针对贫穷、教育和医疗的自由主义政策，为人性是与生俱来的观点打开了大门。有人认为乌托邦的政治理想之所以失败是因为他们碰到了一些人性不可逾越的障碍，比如人们固有地倾向于把孩子和亲人的幸福放在第一位、对于个人财富和安全的渴望以及对激励措施的需要等。

在20世纪末，这场争议的钟摆似乎明显指向自然作为人性的主要决定因素。研究表明同卵双胞胎在不同的环境中长大但是在智力、信仰、情绪以及技能等方面具有相似性，这被解释为生物性超越了环境的影响。这也可以说是，基因超越了经验和环境决定我们之所以成为自己。

一些进化论精神学家走得更远，认为我们的基因决定了我们是"与生俱来"的。但是，人类性格的确定总是一个微妙的问题。对于偏见和成见等不良风气的抬头，批评人士担心对于人内在本性的阐释将转向强调不同社会阶层的特点，从而加剧种族和社会的不公平。

近年来，先天和后天之争的钟摆并没有逆转方向，但是它发出的嘀嗒声却越来越被人忽视。对于如何激活或抑制基因表达的更为微妙的理解，导致很多科学家都放弃了传统的先天和后天之间的区分。这种区别重点在于单个植物或独立的动物与其外部环境之间的关系。在新的范例下，不是基因的东西也被列在基因的影响因素中。细胞外面的DNA是惰性分子，它的表达受到许多因素的刺激，包括基因材料所在细胞的营养环境。单个的基因不仅可以被细胞中的多组分子也可以被染色体中的其他基因信息激活、抑制甚至改变。而基因表达也可以改变细胞、生物，并最终改变生物所存活的生态系统。

基因、细胞中的其他分子以及与细胞之外环境的影响相互交织以至于很难将某种形式的活动与其他形式的活动区分开来。研究人员现在已经不再尝试做出这种区分。他们的重点转向研究控制基因表达和生物发展的大范围机制。

对于先天或后天之分的科学理解相对较新，很难掌握，因此尚未对国家政策产生直接影响。关于社会工程有效性的争辩仍在继续，但更多地以基因工程实现社会目标的形式存在。比如，哲学家马修·廖（Mathew Liao）在思考基因工程是否可以用于解决全球气候变化问题。在各种可能性中，他认为是否可以从基因上改变人的食欲，从而使更多人成为素食主义者。素食主义饮食比以肉为主的饮食留下的碳足迹更少一些。还有就是通过基因学使人的身高变矮，因为个子矮的人消耗的资源少。这些建议在西方国家可能不会引起重视，但是别的地方可能会实施。

基因与环境

媒体关于坎德尔（Eric Richard Kandel）2000 年获得诺贝尔奖的报道很少，相比之下同一年人类基因组排序得以完成的新闻报道则铺天盖地。基因组排序图谱是一项伟大成就。公众既很激动也很恐惧，他们认识到这将是人类发展超越自然限制的重要一步。环境因素将继续影响基因表达，但是自然肯定会向科学家培育的任何事物交出主导权。

美国政府在人类基因组排序及相关研究方面花费了 38 亿美元。这个数字还会进一步加大，克雷格·温特（J.Craig Venter）的塞莱拉基因技术公司（Celera Genomics Corporation）投资了 3 亿美元用于平行研究。利用新的技术，塞莱拉公司在不到两年内发布了温特个人的基因组。自那以后，个人基因组排序的成本急剧下降。2014 年，基因排序公司 Illumina 宣布将很快推出测序仪 HiSeqXTen，这一技术将使读取个人基因的成本降至 1000 美元。

在人类基因组排序之前，人们认为 32 亿个碱基对可以归结成大约 10

万个基因。但是这个项目令人更为惊讶地发现在于似乎只有 2 万至 2.5 万种基因起作用，占基因材料的不到 2%，其他的 98% 视作废物 DNA 。但是，人们现在又了解到一部分的废物 DNA 发挥各种不同作用，比如启动或关闭基因表达，比如说，一个产生粉色的蛋白质基因可能在花瓣上出现，但是植物生根时这种基因则停止工作了。

还有一小部分的基因并不能带来好作用。人们希望在对人类基因进行排序时，许多疾病，特别是遗传性疾病能够追溯至具体的基因，从而采用针对性治疗对疾病进行控制。基因种类不多，表明具体的基因和大部分个体疾病或具体某个人的特性之间不可能存在一对一的对应关系。许多蛋白质的结构由基因列出，这些蛋白质相互作用并组成生物的方式非常复杂。了解基因和蛋白质组成身体的过程将是极度困难的，因此研究进展十分缓慢。

不管怎样，少数遗传性疾病要么是由于某个特别的基因存在引起的，要么与之相关。比如，一种常见的镰状细胞性贫血症，这是携带氧气的血红细胞形状异常造成的血液紊乱，其病因可以溯及某种特别的基因。这种基因的发现提高了研究人员研究这一疾病潜在病理的能力，但是至今还没有找到治疗办法。

大部分的特性都受到了各种不同基因因素的影响并受到环境影响的塑造。许多基因影响一个人的身高，每一种基因的表达会受到环境的影响，比如基因是隐性或是显性受到婴儿饮食的影响。欧洲人口的平均身高在1800 年至 1980 年增加了 11 厘米（4.3 英寸）。我们的理解是，基因设定一些标准参数。一个女人的基因构成将决定她的身高在某个特别范围之内，但是其他的环境因素将确定她在这个范围内的实际身高。

一种植物的生长会受到各种影响，如气候情况，获得基本营养物质的情况，以及种子是否得到保护免被鸟儿当作食物等。具有完全相同 DNA 的种子如果种在肥沃的山谷就长得很高，但是种在陡峭的山峰可能会很强壮但个子矮小。对于动物而言，受精卵或是母亲的身体状况能够确定正在发育的胎儿是否能成功到孕期结束。以前认为这些影响完全来自于环境，但是在新的范例下，环境能够启动或关闭单个细胞中的基因表达。

在生命的整个周期都会发生基因表达。皮肤细胞分裂以治愈伤口并取代死去的皮肤组织皮层。每一个新的细胞从分裂的母细胞那里完全复制了DNA。单个细胞中基因代码故障能导致疾病的发生，比如产生癌症细胞。阳光里的紫外线会损坏产生色素的皮肤细胞的基因代码，这些细胞然后不受控制进行分裂，并形成一种致命皮肤癌：黑素瘤。

基因表达的研究打开了基因组研究的全新领域。希望这方面的研究能最终发现一些治疗办法，对造成癌症和遗传基因疾病的生物分子机制进行干预。基因治疗的不利一面在于这一方面的实验可能会背离正道，对个人产生伤害。此外，采用基因技术提高某些人的能力会带来或好或坏的影响，这完全取决于个人的看法。

个性化药物

在人类基因组排序公布 10 周年之际，大量的文章和言论对此进行了报道与评述。这些文章很多都提及目前仍未能实现基因药物治疗。这些批评意见都特别引述了 1999 年弗朗西斯·格林斯（Francis Collins）描述的伟大前景。

格林斯是政府赞助的人类基因组项目的带头人，他曾设想 2010 年"个性化药物"时代将要到来。每个人都可以根据其基因确定的生物特性获得量身定制的药物。我们可以把这当作科学史上反复出现的一种情况：过度乐观的预测和夸大的承诺。目前基因研究中只发现了几种治疗疾病的药物，比如 BRCA(乳腺癌和宫颈癌）问题基因的实验。这两种基因的专利可以追溯至 1994 年和 1995 年，也就是在完成人类基因排序之前。

通过基因学最终实现个性化药物的梦想当然是可能的。基因研究方面已经取得了突破性进展：最显著的是，个人基因排序的成本已经降到了一百万分之一（很快就会达到三百万分之一）。但是研究人员对于什么才是最好的前进方向仍非常困惑，很多困难有待解决，进展的速度有待加快。《科学美国人》杂志 2010 年的一篇标题为《推迟的革命》的文章充分说明了这一点。

很多的希望都放在对很多人的基因组进行排序，搜集他们的医学历史数据、经历、习惯，并且搜集所有参与人员的全部数据库进行有意义的联系。如果个人同意将他们的基因组、病史以及个人习惯的信息用于研究，这将有助于建立大型的信息数据库提供使用。越来越强大的计算机能够将巨大的数据库内部的各种信息进行联系并取得一些成功。

个性化药物方面取得进展的一个例子是古尔贝托·卢安诺（Gualberto Ruano）开展的工作，他的公司 Genomas 研究如何通过基因分析找到精神疾病的正确疗法。他和他的团队重点放在三种基因和它们的变体上。这些基因对于产生某些酶很重要，这些酶的存在才能使某种药品有效。许多病人缺乏这种特别药品发挥作用的代谢途径。一个抑郁症患者可能得到医生开的某种抗抑郁的药却没有效果，这是因为这个病人没有该药物发挥作用的生物化学渠道。在这种情况下，无效药物意味着病人得成年累月承受精神病的痛苦。

卢安诺博士的研究表明对于很多病人来说是否具备抗抑郁药物发挥作用的代谢通道能够通过对这三种基因的分析来进行预测。所需要的只是对血液样本进行基因测试。但是，基因测试很昂贵，保险公司不愿意为此买单，它们担心将不得不承担未成熟研究的费用。要解决的众多问题之一就是有必要对保险公司确定的那些有益的测试进行升级，但这些测试多是高度投机性的。保险公司、法律理论家以及卢安诺博士等研究人员认识到这个问题。他们也在努力寻找办法降低基因测试的费用，同时保护保险公司免于承受未经证实的以及投机性的非法调查费用。

　　如果每一种癌症的化疗疗法能够与具有相似基因特点的病人进行匹配，就可以免去很多人的痛苦。这方面的癌症治疗取得了一些进展。Gleevec 生产的药物可以用来治疗慢性骨髓性白血病（一种白细胞过多产生的癌症），这还取决于基因测试确定其是否合适。

　　但是，即使我们选择了适当的治疗，化疗仍然是癌症治疗的一种痛苦和带有摧毁性的方式。长远的梦想就是设计一种依附在癌症细胞上的合成病毒，改变其 DNA 阻止肿瘤生长。从理论上来说这是可能的，虽然这种办法是否或什么时候能够实现仍不可知。搜寻癌症治疗方法有很多死胡同。最近有报道称每个人的癌症都具有独一无二的基因特点，这使得找到有效的癌症治疗方案更加复杂。

　　Techcast 是乔治·华盛顿大学的威廉·哈莱（William Halal）开发的情景预测服务，要求其专家组预测哪一年能够实现 30% 的根据个体基因差异提供药物治疗，41 位专家判断的平均结果是 2026 年实现，而 63% 的专家对此判断表示有信心。当问及哪一年能实现 30% 的遗传疾病可用基因疗法治疗时，46 位专家得出的平均结果是 2031 年。

　　根据不同的基因选择不同治疗方法的时代之所以来得如此之晚，其中一个原因是很多人都不愿意公开其基因秘密，有些是出于一些确凿的原因，有一些人是因为担心，比如说如果自己的老板获知了这方面的信息，可能被炒鱿鱼。个人基因学存在的一个小小的危险在于这些信息可能被用于不利于自己的地方。

　　《大西洋》有一篇名为《刺探总统 DNA》的文章提到了如果掌握了总统的基因，可能开发一种专门针对他的病毒。在这种情况下，可能会在总统将要参观的地方提前洒下感染病毒。这种病毒很容易侵入人体内，但是对其他人都不会造成伤害，而只会对总统以及与总统有类似基因的家人不利。虽然不知道何时真的会出现这种采用生物化学的方式暗杀总统，但这种可能性应该很低。

另外一种令人鄙夷的情况就是采用病毒进行种族清洗。种族分歧会造成令人发指的罪行，在内战期间尤为如此。但是，种族分歧中各方的基因情况可能差别并不大。卢旺达种族大屠杀的双方胡图族（Hutus）和图西族（Tutsis）之间的血缘相近。利用基因学办法进行种族清洗很有可能会惨败，因为这种伤害可能会超出目标团体本身，从而殃及发起这场冲突的一方。不幸的是，这种微妙的细节并不能阻止过去发生的种族清洗，无疑对于未来也影响甚微。

从试管婴儿到设计婴儿

1978年7月25日世界第一个试管婴儿路易斯·布朗（Louise Brown）出生于英国的奥尔德姆（Oldham）总医院。这个5.12磅的女婴标志着未来基因学发展的大转折。路易斯的父母无法生育，来自她父亲的精子与她母亲的卵子相遇成为受精卵并在一个培养皿里进行孕育。自路易斯出生以来，试管授精对于无法通过自然方式孕育孩子的父母而言是极大的福音。因此，试管授精在很多人看来是件好事情。今天的我们还是很难想象，其实在一开始，试管授精备受争议，很多人认为它打开了一个实验室婴儿的"勇敢新世界"。

对于生物技术和科学未来发展方向不满的保守主义者尤其痛恨包括试管婴儿在内的辅助受孕技术。天主教会完全彻底地谴责试管婴儿技术。许多新教教会领袖虽然不反对这一技术，但是反堕胎分子认为接受试管婴儿会带来无法预料的后果。受孕诊所保存的一些未使用的胚胎是干细胞的现成来源，干细胞研究是本书后面章节要谈到的问题。

到20世纪90年代，已经可以对实验室胚胎的基因进行筛选以确认所培育的婴儿不会患有高风险的基因缺陷类疾病，比如囊胞性纤维症、亨廷顿氏病等。这一过程医学上称之为种植前遗传学诊断（PGD），可以确保婴儿不会携带来自父母基因的明显缺陷。一旦选择出了一个胚胎就可以转入母亲的子宫进行孕育。但是PGD因其具有优生学的嫌疑，存在很大的争议。

PGD还可以用于选择父母希望子女日后实现成功人生所必须具备的某些特质，比如擅长篮球或学业优异。鉴于只有某些特质是单基因造成的，我们可以去想象孩子实际上能获得父母的哪些优良基因，但是很难实现。另外一个难以实现却令人尤为担忧的情况是利用PGD进行性别选择。

采用这种技术预测婴儿的性别对社会将产生很大的影响。在很多亚洲文化中都很看重养儿防老。女儿都会嫁出去并随丈夫的家庭，而年迈的父母可以依赖的是他们的儿子。这种性别鉴定的技术问世以后，很多亚洲国家都出现了不成比例的男孩猛增的现象。在20世纪90年代初期，韩国男女婴儿的比例是116 : 100。这一变化对公共政策产生了深远的影响，比如有1/6的男性无法找到妻子应该怎么办呢？人口结构的变化可能给未来带来极大的不安定。韩国政府采取了一些措施成功扭转了这一趋势，但是男性仍然比女性多5%。

如果设计婴儿令人恐惧，那对克隆人又是怎样看待的呢？艾拉·莱文（Ira Levin）的科幻小说《来自巴西的男孩》于1978年进行改编搬上银幕，演员格里高利·派克（Gregory Peck）饰演纳粹集中营里的一位臭名昭著的医生约瑟夫·门格勒（Josef Mengele）。

故事的情节为门格勒研制了94个希特勒克隆人，当这些克隆人到了希特勒父亲去世时，希特勒的年龄即13岁时，再将这些男孩的父亲全部杀掉。电影警示公众克隆人可能出现，并引发了对于克隆伦理的大讨论。这场争论一直延续了20年，直到1996年第一只克隆羊多利的诞生。多利的出现证明了克隆并非只是假说。爱丁堡的罗斯林研究院的科学家以演员多利·帕顿（Dolly Parton）的名字为多利命名（部分原因为她慷慨捐款），多利的DNA源自一头成年母羊的乳腺。一旦掌握了克隆哺乳动物的技术，克隆人也实现了从科幻小说到现实的可能。

爱丁堡研究院的团队在失败了 276 次以后才最后成功克隆了多利。怀孕失败、死胎或先天性缺陷等风险给阻止克隆人实验提供了众多理由。但是，不仅仅是克隆人可能存在各种危险，光是克隆人这一想法就在美国引起众怒。小布什政府发起了一项提案，请联合国制定一个反对任何形式克隆人的公约。公约的提案并没有成功，但是联合国大会以多数通过了一项不具有太大约束力的反对克隆人的声明。英国是反对这项声明的国家之一，因为该声明不仅限制生育目的的克隆人，也反对研究目的的克隆人。

2005 年，韩国研究人员黄禹锡声称自己发明了一种技术能够相对容易地对 11 个病人的细胞进行克隆。刚开始，他被视作韩国的国民英雄，后来的调查发现他学术造假，沦为韩国的耻辱。但是这件事证明总有一天在某一个地方会实现克隆人，虽然这是违反法律的行为。

多利的诞生引起了关于基因技术未来发展的政治和伦理辩论，两年后威斯康星大学实验室对人类胚胎干细胞进行分离，这场辩论也发展成了一场政治大风暴。长期以来理论上认为胚胎产生一个主细胞，并由此生成人体中 200 多种不同类型的细胞。这一发现为再生医学这一全新的领域打开了大门，再生医学为利用新细胞治愈生病或老化的组织提供了可能性。一些科学家甚至建议可以让失去四肢的人像某些爬行动物断尾重生一样手和腿能够再生。

研究用的干细胞主要来自存储在生育诊所的胚胎。但是反堕胎活动分子认为使用胚胎道德上不可接受，转而刺激政府采取措施阻止这一领域的研究。对于美国和其他地方的社会保守派来说，人类受精卵不可侵犯。一开始，但凡是与胚胎干细胞研究相关的事就让美国民众很不舒服。

后来很清楚的一点是，这个伦理问题在于这个胚胎是否是完整意义的人。关于干细胞研究的争论实质上是堕胎争论的新瓶装旧酒。大多数的公众已经认为很多形式的堕胎可以接受，也开始支持干细胞研究。一些反堕胎分子也决定接受适当地使用胚胎进行与救人有关的研究。比如，反对堕胎的前第一夫人南希·里根支持联邦政府资助干细胞研究，因为这项研究可能最终能找到老年痴呆症的治疗办法，她的丈夫，即美国前总统罗纳德·里根因这种疾病十分痛苦。一些知名演员，比如因事故造成四肢瘫痪的克里斯托弗·利夫（Christopher Reeve），患有帕金森症的迈克尔·福克斯（Michael J. Fox）为争取联邦政府支持干细胞研究的活动添加了人情因素。

除了一些团体担心胚胎干细胞研究是某种形式的堕胎且是对人类尊严的侵犯，还有人担心用于干细胞实验研究的主体会受到伤害。2009年，FDA准许一家生物制药企业杰龙公司利用胚胎干细胞对脊髓受伤者进行人体实验。支持干细胞研究的人也悄悄地表示担心该公司在使用干细胞治疗脊柱受伤时，万一出现偏差，将导致日后相关使用人体的研究实验受到阻碍。3年之后杰龙公司终止了干细胞研究计划，也没有证据表明出了任何问题。杰龙公司董事会表示这项决定是出于商业上的考虑，不打算过分分散公司资源，而是将注意力放在癌症研究上。

有意思的是，关于美国政府出资赞助胚胎干细胞研究方面的争议反而促使加利福尼亚、伊利诺伊、马萨诸塞、康涅狄格等州自己出资支持干细胞研究，其目的是希望日后在这一重要且利润丰厚的领域占据优势。也有可能正因为这些争议，绝大部分来自政府和基因会的全部研究经费都将进入这一本来从别的渠道获得支持的领域。

干细胞研究在美国、欧洲以及其他地方正在取得进展，虽然比乐观者的预测速度要缓慢一些。关于使用胚胎干细胞的争议的一个重要结果是更加关注利用在人体中能够找到的所谓的成年干细胞。

成年干细胞对活组织修复能起到很大的作用，因为这些干细胞源自成年组织，而非胚胎，它们在研究中的应用可以规避一些争议。顶尖的科学家以前认为胚胎干细胞进展速度会很快，并且强烈质疑使用成年干细胞能否实现预期目的。但是，成年干细胞用于个别治疗取得了许多专家意料之外的快速发展。

此外，成年干细胞具有一定的优势，因为接受治疗的个人可以自行提供成年干细胞，新的组织具有病人自己的 DNA，因此产生抗拒性的可能性更小。那些批评使用胚胎细胞的人高度评价这一方面取得的成功，以此证明他们的顾虑是合理的。

在此我们不要误以为科学被宗教价值牵着鼻子走。只是说，对于科学家而言，正如批评他们的原教旨主义人士所说，应当对于自身所持的偏见更加谨慎。成年干细胞能否当作胚胎干细胞广泛地用于医疗领域还有待大量的研究。无论怎样，干细胞研究仍然是一个非常年轻的领域。

基因研究的转折点

多利、路易斯·布朗（Louise Brown）以及使用胚胎干细胞用于研究目的等等，都可以成为公共对话和政治行动的转折点。拨动我们心弦的令人惊奇的新事件总是会出现。但是下一个转折点很有可能是宣布克隆人取得成功，由此引起的公众讨论的性质很大程度上取决于导致克隆的总体环境。

如果关于克隆人的报道充满了负面新闻，比如畸形胎儿、死婴、先天性疾病的婴儿等，那么公众会普遍痛恨和谴责克隆人，甚至使得其他形式的基因研究也因此蒙羞。这种情况肯定是那些认为克隆人是不道德的人所祈求的结果。但是我们希望，第一例克隆人不会导致对于克隆绝对正面或负面的印象，克隆人的诞生应该引发一场深入全面的对话，来探讨这一更具有颠覆性的辅助再生治疗方法所带来的社会影响。

许多基因工程方面的尝试都很可能出现问题，这为政府主管部门提供了充分的理由对基因学研究进行监管。但是谁为研究失败和照顾具有先天性疾病的克隆婴儿负责呢？社会，研究人员，保险公司，还是赞助克隆婴儿研究的有钱的父母？这些问题远没有解决，一旦克隆人出现的速度进一步加快，将不得不就此问题进行政策辩论。

畸形儿和先天性疾病的可能性将促使很多父母不会考虑采用如此极端的方式设计自己的孩子。目前人们对于自己的基因排序尚且存疑，再加上担心制造出基因畸形的孩子，这将大大延缓基因研究的进程。但是，最终这一方面的技术会得以改善，取得成功的可能性会提高。

克隆人与孪生双胞胎十分相似，通过克隆产生的人当然应当获得人所应拥有的全部尊严。因此，对于单个克隆人的仇恨是不适当的。问题在于想要对自己或他人进行克隆的具体动机是什么。的确，许多人希望进行克隆的目的都是以自我为中心，而且也不太考虑会对新创造的这个克隆人产生怎样的心理或身体伤害。

为什么有人会想要对自己进行一次或几十次的克隆？有很多的孪生兄弟姐妹或长大后得知自己是父亲克隆的产物会不会是一个令人困扰的局面？不幸的是，即使克隆的理由是不道德的，对动机定罪并不容易。除非对新创造的人造成了具体的伤害，否则我们当前的社会将难以对之进行定罪。

将非人类的动物基因材料引入人类胚胎是非法的，而且通常被认为是不道德的。但是，就像克隆人一样，这并不代表不可以进行尝试。所有反对克隆人的论断在此都可以适用，并且还应考虑可能对所产生的孩子造成的痛苦和伤害。支持者认为这可能成为将某些有用的动物特征引入人类的一种方法，比如拥有鹰一样锐利的双眼，像狗一样灵敏的听力。这让人想起了具备新能力的变异人就像 X 战警一样。但是，这无法保证这样的人一定能具备理想的特质。这只是将人类带入勇敢新世界的邀请卡，目前的困境是我们到底要不要接受邀请。

基因学在很多研究领域开始发展，目前具有的新技术以及更多的可能性仍然取决于研究是否取得新突破。从 1980 年到 1999 年，一个女人如果想要一个孩子，她可以去加利福尼亚的胚芽选择存储机构将自己的卵子与成功的科学家、商人、艺术家以及体育名人捐赠的精子进行结合。但是想要预先确定这个孩子具备某几项特质仍然只是想象和遥远的可能。

有一个耳熟能详的故事，主人公是舞蹈家伊莎朵拉·邓肯（Isadora Duncan）(1877—1927)，她给剧作家乔治·萧伯纳（George Bernard Shaw，1856—1950）的信中写道："您拥有世界上最伟大的头脑，我则拥有最曼妙的身材，相互结合生儿育女是我们的责任。"萧伯纳给她的回信是："亲爱的邓肯小姐，我承认我拥有世界上最伟大的头脑，您拥有最曼妙的身材，但是万一我们的孩子有我这样的身材、您那样的头脑那该怎么办？因此，我谦恭地拒绝您的提议。"

萧伯纳后来否认这个故事的真实性。在爱因斯坦身上也发生过类似的故事。还有一个故事的版本是棒球手乔·迪马乔（Joe Dimaggio）曾经对自己的未婚妻说过类似的话，虽然迪马乔本身也不见得多优秀。但是随着基因研究"孕育"诞生的可能性增多，很可能会出现一个孩子具有梦露的美貌，迪马乔的体育天赋，爱因斯坦的聪明头脑。

毫无疑问人类基因研究已经开始了，其本身已足以冒犯那些敏感的生物保守主义分子。但是，定制婴儿这个奇思异想目前仍是炒作多于现实。

目前有限的集中辅助再生技术（ART）未来很可能取得进步，从而提高选择几种具体的技术，但是在可以预见的未来也不可能实现完全定制自己的孩子，或者说永远无法实现。一些主要的技术和伦理障碍仍然存在，这将阻止整体实验的开展，故无法大幅度改善胚胎的基因组。以人类，特别是婴儿为实验对象的研究已经设置了很多限制。

除了科学和伦理方面的障碍外，还有一个现实性很强的问题，即如何对人类基因工程进行监管，以及实施哪种程度的监管。对于致力于个人自由的民主社会而言，对再生医疗进行监管不大可行。正如对非人类动物进行的研究一样，实施监管只会促使一些研究转入地下，从而导致无从监管及无法确保这些研究是符合安全规定的。

这些实验还可以转移到研究标准很低的国家。富人总是能够找到地方并资助一些研究人员探索他们的幻想。但是，正如在多利之前很多类似的实验都失败了，关于显著提高婴儿能力的基因工程实验肯定也会遭遇很多失败。有关这些失败的实验肯定会有很多耸人听闻的报道，这也给设计婴儿方面的实验造成更多的障碍。万一出了问题，再怎么躲避也无济于事，一旦悲剧浮出水面，民众的反对将更加强烈。

那么当过度监管迫使研究人员不得不转入地下时应该怎么继续呢？地下实验无助于科研人员实现长远目标。如何确保开发基因技术的专家与关心这一领域的民众之间进行对话？这种沟通交流在有意义的同时如何不削弱技术的发展，也不会造成技术失控。

基因增能肯定会越来越平常，但这不可能一夜实现。当问及哪一年能够实现 30% 的父母可以为其孩子选择一些基因特质，39 位 Techcast 专家的回答平均结果是 2035 年。胚胎植入前基因诊断将越来越多地用于选择一或两种特质或能力。

如果某对父母并没有让自己的孩子获得他们为之选择的一些特质或能力，这个孩子还能赢得他们的爱吗？社会大众会接受这种因父母的选择从而提高了某一方面的能力的孩子吗？我们希望不会。基因选择的孩子与自然生育的孩子之间关系如何处理？基因增能的孩子，和他们的兄弟姐妹以及同伴将不得不承受前所未知的精神创伤。基因增能到底是增强他们的性格还是损害其生命的质量因人而异。

社会大众能够很容易接受经过基因选择的人，他们认为这些人的能力与通过自然成长获得各种能力的其他人差不多。但是超级或超人类的能力将带来更严重的社会威胁。首当其冲的是运动行业，会遭受其他行业一样因技术进步带来的冲击。更严重的是超能力对于民主社会合法性造成的威胁。家庭条件更好的人获得的机会也不同于一般的家庭。但是，当今社会即使是弱势群体也明白通过个人努力加上运气就能成功。如果未来成功人士都是来自富有家庭的基因选择后裔，社会又会发生怎样的改变呢？

　　这两章深入探讨了基因学进步给社会和伦理带来的挑战，与其他领域的研究相比着墨较多。我们的用意是，了解和改变基因的技术可以作为引起各种不同顾虑的一个例子。这些具体的问题从公众健康到环境风险，从将人作为实验对象的安全性到对婴儿所能具有的性格和能力进行基因选择所产生的社会影响。

　　基因学的进展速度越来越快。但是，目前我们所了解的是基因运作的机制非常复杂，且令人困惑。这种复杂性迫使研究人员甚至无法开始解决一些猜测的可能性，比如为一个婴儿提前选择个性特点。因此，我们还有时间等待转折点的到来，我们还有机会去掌握人类工程的伦理层面。

　　随着科学家和医学研究人员对基因发挥作用的复杂系统研究的进一步深入，各种不可预料的意外情况可能会发生，也可能会有一些积极正面的发现，但是如果发生了公共健康危机或出现很多畸形动物或孩子，产生了不好的异变，就会面临强烈的公众压力对下一步的研究严加监管。基因研究的好处是如此之大，这些风险肯定无法阻止更大的进步。但是，随着利与弊两方面进一步彰显，这一方面的权衡分析也会进行调整。

　　我们对于转基因生物，人类基因操控，以及很多其他的新兴技术的理解应当充分考虑其复杂性及各领域的快速发展。只是像媒体所做的简单炒作或世界末日论肯定是不行的。随着每一领域的技术迅速展开，必将出现可以采取行动的转折点，我们可以抓住机会对各种行动的利弊进行权衡分析。

　　基因赖以运作的机制的复杂性并不会削弱大众的看法，大规模地生产超人不会很快实现。但是未来 20 年里，基因操作与其他的创新技术相比对于提升人类能力方面发挥的作用并不大，比如改善认知的药物、安装在身上的假肢器官，以及延长寿命的生物医药技术。第八章和第九章将详细说明设置一些制衡措施的必要性，以便对大量技术及其潜在的不利影响进行有效管理。

第八章　超越生命极限

超级人类

耶鲁技术和伦理研究小组会议开始前 10 分钟，我的手机响了起来。这个电话来自会议的嘉宾主持马丁尼·罗斯博莱特（Martine Rothblatt）博士，她是一位律师和目光长远、非常成功的企业家。她和她的司机在纽黑文某个地方迷路了，我告诉她怎么找到开会的地方，并提出来会在外面等她，亲自带她去会场。

我冲出会议室的路上，脑子里一直反复想着"她、她、她"。心里想着她的座驾可能是一辆豪华轿车或类似的车，根本没注意到她集装箱式货运列车一般的豪车已经停到了我的面前。车门打开，马丁尼跳下了台阶。我们热情地相互问候，并冲向了会议室，我的脑子里还在默念着"她"这个字。

马丁尼是几家卫星通信公司 Geostar、PanAmSat、WorldSpace、Sirius 的创始人和CEO。她随后开创了一家生物技术公司：联合药品（United Therapeutics）公司，这家公司在实验基础上推出一种可以救治她 12 岁女儿杰西丝（Jenesis）的药物，她的女儿患有一种肺动脉高压的肺病。马丁尼是一个很有吸引力的高挑女人，褐色的长发扎在脑后，淡褐色的眼睛。但是你还是能够感觉到她性别的模糊性。马丁尼原来的名字是马丁（Martin），她是一个变性人。

在我心里面，始终觉得她是一个男人，所以花了好大的工夫克服这种影响。我不止一次把她称作"他"，有一次刚好她在场，但她听了眼睫毛都没动一下。在 T&E 小组举行的一次会议上，我宣布将会邀请马丁尼出席会议时还在盘算要不要告诉大家她是变性人的身份。当然我也告诉了大家，因为这也是她本人以及她所从事的研究非常有意思的一个原因。

马丁尼是一位超人类主义者。超人类主义者认为人类的局限可以通过技术手段超越，包括提升身体机能和智慧，极大地延长寿命等。承载超人类梦想的超人类能够真正实现超越生物进化发展成新的物种，技术智人。马丁尼还不是最有名的超人类主义者。尼克·博斯特姆（Nick Bostrom）、詹姆斯·修斯（James Hughes）、麦克斯（Max）和娜塔莎·维塔－摩尔（Natasha Vita-More），以及奥博力·格雷（Aubrey de Grey）都是支持技术超越的领衔人物。但是马丁尼的作用很独特，因为她积极从事治疗药物的研究，帮助满足当今急需这些药物的人的需求，并为未来超人类研究奠定了基础。

马丁尼对于人体冷冻很感兴趣，这种方法是在人死后立刻将身体冷冻起来，然后等待医学更加先进时再将人体复活。他也是阿尔克生命延续基金会的科学董事会成员，这是一家知名的人体冷冻公司。阿尔克更倾向于采取玻璃体冷冻而不是简单地冻起来，作为保存身体和大脑的一种方式。在身体深度冷冻至零下 124 摄氏度之前，将细胞中 60% 的水都替换为化学物。波士顿红袜队的传奇棒球手泰德·威廉姆斯（Ted Williams）的尸体就冷冻在亚利桑那州斯克茨戴尔的阿尔克公司冷冻设施中，他生前的最高纪录是在单个赛季拿到 400 多分（实际是 406 分）。

作为一个研究领域，人体冷冻法存在于科幻小说、可信和可能之间。深度冷冻已被证明是医学领域的一项有用的技术，包括将刚刚去世的捐赠者遗体中获得的器官保存起来并移植到有需要的病人身上。但是，迄今为止人们冷冻并复活的生命还只是秀丽隐杆线虫这种简单的生命形式。尽管如此，科学家花费了大量精力希望发现如何对人体器官（包括大脑）以及全身进行玻璃化和保存，以及要恢复冷冻保存的简单生物需要什么技术。一个有意思的建议是向人体内部注入上千个能够修复疾病或死亡损坏的细胞的纳米机器人，当身体解冻的时候，这些纳米机器人就能成功使人复活。

在冷冻条件下对人体进行保存引起了一系列法律、伦理和宗教问题。虽然目前这个阶段大部分都只是推测，但少数也已经产生了真实和直接的影响。冷冻保存的人算是死亡了吗？绝大多数人的回答很明显是肯定的。但是，仅仅在50年前，只要停止了心跳和呼吸就可被宣布死亡。也就是50年时间，医学技术上的进步使我们将越来越多心搏停止的人从死亡边缘救回来。对于死亡需要重新定义。很多事情也将取决于新的定义。比如，什么样的病人需要生命支持设备维持？什么时候可以将肾脏或身体的部件比如角膜取出并移植到需求者身上？什么时候可将法律权利和财产权传给子嗣或继任者？

1968年开始出现了的对于死亡的定义是大脑活动不可逆转地停止。1981年，美国总统委员会发布了一部标志性的报告，宣布大脑活动停止不仅仅只是高级脑区，而是整个大脑停止工作。

泰莉·施亚佛的案例进一步说明了这个定义内在的问题，泰莉长期处于植物人状态，她的丈夫在长达7年的法律诉讼期间，拔掉了她的生命维持设备，包括喂食管。生命维权及残疾人权益组织加入了这场争斗，泰莉的父母、佛罗里达高级法院、佛罗里达立法机构、美国国会、美国总统小布什以及美国最高法院都卷入此事，最后在2005年3月18日，法院判定为泰莉拔掉生命维持设备。现在想想只要泰莉的身体情况稍微有一点点好转，都会改变这一案例的处置。对于植物人而言，大脑多大程度还在运转才可以判定拥有所有的人权，包括使用生命维持设备的权利，无论给其家庭和社会造成多重的心理和经济负担。

　　赞同人体冷冻的人将死亡视作一个过程。技术人员在心脏停止跳动之后，大脑活动停止、大脑继续恶化之前对垂死之人进行处理。如果大脑组织能够得到保存，那么采用先进的保存技术，这个人的生命还存在复活的可能性。人体要保存多长时间？科学家要多长时间才能开发出生命恢复技术？没人知道答案。

　　与此同时，冷冻保存的人法律状态如何界定？玻璃化的人体是尸体吗？是一个人吗？还是处于暂停状态的存在物？这些就是马丁尼在 2007 年 11 月 7 日参加技术伦理研究小组活动中希望与大家探讨的问题。她利用其作为律师的经验和生物技术专长，探索法律意义上关于"活着"的最新、最广泛的定义。马丁尼的目标是制定一个框架，为法官提供一个法律基础，将冷冻保存的人当作生物停滞状态而非尸体来对待。

　　玻璃化人体的法律地位在我们很多读者看起来很奇怪或者说并不重要，特别是那些相信人死不可能复生的人，除了被耶稣救活的拉撒路。但是我们可以考虑这样的可能性。你的父亲从佛罗里达奥林治（Orange）港专门的金融规划师和独立保险中介鲁迪·霍夫曼（Rudi Hoffman）那里购买了一份保单，这笔费用足以支付在 Alcor 保存他身体的费用。而鲁迪这个拥有上千此类客户的老手帮助你父亲将其财产都放在专属于自己的信托基金上，一旦复活即可使用。你很可能想去质疑这笔信托基金，更不用说你父亲头脑是否清楚。

　　法庭对于这笔信托是否可以使用的决定完全取决于什么时候判定一人死亡。此外，你提出的质疑获得怎样的法律裁决将取决于某个具体州或国家的法律规定。你父亲是否能救活的问题与什么时候从法律上解释是死亡的问题相比并不重要，因为后者可能改变你的命运，或者说至少改变你的继承权。如果立法机构通过的法律解释起来是有利于那些希望通过人体冷冻保存遗体的人，那么财产和冷冻车等问题肯定也成了诉讼范围的事情。

　　或者想一想一个财务紧张的人体冷冻公司打算撕毁之前的协议，关掉冷冻设备的开关。法庭可能裁决处于生命停止状态的人体并没有法律地位，应当转移到公墓或墓地。人们对于这种裁决到底是合适，还是可怕，甚至不人道会有不同的看法。

超越人类现有限制的技术所带来的法律困境为精彩的辩论提供了素材。但是，超人类技术从很多方面都将对社会造成深远影响，这一点尤为重要。追求能力提升、超级智能以及大幅延寿都能潜在改变人类的生存并促使政府和经济改变固有的模式。在某一个人的看法和价值取向基础上，这些变化可能被认为是有益的或是有破坏性的。

关于超人类目标的积极和负面影响的争论还在继续。那些想法与超人类项目不谋而合的人，强调他们是人类追求改善健康和生活质量的自然延续。批评者则指出，超人类主义可能摧毁大家所重视的价值观，追求超人类技术带来了一些类似于本书开头所碰到的困境：是否开启大型强子对撞机。

因此，物理学家决定继续推行一种理论上可能终结人类生存的技术，不管这种技术有多小。他们认为理论是错误的，不存在问题。在超人类技术的案例中，社会的一小部分追求自身理想的人，所带来的可能性将会给广大社会带来深远的影响。为什么社会的一部分人有权去追求可能对整个人类产生巨变的目标？社会大众是否应当提出一些应当追求或不能追求的新目标？此外，这种方法是否会损害公民的自由权利？

假如可以长生不老

越来越多的企业和政府领袖以及一些科学家认为模拟人类大脑是值得开展的一项研究。许多科学家建议在对大脑建立计算机模型的过程中，我们将对大脑如何运作有更多的了解，因此能够找到治愈老年痴呆症等精神病症的方法。IBM等公司正在对计算机模拟人脑投入大量资金。欧盟的人类大脑项目（HBP）投入了 12 亿欧元，该项目由位于瑞士洛桑的联邦技术研究院亨利·马克汉姆（Henry Markham）主持。但是，2014 年 7 月，180 多名科学家联名写信批评 HBP 项目不成熟、乱花钱。相比之下，美国的大脑倡议项目投入更为谨慎，主要用于开发必要的工具推进脑科学的进步。

意识，我们去认识以及自我认识的能力，仍是当代科学无法解开的谜。科学家和哲学家正在通力合作开创一门关于意识的科学。比如，神经系统学家克里斯托弗·科赫（Christof Koch）在探寻大脑中的具体活动，表明某一个人实际上意识到了周边环境并且有意识的认识。但是即使他们能够确定这些神经和生物化学活动，这些活动也被称为"意识的神经基础"，仍然存在一些问题，即我们是否能解释为什么人类能够有意识地体验周遭环境。

当我们看见一件红外套时知道是哪些神经元在放电并不能描述我们的感觉，这种体验是由于红色或者是穿着外套的女人很漂亮或男人很帅引起的感觉。但是，一些批评用大脑活动或计算机处理来解释意识的哲学家更倾向于一些精神上的解释，或认为意识是建立在某些非物质基础上的。他们并不希望将意识的体验贬低为生物化学、神经元放电或信息处理，而完全忽视了体验的真正感受。

关于为什么人类是具有意识的、自我认识的存在有很多理论。但是，我们对于这一复杂和充满活力的过程知之甚少，是什么让我们能够阅读、理解别人的话，以及创新性地对别人的思想加工成自己的理解。我们对于大脑如何产生精神的状态有限的理解必须得以大幅提高才能在计算机中模拟人类的思想。通过上传思想档案实现永垂不朽从理论上来说是可以考虑的，但也可能最后会发现是基于一个错误的设想。同时，现有的科学仍将无法对意识做出充分的解释，正如灵魂和精神等概念一样。

对健康的渴望和对长生不老的梦想一起发挥了重要作用推动科学发现

前进。不顾个人和社会成本（情感、伦理和金钱）对长寿的不懈追求已经造成了医疗方面的危机，对此也没有简单的解决办法。当然活得更久能够为个人和他们的亲人带来短期的好处。但是，忽视短期利益造成的长期挑战会导致未来危机的出现。如果我们真的想要这些好处，就必须花费同等的精力解决其负面后果，或者是延缓技术创新的步伐，并接受可能的损失。

一些创造未来的人，比如马丁尼·罗斯博莱特，正在帮助一些有急需的家庭和个人。但是他们认识到自己的工作将为实现通往长生不老的目标奠定基础。这些通往长生不老的任何一条道路是否能够成功可能不及追求这一遥远目标过程中的发现那么重要。一代又一代的科学家受到这一梦想的鼓舞，但终其一生也不能实现。即使未来关于对长生不老的热衷退却，治疗疾病的新技术、开发更加复杂的机器人以及提供人类能力等还是会不断出现并发展。

创新人员和超人类主义者正在努力说服大家这些目标是，或应当是所有人类的目标。但是即使他们的努力失败了，好的或不好的发现所产生的影响也将改变社会大部分阶层人们的生活。我们每一个人都能从更好的身体、生活质量提高中受益。但是，也可能因为发展小部分人或某一个国家认为可取的技术而造成大部分人生活质量下降。如何尊重个人自由和国家主权，同时保证技术发展不会失控，是当今社会面临的严肃且独特的挑战。

有智慧的机器

人们的寿命在延长，但是尚无证据表明寿命增长的速度在加快。但是，这一点将随着几项重要的科学突破很快改变。同时，即使是逐步的增长也会给全球社会体系造成负担。比如，寿命变长，提早退休给政府和私人养老基金支持的老年福利项目造成了很大的压力。

寿命延长可能是因为身体很健康或是因为一些生物医学技术能够让老

年人活下来，虽然他们的身体和生活质量都很糟糕。如果是后者的情况，对于相关的每一个人来说情感上和经济上都要付出代价。和所爱的人多待几天当然是很好，但是他们的痛苦可能因此延长，家人和朋友情感上的压力也在增加。此外，延长老年人寿命的医学技术成本高昂。人工关节、器官更换以及一轮又一轮的化疗已经给健康造成了严重的危机。估计的数字可能有所不同，但是生命的最后两年的开销要占去医疗预算的绝大部分。活得更长的人并没有制造危机，但是，寿命变长将加重挑战，目前还没有容易的解决办法。

多个方面的进步相结合将对除了医疗以外的社会各方面造成严重影响。我们可以想想新兴技术对于就业的影响。活得更长只是阻碍减少失业努力的其中一个因素。随着医学进步，老年人的精神和身体能力不断改善将使推迟退休变得越来越普遍。这也将导致劳动力市场腾出足够职位可供年轻人选择的速度放缓。

自由派和保守派的政治家通常都建议对于生物技术、纳米技术以及信息技术的投入是创造就业的最可靠的方式。但是很多理论家已经指出，这种看法可能基于对于实际情况的完全误解。由于新兴技术累积造成的影响导致新形式就业出现的速度似乎比失业的速度慢。

我们已经看到智能机器人装置造成越来越多人失业。埃里克·布里恩乔福森（Erik Brynjolfsson）和安德鲁·麦克阿菲（Andrew McAfee）研究了就业的趋势，在他们的书《与机器赛跑》《第二机器时代》中描述了一些令人不安的趋向。他们注意到就传统而言生产力、就业、每小时薪酬以及收入都是同时增长的。

而过去的这几十年，出现了他们称之为"大脱钩"的情况。美国中产阶级的收入自里根政府以来已经停止增长，10年以来，就业也扁平化发展。但是，过去三十年来，生产力和 GDP 水平却在增长。他们认为，技术创新是造成失业的主要原因，同时也是 GDP 增长的主要推动力。

2013 年，牛津大学的两位学者卡尔·弗雷（Carl Frey）和迈克尔·奥斯本（Michael Osborne）开展的一项研究表明，美国高达 47% 的工作已经很容易受到计算机的冲击。未来 10 年里，用信息技术替代其中 1/3 的就业将产生极大的破坏作用。此外，机器人越来越能干，绩效考核、规范行为以及墨守成规使得人类的工作越来越被机械化。在想象的技术奇点到来之前，人工智能将远远胜过人类智慧之时，两种趋势将产生相交。其结果就是大量的工作将被计算机替代，它们能够日夜无休地工作，还不需要工资和福利。

美国渥太华大学科学、社会和政治学院院长马克·塞纳（Marc Saner）和我将这一节点叫作功能性奇点，它将重塑我们的社会。这一节点产生的剧烈变化大部分是可以预测的，所以并不完全可以称之为奇点。但是未来几十年里，它对于公共政策而言要比尚在猜测中的技术奇点产生的影响更大。

技术奇点推测人工智能研究将不可避免地导致超级智能的出现，功能性奇点则认可社会力量在改变人工智能未来发展轨道中的重要作用。比如，对于机器人抢夺工作的普遍认识将对开发和采用越来越智能的人工智能系统造成极大的阻力。

大萧条开始后补救经济学家约翰·凯恩斯（John Maynard Keynes）创造了一个新词"技术性失业"。他在 1930 年一篇名为《关于我们孙辈的经济可能性》的文章中写道，我们被一种新型疾病所困扰，也就是：技术性失业。意思就是，"失业的产生，是由于我们发现节省劳力的新方式的速度超过了我们发现劳力新用途的速度"。这一番话凯恩斯抓住了一个自工业革命以来工人们一直恐惧的实质性原因。

对于新技术的引入导致失业的恐惧不时发生，从而抗拒科学进步，有时甚至发展为革命性的暴动。传奇人物奈德·卢德（Ned Ludd）据说在 1779 年砸毁了 2 台织布机，到 1811 年—1813 年英国的纺织技术工人大量使用这种织布机。卢德派反对使用机器以便让低薪无技能的纺织工人继续保留饭碗。过去200年里，人们总是把反对工业化和自动化的人称为"卢德分子"。近来，这个词也经常用来贬损那些批评技术发展的人。

我们知道，世界经济如同以前以及后来从低潮中爬起来一样，也从大萧条中恢复过来。历史上，节省劳力和效率更高的机械带来生产力增长，导致资本扩张和新就业形式的出现。难道这次的情况会有所不同吗？或者从连续两次经济衰退之后就业缓慢恢复的情况只是调整期的一个低谷吗？当然我们目前的挑战和大量人工被智能机器所替代（功能性奇点）。但是目前的就业危机可以看作是一个转折点，未来10或20年可能会出现更严重的危机。

也许我们的下一代有可能会亲眼看到200年前卢德派所担心的梦魇发生，技术所抢夺的工作将远远超过其创造的工作。就业机会的创造可能也存在周期性的增长。但是我们可以暂时假设所创造的新工作形式远远落后于人们对于就业的需求，这肯定会产生破坏性的后果。

假设，如果将寿命变长和更健康的因素加起来，导致50%的劳动力要70岁后才退休，那么他们的子孙、曾孙还能找到工作机会吗？更重要的是，如果工资不是分配财富的主要方式，那么那些没有工作的人如何支付得起物品和服务呢？

在20世纪60年代末和20世纪70年代初，战后婴儿潮的一代人注意到大学录取人数迅速增加，这意味着更多人接受了教育，但是却没有足够的高质量的工作职位可供这些人选择。上百万的年轻人加入了社会学家提倡的政治运动，在性别解放、社区生活、提高智力的药物以及在以前的休闲时间活动比如冥想基础上发展的生活方式等方面进行尝试。

年轻人的左翼自由文化在20世纪70年代政治中占主导地位。许多年轻人认为后工业经济国家逐渐向休闲阶级社会发展。随着富裕国家的增多，有进步思想的社会学家建议要维持不断增长的休闲阶层，普遍采取的政策是为每一个人提供最低收入。但是玛格丽特·撒切尔当选英国首相（1979—1990）以及罗纳德·里根当选为美国总统（1981—1989）标志着反对福利国家的保守主义的开始。同时，低价个人电脑的出现也创造了大量新就业机会。

扩大和收缩社会服务之争现在仍是民主国家政治的核心问题。如果技术性失业真的成为现实，那么福利国家包办制和要求民众自给自足的冲突在未来10到20年肯定会首当其冲。资本扩张加上就业紧缩将迫使战后工业社会不得不考虑建立起诸如最低收入保障的制度。

这一简单的分析简要描述了一个问题，但是却没有将许多也发挥作用的因素考虑进去。罗宾·汉森（Robin Hanson）认为机器人1天24小时，1周7天日夜无休地工作肯定会带来财富大幅增加。但是财富增长对于普通公民而言意义甚少，美国5%的人拥有70%的股票，有一半美国人没有任何股票。

戴维·罗斯（David Rose）是一位技术企业家和风投资本家，创办或投资了8家公司，他认为迅猛发展的技术将把我们推向一个没有工作的世界，或者是没几家公司的世界。如果他们的估计是正确的，随着资本迅速增长，如果政府能够稍微公平地分配财富，那乌托邦的未来至少也是可以预见的。

但是，事实情况不会这么理想。比如说，RPI科学技术研究院教授艾德·伍德豪斯（Ed Woodhouse）提出这样的问题，如果3D打印被广泛使用，那么上亿人失业了会导致什么结果，会造成社会动荡吗？这种不稳定的情况对于联系日益紧密的世界而言又意味着什么？但凡新闻报道称中国经济发展速度稍有放缓，当天的世界股票市场都不好过。

杰森·拉尼尔（Jason Lanier）对于信息时代如何在进步给出了非常负面的批评。拉尼尔在数码技术滋生的生态系统中占有独特地位，他与那些持有证书的正统科技人士相比多了很多反文化的特点。他被誉为推广虚拟真实的先锋人物，成立了第一家出售虚拟真实手套和眼镜的公司，最近他带领他的同事成为抨击计算机文化的领头人物，比如：对人类本性的机械式理解、幼稚地信仰乌托邦式的技术奇点、清除一些薪酬不错的职业、取而代之的是看起来很有希望的互联网相关的工作，但却只有少数人能从中受益，以及政府和企业获得更多监视公民或员工的工具等。

对于一个庞大且不断发展的行业前景究竟如何，存在很多积极和负面的预测（如果你找不到工作，试试出售自己的预测吧！）。没有人能够肯定地分清到底哪一种力量在发挥作用。好莱坞编剧们通常会耸人听闻地夸大某一两种技术的影响，但是忽视了很多其他的技术和工具可能同时发挥作用。如果技术性失业成为现实，将导致非常严重的财富分配危机。

如果这种危机真的发生，将改变世界各国的政治经济，政府是否因此倒台取决于很多因素。财富增长也可能会导致新的就业形式的出现。政治领袖们可能通过采取财政和金融措施赢得一些时间，公众也愿意因为面包和互联网的诱惑而被收买。但是一些不太明显的微薄力量也可能会浮出水面。

风暴云团的聚集将预示着悲剧不可避免，或是提醒必须提前规划消散这些尚不明显的微弱力量。如果技术性失业的速度超过了创造新就业机会的速度，具有前瞻眼光的政府通过某些形式的财富再分配来防止政治动荡的出现，比如说强健的福利体系或最低收入保障等。

过去 10 年里，关于智能机器人的社会影响以及因为工作机会推迟退休等问题的讨论只限于一些未来学家和边缘社会理论学家的预测。现在已经有所不同了。2014 年主流经济学家和金融领袖，比如拉里·萨默斯（Larry Summers），鲁里埃尔·鲁比尼（Nouriel Roubini），对技术性失业也发出了警告。这个议题肯定会集中喷发而成为一个政治性问题。

关于财富重新分配的各种政治建议将会涌现。比如，计算机科学家和平板电脑先锋人物杰瑞·卡普兰（Jerry Kaplan）建议现有的财富不应当征税，但是未来增长的财富应当重新分配。希望能逼迫选举候选人澄清他们对于解决技术性失业的立场。让公众开始就此展开真正的讨论吧。

很多个人和团体在追求各自目标的过程中，其共同影响将进一步加快技术性失业，导致技术风暴到来。我们的社会因为每一次的科学发现、计算机的诞生、某一个商业决定、某一种转基因生物、某一种纳米颗粒、某一次增能物质的发明而发生改变。朝着延长人类寿命或把任务交给机器人承担的每一步都会造成整个社会系统发生一定的变化。

从马丁尼以及无数科学家和企业家所从事的改善人类健康医疗和延长人类寿命的努力到正在创造的美丽新世界是一条可以连在一起的直线。人口增长和技术性失业无法被完全推迟。技术发展可以放慢速度，也能找到解决其负面影响的办法，但只有通过共同努力才能做到。

第九章　半机器人和技术智人

1993 年至 2003 年在斯德哥尔摩、伦敦、柏林以及纽黑文举行的年度世界超人类主义协会会议上，与会者充满激情地讨论极大改变人类认知能力的药物、大脑和思想的界面、以及计算延寿等议题。当时，体育运动中使用药物和生长激素受到极大关注。国际奥委会 1999 年成立了世界反兴奋剂机构，美国在 1 年后也效仿成立了类似的机构。

莫达菲尼（Modafinil）是一种可以治疗睡眠紊乱并已获得批准的新药，后来发现这种药比其他任何维持注意力的药物都要有效。有听力障碍的患者植入人工耳蜗已经很普遍，目前还有一些研究如何在神经组织中植入芯片以设计其他更加复杂的假体。对于那些欢迎增能产品的人而言，未来 10 年将意味着个人能力的大跃升，人的才华得到提高，超越人类潜能现有的限制。

同时，那些认为广泛采用增能技术将带来负面伦理和社会影响的人则发出警告。2003 年，总统生物伦理委员会发表了一份报告《治疗之外：生物技术和对幸福的追求》对此予以批评。各方都认为未来 10 年内可能实现极大提高人类能力的方法，且成本并不昂贵。毕竟，很多药物公司在测试一种神经化学药品时，都期待找到长生不老药，这并不是秘密。医学科学肯定也将很快找到极大延长人类寿命的方法。此外，纳米技术有望制造一些纳米机器人植入体内，实现内部世界和外部装置之间的沟通。

然而，过去 12~15 年在增能技术上取得的进展是令人失望的，但也可能是件好事，这取决于每个人看待这个问题的角度。如基因研究一样，神经科学和医学技术上的很多进展可能为取得未来的重大研究突破奠定良好的基础。但是，其中的复杂性和逐步发展表明更重要的可能性已经寄托于遥远的未来。矛盾的是，虽然科学发现的速度在加快，但是创造人类的研究却进展缓慢。但是这也不能阻挡一些梦想家和追求轰动效应的媒体不断炒作有关不远的未来人类将发生改变的预测。

认同采取逐步发展的批评人士认为，目前已经实现的和被预测将要实现的存在鸿沟。有人认为下一代人将包括技术智人，其能力将远在未经增能的普通人之上。这样的观点应当是值得怀疑的。更加理性的评估表明有少数增能技术将不断得以完善。虽然近些年所取得的进展远未达到那些夸张预测所说的程度，但是鉴于可能出现主要的几项生物医学技术突破的共同作用，也不能排除出现相变的可能。乐观的科学家和超人类学家仍在预测生物技术进步带来的人类寿命大幅增长的可能性，或是某一种药物能够极大地改善人类的创造力和智力。

对于究竟什么是增能，存在大量的不同看法和混乱。有些人认为，只要显著改善人类天赋的能力就是增能，尽管有些不符合伦理。即使是这些人也并不反对可穿戴技术，比如戴眼镜改善视力或使用手机增加能力，只要不涉及摆弄身体。的确，像苹果手表、机器人外骨骼（exoskeleton）以及专门的监控身体健康的装置等可穿戴设备也带来了各种安全或隐私问题，但是如果使用得当，从伦理道德角度上是能接受的。

争议主要集中在药物、手术以及改变身体或智力的装置。即使这样，也能够做出区分，比如对人的能力进行改善，但是将其技能限制在天赋能力范围之内，这和进行增加超能力是不同的。改变智力和身体的技术能极大改善人类的能力，并且超出了几乎所有人的能力，这其中人是争议的焦点所在。这些技术包括设计婴儿、极端地延长寿命乃至长生不老等，这在前面两章已经讨论过。这里把讨论的重点放在药品、手术、智力和大脑界面以及在人体植入纳米装置等方面。

虽然这些人们希望实现的增能还很遥远，但真正的信仰者展现出了了不起的才华，他们不管以前的预测是否失败，如今却已经创造性地制定了新的 10 年和 20 年的计划。20 世纪 60 年代，人工智能研究的批评者，比如哲学家休伯特·德莱弗斯（Hubert Dreyfus）的预测比人工智能的最乐观的支持者的预测都要准确得多。但是这并没有让真正的信仰者气馁。

自那以后每过 10 年，人们看到的都是预测并没有实现，真正的人工智能时代仍在远方。自然的语言加工、人工神经网络、人工生命的进化、内在的智能等都被看成是不断取得的突破，最终肯定能开发出能够学习和创造的机器。最近，人们把希望放在了一种叫作深度学习（deep learning）的新方法上。

在人工智能方面，每一次进步的重要性都被大肆炒作，比如 IBM 开发的深蓝打败了国际象棋大师盖里·卡斯帕罗夫（Garry Kasparov），或者是 IBM 开发的沃森在电视节目"危险"（Jeopardy）中获得冠军等。这两次获胜的确值得关注，但是都说明一个问题，即要真正实现人工智能，必须解决一些更深层面的复杂问题。

在人类增能领域，一个下身瘫痪者用思想控制自己的轮椅的确是一个非凡的突破，但被夸大为可以证明思想和机器很快就可以合二为一成为整体了。炒作、愿望和幻想超越了对于实际上要跨过门槛所要面临的困难。媒体发现对创新进行夸大和炒作才能吸引眼球，但是一旦批评人士表示质疑或困惑时，观众则开始不再关心或直接换台。美国的传统智慧是只要下定决心就一定能实现所想，如果对此表示质疑，就会认为是对真理的愤世嫉俗或贬损。按照这个逻辑，正面、积极地看问题总是占据上风。

尽管在实现重大的人类增能方面进展缓慢，尽管各种新的复杂性使得我们仍然无法了解究竟何时才能实现，但是超人类学者以及他们的批评人士都认同这样一个基本认识，即科学上的进步很快能够实现完全改变人类的基因、智力和身体。人们将很容易获得超级技能，很快将出现能力超凡的半机器人和技术智人。

这些预测让人觉得一切都是不可避免，未来超出了人类的掌控，至少不同于当今世界。只有时间能告诉我们，对于超人类的梦想的怀疑是缺乏想象力还是这个梦想本身有些不着实际、信马由缰。即使人类能力得到不可思议地提高，人类发展的未来也并非不可避免。这一过程中有很多的转折点会出现，我们可以放缓或改变出于增能目的的技术发展路径。人类肯定能发挥作用。转折点就在不远的未来，现在已经初现端倪。

关于未来的战争

几千年以来，教育、个性发展、良好的营养以及体育运动是自我能力提升的主要模式。采用技术作为自我提升的捷径对于那些认为个性需要通过持续不断的打磨才能百炼成钢的人来说是无法接受的，他们认为后者才是人类成功的核心所在。

关于改善人类能力是否道德或可取有不同的看法，这可以追溯至优生学运动，还可以追溯到 19 世纪至 20 世纪关于科学进步可以改善机会和治愈疾病的乐观看法。以前只有富人才能享有的物品已经普及大众。比如，200 年前的国王和王后会嫉妒当今普通人在当地一家打折店买的衣物和丝织品的质量。

好的医疗已慢慢被认为是一种权利而非特权。作为公平竞争和改善生活质量的一种方式，出于政治、医学和社会等原因，许多形式的增能仍然是具有吸引力的。取得进步当然是件好事，让时光倒流既不可取也不可能，真正的问题是增能是否会跨越界限？什么时候才能让社会和伦理方面的担心能比预想中的好处更受到人们的重视呢？

　　生物医学研究每次实现重大突破都会引发新一轮关于增能优劣的讨论。第一个试管婴儿路易斯·布朗（Louise Brown）和第一只克隆羊多利（Dolly）的诞生引发了激烈的生物伦理政治和学术之战。人类基因排序的成功进一步推动这一争论升级，大部分的原因在于有人预测科学家已经开始完善改变DNA的方法，从而可以进行婴儿定制。每一次跨越技术上的门槛自然会引发人们质疑是否因此越过了社会的红线。

　　所有各方都将增能之争定性为关于未来和人类灵魂的战争。迄今为止，这场战争还没有造成任何严重伤亡。的确，专业体育在兴奋剂丑闻的漩涡中求生存。学生们尝试服用每一种据称可以提高认知能力的新药以在学业竞争中高人一筹。极少部分父母提前为孩子选择基因，主要是为了避免一些遗传疾病。我们身边的半机器人也只是希望获取基本能力的装接义肢的残疾人群，或是实验各种可穿戴装备的年轻技术迷或军事达人。电脑科幻作家威廉姆·吉普森（William Gibson）在1993年说过："未来已在眼前，只是分布不均衡而已。"

　　当我们为半机器人以及人类未来感到困扰，并对炒作信以为真时，我们完全忽视了改变人体的实验带来的具体而实际的风险。人的思想和身体曾被认为是不可侵犯的，现在已处于可以被改变和重塑的初级阶段。此外，科学进步通常来自于反复的失败。即使加工出具有真正超能力的人类成为可能，也需要很多代人反复实验。一个简单的实际就是有一些失败将突出制定法律和导则规范将人作为研究对象的重要性。研究伦理学将提供一个有力的工具来规范对于药物和包括人类增能在内的医学应用装置的开发。企图改变很多能力的努力所需要的情感以及身体上的成本就是巨大的，只有少部分人可以作为实验的对象。有一些志愿者将后悔自己的决定，他们的尝试对于其他人而言是一个及时的警告。翻天覆地地改变智力和身体十分危险和复杂，这将放慢甚至阻止未来实现超人类社会的可能性。不管主流思想是怎样的，未来也并非不可避免。

关于增能之争

关于增能的争论使人想起前面几章中有关科学发现理想和现实之间一直存在的冲突。对于技术的热爱，对于技术一定能改变人类现状的信仰，以及对于技术给我们带来什么结果的恐惧交织在一起。工业革命使人向往一个技术驱动下的乌托邦世界。即使是糟糕的工作环境、长时间的工作、肮脏的城市公寓也无法平息人们的热情。但是第一次世界大战的巨大破坏力、"大萧条"以及第二次世界大战的毒气室的确打消了一些人对于科技能带来社会进步的乌托邦幻想。

即使这样，几乎所有人都认同技术进步改善了人类生活品质。有一次我去参观了新英格兰附近的一个旅游景点斯特布里奇镇（Sturbridge），这个小镇模拟的是1812年战争和内战时期的景观。我和一些朋友停下来和一个向导聊了聊。她穿着19世纪初期的衣服，装扮成一个织布工。还有一些当地人装扮成鞋匠、补锅匠、牧师、农民等。他们每一个人都很喜欢历史上的这个时期。但是这位"织布工"告诉我有一次在他们内部做了一个非正式的调查，如果可以选择，他们都不愿意生活在19世纪初期，因为那个时代与当今相比生活要艰难得多。

当然如果这个调查的问题是：是否愿意生活在现在或未来世界，答案可能完全不同。虽然超人类主义者急切地希望看到增能的发展，他们的反对者，无论是左派还是右派都认为提升人类能力是反乌托邦未来到来的前兆。保守主义者认为，干预人类身体违背自然，是对上天或自然赋予的禀赋的侵犯，损害人类尊严，展现过度的傲慢（自大）。鉴于不同人对于生命价值和意义的理解不同，所以也并不奇怪他们对于是否支持增能有不同的意见。

在前面的章节中提过，自由派反对者担心某些增能会赋予不公平的身体或智力上的优势。获得增能技术的不公平将进一步扩大是否拥有财富和机会的人群之间的差距。在实际情况中，如果具备充足财力购买增能技术使其本身及后代一直占据领先地位，那对于民主的广泛支持还将持续多长时间？换句话说，提高人类功能将破坏社会和谐。

顶尖超人类学者詹姆士·修斯（James Hughes）在其《半机器人公民》书中提出，关于增能的辩论切断了传统的左翼／右翼联盟，并将成为未来政治的核心主题。他是少数支持这种技术的专家之一，他认为如果这种技术能够普及大众，则具备很大的优势。这个理想的目标，如果付诸实践，将消除有关人类增能造成不公平的批评意见，真正实现公平竞争。但是，很难相信这样的政策会被采用。提出目标能打消一些批评，但并不能解决问题。

逐步普及增能可能会慢慢改变每一个人的情况，但是，富有的人肯定会抓住先机。

关于技术增能的争辩在关注社会影响和哲学意义之间摇摆。什么是自然的？对于人类而言意味着什么？对人性进行定义的尝试如同一条不断变化的马其诺防线，哪一方获胜是以能否从言辞上胜过对方为标准。尽管如此，人类增能的支持者也有力地指出，对于是否是自然的这一概念本身是危险的，只会助长偏见，并且将不具备某些必要的人类特征的人贬低为二等公民。他们的想法与那些支持盲人、聋哑人以及其他残疾人权利的观点一致。

大部分的增能辩论核心在于设定讨论范围时应做出什么样的区分。其中最重要的是分清医学治疗和增能的不同。虽然这两个概念看起来很简单，但是确定哪些技术构成增能的确很困难。正如关于寿命延长存在争议一样，增能方面的争论也是很难找到直接的答案。有一些技术和工具帮助个人具备别人与生俱来的一些能力，只为了实现公平，这也算是增能吗？如果不是，难道要指定某个人残疾，然后允许使用技术办法提高其能力吗？

注射疫苗是医学治疗还是增能呢？疫苗能提高人类的免疫能力。在18世纪初期，天花每年造成欧洲40万人死亡。1980年，世界卫生组织宣布根除天花。肺结核、小儿麻痹症、麻疹等疾病的疫苗消除了曾令我们祖先恐惧的一些可怕疾病。当然，认为疫苗也是增能是从一个特别的角度来看待这个问题，有助于人们认同应当支持大幅改善人类智力和身体。

针对致命疾病的疫苗已经很普遍，人们也在努力实现普及使用好的疫苗。如果说以前疫苗是增能手段，那现在就是生来就有的权利。如果未来发明了一种很便宜的能提高所有学生学习能力的药会怎样呢？这也将成为生来就有的权利吗？

随着讨论的深入，人类增能的支持和反对者已经充分认识到他们之间的界限已很脆弱。有些人已投奔另一方。最根本的问题将引起众人情感的共鸣，这比说理或精妙的口径要有力得多。

支持和反对人类增能的双方都编织了具有说服力的理由，不乏真知灼见。但是有时候争论变得不择手段。一方达到了拘泥于从字面解释圣经的反科学极端主义，另一方则像弗兰肯斯坦一样着迷于改变人体。二者当然都不是推动支持或反对人类增能的唯一动力。但是听到一些口才很好的反对者的说辞，可能会让你认为所有持异议者都是很危险的怪人。超人类主义者认为如果你重视科学以及科学带来的好处，就必须支持改变人类能力的技术发展。如果不支持，就被标榜为"卢德派"。双方都要将其当成是政治活动，赢得公众的心对于拯救人类是非常重要的。他们可能是对的，虽然有些论调并不具有很强的说服力。

强迫选边站从来不会有助于探索更加复杂和微妙的情况。我认识的很多人希望保持中立。为这样的讨论建立基础需要共同努力。同时，对抗的僵局有利于现状以及继续努力找到提升个体能力的方法。

对于新情况的合理反应不应当是完全禁止增能，也不能全盘照收。幸运的是，前者不可能发生。在民主国家想要限制人类增能要么是不可能要么就是设定了不好的先例。限制个人自由通常需要证明某些具体的活动直接伤害到他人。热爱自由的社会将学会适应和接纳各种形式的增能，即使这将对现有的体制比如专业体育机构造成毁灭性的影响。现代民主国家在接受拥有个性和特殊能力的个人方面是非常了不起的。残疾人受到社会的完全接纳,有才华的人拥有发展机遇。虽然很多人对于有意地提升个人能力保持警惕,民主社会终将慢慢接纳这些改变自己的人。

至今,增能技术的影响主要在专业体育方面,其次是业余体育。关于技术增能是不道德的或是欺骗的说法也取决于社会大众的看法。对于一个参加环法自行车比赛的专业选手而言,使用兴奋剂违反了规定,因此是作弊行为。民主社会颁布了法律法规保护弱势群体,这样的做法肯定是对的。但是人们似乎很愿意赋予专业赛队老板保护其队伍的权利,设定一些严格的办法规定哪些人具有参赛权。人们喜欢体育,因此不希望看到损害体育竞争的合法性。即便如此,专业体育的监管机构也很难限制使用增能技术或抓住作弊者,要对此进行控制对于整个社会而言都是难题。

不愿意服用提高运动表现药物的运动员很难在一些专业赛事中占据优势。少数被抓到的运动员解释说,他们服用了生长激素,只是为了与使用激素的队友保持同一水平。回顾一下促红细胞生成素(EPO)的研发历史。天然的 EPO 能促进红细胞的生长。合成 EPO 能将运动员的有氧代谢能力提高 8%,给运动带来了革命性影响。阿姆斯特朗 7 次打破环法纪录,他可是不遗余力地使用增能药物包括合成 EPO,同时想方设法躲过兴奋剂检测。但是不是每个使用了增能药物的运动员都能赢。服用增能药物获得竞争优势也很大程度上取决于这些拥有天赋的运动员在使用了药物之后仍然通过大量训练磨炼个人能力。技术有助于能力提高,但既不能保证一蹴而就也不会保证最终取得成功。

运动行业反映了目前我们所面临的挑战——当前社会对于增能问题如何进行监管。同时,超人类主义者的领衔人物对于有些人提出的担心很敏感,现代社会的很多人对于改变人类智力和身体的做法不满。他们更加有创意和严肃认真地回应了这些担心。历史是否会将超人类主义看作是一次重要的哲学运动尚不可知,但是,其重要支持者的思想肯定能起到部分的决定作用。最终，历史会对超人类主义做出评价，当然这也取决于能力得到巨大提升的超人类能否真的实现。

虽然有关增能的学术争辩对于拆穿错误的言论是有用的，但是从公共政策的角度看来，这在当前科学发现的过程中能发挥的作用有限。迄今没有这方面的灾难性事件引发公众政策层面的关注，也没有一个一致的、积极的愿景赢得广泛支持，科学发展的推动力仍将继续推动人类转变的进程。关于增能的努力仍将继续。但是，公众至少达成了一定共识，考虑到安全问题，有必要对增能方面的发展进行管理，并放慢发展的速度。

我们身边的半机器人

哲学家安迪·克拉克（Andy Clark）指出，所有人生来就是半机器人。他的意思是我们不仅仅是使用技术，而是将工具当成我们身体的一部分。最基本的发明就是字母、纸以及笔，我们使用这些将自己的想法延展到了身体之外。有了数字符号，我们不必用心算，而是在纸上解题。但是，使用笔和纸不存在大的风险，除非是在写煽动性的政治传单。

成为我们生活一部分的每一项技术在改变大脑结构中都发挥了一定的作用。经常使用的情况下，大脑中神经元形成新连接，旧的连接也得以进一步加强或弱化。未得到利用的神经路径可以进行调整适应新的用途。照此说来，我们使用的技术，即使有些工具只是偶然使用，也都会进入我们的大脑，一旦我们使用这些工具时，就成了身体和思想的延伸。

现代语言里，半机器人（cyborg）指的是人和机器融为一体，让人联想到机器战警、章鱼博士或钢铁侠等等。实际上人类和技术的融合有多重形式，有些实在乏善可陈。我们不少人依赖药物才能有理想的表现。此外，人工耳蜗植入、隐形起搏器、除颤器以及缓解帕金森症状的神经义肢技术等都已经很寻常。

　　未来，在皮肤下植入纳米传感器，通过血液循环，或是与成千上万的神经元突触连接，从而与身体外很远的装置进行无线沟通。主要的技术改进——不管是基因学、药物、隐形芯片还是纳米技术，都将对增能之人的生活产生质变的影响。事实上，我们身边的半机器人与普通人并没什么区别。基因工程并不会带来外部明显的改变，因此基因增能的人可能被当作普通人且同时获得优势。通过基因或植入改变的个人更适合称为技术智人而不是半机器人。

　　技术增能的支持者认为增能的优势在于可以不用付出代价就能实现，但是事实上基本不可能。未来的历史学家将对我们生活的时代定义为着急找到解决办法的一代人——发明速效药、采用股票交易算法一夜暴富，以及使用增能手段快速成功。但是受伤的战士需经历痛苦的治疗才能知道如何使用神经嫁接的义肢。使用激素也不是绝对能带来运动场上一举成名，也需要配合大量的训练，同时会带来神经、肌肉、关节方面的风险，以及腕管综合症、高胆固醇、糖尿病等疾病。虽然因为要打消年轻人和顽固分子使用兴奋剂的想法从而夸大了其中的风险，但是这些风险的确存在。

　　在身体中植入磁条或芯片能带来感官外或超人类的能力，但是需要进行一些培训才能用。英国瑞丁（Reading）大学人机关系学教授凯文·瓦维克（Kevin Warwick）在自己的手臂上植入了一个芯片，与神经相连，能够向外部装置发送信息。但是，他用了8周的时间练习才能激活芯片，随心所欲发出信号。学习掌握如何操作复杂的大脑和计算机界面和学会小提琴一样都很困难。

　　未来几年无疑将取得重大成果，但只有通过大量实验、艰苦努力以及反复失败再尝试才能实现。病人、残疾人以及急需这项技术的人将成为第一批实验对象。那些期待增能的人希望在这些社会弱势群体身上开展的实验能产生可靠的技术，从而改变人的能力或使人的身体和智力能够与计算机和纳米机器互动。同时，药物和可穿戴装置仍是最吸引人的通过技术改变自己能力的方法。

至少身体外的技术装置是可以撤除的，但是对身体和智力的干预手段在很多情况下不可逆转。ipod 和手机上使用耳机已非常普遍，显示了人与技术之间关系越来越亲密。虚拟现实手套和眼镜自 20 世纪 80 年代进入市场。可穿戴装置，比如计算机手环和手表能够监督身体的活动和现象，受到消费者的欢迎和重视。外骨骼机器人能帮助四肢虚弱的人行走或缓解背部问题，从而赋予了工人超人类的能力。

但是，可穿戴设备必须安全，不应当干预使用者为自己的行动负责任的能力，不应当干涉他人的财产以及隐私权。可以方便上网的谷歌眼镜本以为推向市场后会大受欢迎，但是公众接受度不尽如人意。人们开始对于能够上网的眼镜表现出不信任。

研究证明开车发短信很危险，所以就制定了专门的法律来限制这一做法。类似的研究表明开车打电话也很危险，但是立法者认识到公众不会接受限制这一行为。未来几十年中，穿戴技术的安全使用将对类似的问题进行关注。如同开车打电话或发短信一样，功能、便捷、安全以及对他人权利的尊重之间的权衡将继续取决于公众是否接受。

关于成本——财务、个人、心理以及社会层面的成本非常重要，这也是消费者心中最关心的。流行文化中半机器人的形象已说明了这一点。1973 年的《600 万美元男人》也许是第一个生动反映公众想象中的半机器人，一个名叫斯蒂夫·奥斯丁（Steve Austin）的受伤宇航员加装了增能假肢让其成为了英雄。

14 年后的《机器战警》以一个更加平常的角色登上舞台，故事讲的是一个名叫艾利克斯·墨菲（Alex Murphy）的警察侥幸存活，他剩下的身体和机器融为一体成为一个强大的罪恶斗士。但是，在《机器战警》系列电影中，主人公越来越可怜，观众逐步意识到他所失去的一切。这种变化也让我们反思对于人的身体和智力增能所面对的核心问题：如果要付出如此巨大的代价，有多少人真的会选择增能呢？

很多人只有在风险低、获益大的情况下才能容忍增能可能带来的风险。在专业体育运动中，使用兴奋剂的巨大动力以至于连限制措施都难以充分发挥作用，即使是羞辱和禁令也难以奏效。在其他领域，只有少数人能够通过改善智能或其他特质获取竞争优势，从而获得丰厚的利益。但是如果大部分人采取了认知提高措施，那么实际上的竞争优势就不复存在。

就像可口可乐和百事可乐之间的广告大战一样，花了巨资只为了与对方保持同一水平。花了钱，但是并没有产生市场优势。即使对于个人而言没有竞争优势，但对于社会而言好处巨大，比如说，没多少人做傻事了，更多的人敢于承担困难的工作。当然，对于个人来说也有一些非竞争性的好处，比如对于工作敏捷的满意度。但是如果对于社会和个人带来的好处存在严重的风险，比如严重头痛或脑损坏？个人能承受的风险有多少？社会对于保护民众免于伤害具有责任。因此，在过去的 35 年中制定了大量政策和措施以确保在对待研究对象时要符合伦理。

符合伦理的研究

研究伦理在改善人类能力的技术开发中发挥关键性作用。把人作为研究对象时，应采取保护措施确保符合伦理，也为开展危险、错误以及不受保障的实验设置了障碍。研究对象在同意之前有权获知所存在的风险。这些权利在科学调查史上还是新生事物，仍在进一步完善。

纳粹医生对集中营的战俘进行了令人毛骨悚然的实验，导致无数非自愿的实验对象死亡或残疾。利用奴隶、俘房、精神病人或伦理组织认为"不受欢迎"的人进行实验并非新鲜事，但是纳粹实验的规模之大震惊了战后举行的纽伦堡审判。有几个医生申辩请求法庭宽大处理，理由是当时没有限制人体医学研究的国际法。之后，出台的纽伦堡法则提出了有关人体实验的可被允许的做法。法则要求必须征得实验对象自愿同意，且避免不必要的痛苦。虽然迈出了很重要的一步，但纽伦堡法则也没有转变为国际法或被主权国家纳入本国的法律。

纽伦堡法则也没能阻止后来开展的一些令人震惊的人体实验。比如臭名昭著的塔斯基吉实验，1932 年开始对 399 名贫穷的黑人进行梅毒实验，一直持续到 1972 年。该实验之所以争议很大，是因为 1940 年就已经发现青霉素对于治疗梅毒十分有效，却没有用来治疗这些实验对象。塔斯基吉实验令人痛心之处还在于它是由美国公共卫生部主持的。美国公共卫生部还在 1946 年至 1948 年主导了危地马拉的梅毒实验，将梅毒还有性传播病毒注射到精神病人、战俘以及士兵身上，导致 83 人死亡。

1966 年，麻醉学者亨利·比其尔（Henry Beecher）在享有盛誉的《新英格兰医学杂志》发表了一篇文章，提到自纽伦堡审判以后美国进行了 22 次不符合伦理的人体实验。比其尔没有公开研究者的名字，但是后来的调查揭露出这些实验是在主流机构进行的，研究结果还在顶尖杂志上发表了。比其尔举的例子里有一个是在未告知研究对象的情况下往其体内引入活癌症细胞。在纽伦堡法则基础之上，比其尔的文章促使美国最终颁布了法律以及规定了具体可接受做法的行业导则。比其尔的报告并没有提塔斯基吉或危地马拉的梅毒研究，因为这两起事例分别在 1972 年和 2005 年才昭然于世。

过去半个世纪以来，由于比其尔的文章以及揭露出了塔斯基吉实验及其他类似恐怖实验，全球很多国家都成立监管机构，以保证研究对象的权利。这些权利包括自愿参与和知情同意、尊重个人及其自主权、保护实验对象免于伤害。此外，实验必须进行事先设计以得出科学上可靠的结果，且其获得的好处必须超过承担的风险。

许多实验，比如癌症化疗是痛苦的过程且有副作用。在参加实验之前，必须告知实验对象有什么风险。实验对象不能因为被胁迫或受到金钱诱惑参加实验。也不能对于他们在实验中可能获得的好处夸大其词。比如，实验对象应当了解他们参加新药尝试并不能带来什么好处。如果有一半的实验对象是被随意选取，给予的是没有药效的安慰剂，那么获得好处的机会就更低了。

美国保护人体实验对象的联邦政策，也就是通常所说的"一般法案"，于 1991 年制定。美国药物管理局（FDA）负责更新有关药物、装置以及新药开发的测试规定。FDA 也是一个监管机构，下设上千个地方管理的机构审议局（IRB）。医院和大学的 IRB 负责审议研究提案并确定实验的设计是否对实验对象进行了充分地保护，必须获得 IRB 的同意才能开始实验。一旦出现违反规定的情况，IRB 可以要求停止实验。

IRB 和它们的国际合作伙伴可以决定是否可以继续开展增能实验。提高和降低增能实验的标准将为增能实验的支持方和反对方提供某种程度优势。但是光靠 IRB 自己并不能降低所有的风险。比如，它们并不能确定研究的社会价值，比如说，一种新药是否会给使用者"不公平"的优势。它们只是评估研究的安全性以及所带来的治疗疾病的好处是否值得冒一定的风险。

研究伦理委员会刚开始都是家长式的机构极不情愿让实验对象承受任何风险。但是后来也认识到对于一些生命受到威胁处境的人，比如患有肠癌的人，如果有新药给予一线生机，肯定不管多大风险也想一试。即使没有治愈的希望，但是癌症晚期的人都愿意做志愿者，希望在这一致其死亡的疾病上推动科学知识取得进步。

耶鲁医学院教授罗伯特·乐维（Robert Levine）在医学和研究伦理学发展方面发挥了重要作用，他认为，在艾滋病流行早期，IRB 的态度发生了改变。艾滋病活动分子质疑 IRB 的家长作风拖慢了本可能阻止艾滋蔓延的药品研究进程。他们认为 IRB 不应当阻挡他们承担自己愿意承受的风险。这种转变具有很重要的意义，因为越来越多的潜在实验对象主动要求参加

药品测试以及增能装置实验。

历史上，IRB 的成员决定除非某项研究能够产生可以证明的治疗好处才能冒险。但是凯斯西储（Case Western Reserve）大学法律和生物伦理学教授麦克斯维尔·梅尔曼（Maxwell Mehlman）指出规定中没有限制IRB 批准测试人类增能的实验。梅尔曼对规定的解读，虽然是正确的，但未必能够说服 IRB 立刻同意批准具有一定风险的增能实验。但是，支持者可以很有技巧的辩解称参加实验的人可以从这种增能中获得精神上的好处。

IRB 批准的问题只会影响到某些明确的增能研究。比如说，某种药还不知道其治疗价值，但是据称可以提高孩子的学业成绩，这种药就是明确的增能。当然，这种药物必须通过研究证明其对于有特殊需求的孩子的智力提高确实有用，才能获得批准。

已经因为某一治疗用途获得批准的药物则是另外一回事。医生可以因为其未在标签上标明的用途开药，这一部分的药效还没有得到证明。FDA在 1998 年批准了莫达非尼治疗嗜睡症，在 2003 年批准用于治疗睡眠紊乱症。后来发现莫达非尼可以催醒和提高注意力，且没有或具有极小的副作用，使其成为一种可以选择的认知增能药物。大概 95% 使用这种药物的人都不是冲着它标签上的药效。

瑟法龙（Cephalon）药品公司因为鼓励病人将莫非西林用于 FDA 批准之外的用途，在 2008 年被罚款 4.25 亿美元。但是不需要为瑟法龙感到可惜，因为这家公司生产的莫非西林（又称 Provigil）在美国一年的销售额是 7 亿美元。考虑到其中的利润，就将罚款当成做生意的成本吧。

目前在市场上可以买到据称可以改善记忆和其他认知功能的药物及食品补充剂，但是对其有效性很少开展量化研究。FDA 应当鼓励对药品增能效果进行测试，并要求 IRB 批准这些实验。利他林（Ritalin）和阿得拉（Adderall）用来治疗有注意力缺乏多动症的儿童，但是很多人认为可以提高注意力和学习能力。

　　一些父母认为这两种药可以提高孩子的分数，希望孩子被诊断为注意力缺乏多动症，以便开出阿得拉等类似药物。但是，这种药对于提高正常人的认知能力是否有效还没有得到充分证明。宾夕法尼亚大学的伊莉娜·伊里娃（Irena Ilieva），约瑟夫·博兰德（Joseph Boland），玛莎·法拉（Martha Farah）开展的研究表明阿得拉对于健康的年轻人的认知能力的提高作用甚微或没有作用。但是该药品实验对象认为有作用——也许是安慰剂的作用吧。

　　夸大的期待和在无效技术上浪费的金钱为研究技术增能提供了绝佳的理由。黑巷手术和受污染的药品带来的潜在危险是另外一个缘由。严格的监管规定催生黑市交易。在美国法律允许流产之前，地下诊所流产很常见，不时引发死亡或残疾。富人总是能找到一个安全的场所进行流产，即使是飞到另一个国家。

　　保护中产阶级和穷人妇女免受黑巷手术造成的危害在扭转法律对于流产限制方面发挥了重要作用。最近，黑市廉价的整形手术造成了死亡和毁容。在科幻小说中，网络朋克式的反英雄主角会到反乌托邦亚洲城市去购买人机界面、器官移植、纳米机器人和非法药品等。公开的市场受到监管，同时也将危险转嫁给了不知情的用户。

　　人类增能的支持者认为延缓研究的规定是徒劳的。调查人员将把他们的实验室转移到有不同价值观的国家。也许，世界上有些国家还会担心它们的公民不能用作实验对象。过去 10 年，药品公司在非洲和亚洲开展了一些在欧美国家不会批准的研究。比如，20 世纪 90 年代，科特迪瓦某些得艾滋病的孕妇得到的是没有药效的安慰品而不是抗逆转药物，她们提出了诉讼，最后导致别的国家也取消了类似研究。虽然这些药物实验是不合伦理的，听起来与塔斯基吉实验没什么不同，取消这个实验也是可悲的。因为参与诉讼的妇女认为这是她们唯一可能获得必要药物的机会，以保护所怀孩子不会患有艾滋病。

腐败官员可以被买通，穷国政府很容易受到影响。富有捐助者在岛国资助的隐蔽的实验室可能不为人所知。但是掩盖危险研究的困难或是在当今联系紧密的世界掩盖大型的药品实验将意味着事故和有害事件总会大白于天下。如果重大的人类增能需要多年研究、反复实验才能往前推进，似乎这些研究就很难躲藏。此外，大量的投资需要富裕国家政府和财力雄厚的跨国公司参与。掩盖危险的研究既很困难也不实际。

大国进行的国防研究通常也是保密的。美国已经自主将有关各种技术集成起来创造一个能力提高后的未来战士或半机器人战士。在去战场途中，这个战士要注入一个携带他自己 DNA 选择的基因副本的细菌，这是修复肌肉组织，提高力量和耐力的可靠办法。还有人给他递来一瓶最新的认知增能鸡尾酒，提高注意力和记忆力，加快反应时间。

这些未来战士都穿戴了机器人骨骼，获得超人类力量。神经义肢装置能够传递思想，方便战士之间的沟通。昆虫大小的无人机飞过丛林搜寻游击队，并将敌人方位坐标传送回来，最后落到战士的帽檐上。数据手套上的平板电脑会帮助他们操控能携带更大型武器的无人机。在指挥部，监控人员根据他们身体和血液里的纳米传感器获取的信息监控士兵们的精神状况。在同等距离的地方，一旦发现主要数据有变动，负责监督的医生就会启动注射肾上腺素。

虽然具有前瞻性的军事规划者愿意资助创新性的实验研究，但是现场的指挥人员对于采用新技术相对保守得多。但是他们可以行使绝对的权力要求士兵装备实验装置，几乎没有商量的余地。照此说来，要求自愿参加研究在军队里是不存在的。即使有选择的机会，士兵也会不得不服从上级指挥官的要求。研究伦理主义者希望军队的士兵也能像普通人一样拥有自愿选择是否同意参与实验的权利。

这个制度并不完美，但是研究伦理的确会限制有害的、不必要的以及造成伤害的实验。研究伦理并不阻挡增能技术的开发，但是会限制其发展速度，提供很多具有转折点意义的理论来反思个人和社会所获得的好处是否值得去承受这个风险。但是，如果这种实验的回报能在专业体育运动中占据竞争优势的话，很多年轻的运动员都会乐于做高风险的尝试。军队里有很多志愿者愿意尝试最新的增能药物或装备，特别是可以因此保卫祖国的安全。即使在知情的前提下同意参加实验，也很少有战士会提前认真考虑如果这种药或装置出了问题会对自己的命运造成什么样的影响。

万一实验失败会发生什么。一些增能是不可逆转的。比如说，军队是否应当限制对士兵进行不可逆转的增能？也许正如哲学家查尔莫斯·克拉克（Chalmers Clark）所建议的，潜在的民事研究对象应当有一个代表向他们强调实验的负面影响。士兵或普通人实验对象可能会经历副作用，甚至身体和神经方面的损耗。谁会对此负责呢？也许在增能实验获得批准之前，就应当为实验对象做出特殊的保险安排。

对使用人体作为研究对象进行审议的过程肯定会放慢但并不会阻止增能技术的研究。审议过程至少会提供一些喘息时间。如果社会决定增能实验需要进一步的监管，那么应当加上研究伦理审议环节看是否遵守了有关规定，这与治疗性的研究是不同的。但是，很重要的一点是要记住太多附加的监管将迫使这一方面的研究转入地下，反而增加了将实验对象置于危险之中的可能性。此外，如果有些人体研究意在追求某些意识形态的目的的话，将对人们对这一领域研究给予的信任和默许产生不利的影响。

认知增能

虽然测试提高认知能力的药物存在风险，但还是会吸引人参加实验。认知增能药物会带来人的能力增强或实现超越。拉米兹·纳（Ramez Naam）的科幻小说《连接》(Nexus) 讲的是纳米药物赋予人与其他人思想进行远程连接的能力。想象中的天才主人公凯恩（Kane）和他的同伴设计了一款名为 Nexus 的药，能够进行编程，并通过思想就能控制别人的思想和身体。如何保护他们关于 Nexus 的秘密不被美国国土安全部等秘密部门及其他感兴趣的组织所知，使凯恩陷入了伦理的困境。

作为科幻小说，《连接》这本书为超人类的未来提供了很好地想象。但是像 Nexus 这样的技术是否如同指环王中的戒指一样不足为信。托尔金的戒指是一个具有寓意的符号，但是当今科幻小说的内容是可能实现甚至不可避免的。Nexus 药物的可信度来自于有关神经药物和神经义肢的研究。

在传统小说里，英雄总是冲破重重阻碍最终获得神奇的配方或宝贝。书呆子英雄面临的挑战可能是保护这些有用的装置不用于破坏性的目的。虽然这些神奇配方、仙丹或神药能够带来不同寻常的神奇力量，但目前有的认知增能药还很难加以利用以便发挥很大的作用。治疗抑郁、精神分裂以及很多精神疾病的药物保持成千上万人稳定其生活。但是这些药通常很难摆脱，副作用很大，对于提高能力作用甚微。

咖啡、莫非西林以及其他的刺激性药物能够提高注意力，长时间进行工作，但是并不能将认知能力提高到新的水平。改变精神的药物，从默斯卡林（mescaline）到上千种合成精神治疗药物，比如麦角酸二乙基酰胺（LSD，一种迷幻药）为达到梦幻状态打开了大门，对有些人来说这样就足够了。

少数有创造力的人似乎能够利用从药物引起的幻觉体验，部分的画家、作家以及爵士音乐家就培养的这一能力，他们在受到刺激性药物产生幻觉的情况下非常努力进行艺术创作。像查尔斯•波德莱尔（Charles Baudelaire）、杰克•凯鲁亚克（Jack Kerouac）、约翰•柯川（John Coltrane）、詹尼斯•乔普林（Janis Joplin）、迈克尔•海克森（Micheal Hackson）等名人自传进一步促使别人尝试在受到药物刺激情况下进行艺术创作。但是成功的毕竟是少数，大部分人都是自我毁灭。很多年轻人误以为服用这些药物能为其带来名利和财富，但却没有花时间真正提高自己的才能，这样的悲惨故事比比皆是。

个体的生物化学或主观因素很可能改变很多据称是能认知增能药物的效果的人。人类的神经系统及因此产生的精神状态非常的复杂和微妙，几乎任何事情都可能对其施加影响。分辨一种药物什么时候产生重要、连贯且积极的影响不仅困难也很昂贵。在认证过程中，不会将一种药和其他的药放在一起测试效果，除非药品公司希望批准某种特殊疗效。

测试所有药物的共同效果是不可能的。如果一种新的认知增能药物，按照预期，研究人员会对单个的药物效果深入了解，而和其他药在一起使用后的效果只能等个人使用后的结果报告了。这其中存在的最大的风险在于，增能药物可能会对一些人造成短期紊乱或长期的精神疾病。

吃了改变智力药物的学生可能会影响好几代人。富有的国家具备跟踪问题实验者的条件，如果某一种特别的药物组合结果表明是有害的，负责跟踪的部门比如美国疾病控制中心将最终发现这个问题。但是下一批实验可能有也可能没有将这些风险报告考虑进去。

负面的精神疾病事件和药品滥用带来的挑战已经给精神病医疗机构带来了沉重的负担。目前还没有办法提前知道一系列的新认知增能药物是否会让问题更加糟糕。但是，目前仍没有明显的迹象表明增能很快会实现，比如能够极大改善记忆能力、分析能力、创造力以及其他认知能力。

对于很快就会实现的信心主要来自于神经科学研究增多，假设我们很快就能揭示大脑所有的秘密。大部分的神经科学家都认为神经系统很复杂，希望找到精神疾病的治疗方法，但是对完全了解大脑则并不乐观。不仅神经科学有必要取得更大的进步超越目前掌握的内容，医学从业人员也必须了解如何用现有的工具对个体的大脑特质进行微调。鉴于大脑的复杂性，微调可能比管理其他的复杂动态系统比如经济体市场还要困难。

一些最有意思的研究是与神经假体系统有关。比如说，植入的芯片可以从神经组织传递信息片段，或直接将信息传递给神经组织。体内植入芯片的猴子能够自己操作一个自动化的输水系统。53 岁的强尼·雷（Jonny Ray）因一次严重中风导致脖子以下都瘫痪了，但在大脑运动皮层植入芯片后，已经可以通过思想移动计算机屏幕上的鼠标。诀窍在于能够解析这些信息的软件。植入的芯片只有 256 个或更少的突触连接，只能表达非常有限的信息，但是增加带宽可能会大幅提升信息流。

有一个创意是，一组微小的碳纳米线路穿过血管可以与大脑里很多的神经元建立合成连接。纳米电线与光纤电脑类似，能够携带大量的视频信息和计算机数据。另一个办法是建议将成千上万个单独的纳米传输器与神经元相连，通过无线的方式与外界装置传输信息。但是是否能有效安全地扩大信息流，其中许多未知的问题仍然无法得到解决。每一次提升都需要解决大量工程上的挑战，比如如何确保使用的材料不老化，或损坏神经组织。

新活动与大脑其他功能无缝连接至关重要，迄今开展的研究主要是针对残疾人未使用的神经组织。比如，引入互联网连接的宽带传输会与其他的功能重叠或产生潜在的干扰。与大脑中进行的大量非意识的信息处理不同，意识是连续性的，必须是先处理就近的任务。对于输入大脑的新任务，各种意识的关注存在竞争，如何对这种竞争进行管理非常困难，也许可以说是难以逾越的挑战。由于新任务总是会对人进行干扰，边开车边上网肯定是十分危险的、注意力不集中的行为。所以在打开互联网之前记得先打开汽车的自动驾驶功能。

神经假肢系统赋予的技能肯定不会是昙花一现。优化个人认知能力的增能需要精力集中和严格训练。等待勇敢冒险者的是艰难的学习过程。即使将大脑与外部装置连接起来很困难和有风险也不会阻挡人类希望直接在大脑里上网的愿望。

网络空间的表述是 20 世纪 80 年代科幻小说作家发明的一个词，后来通过威廉·吉普森（William Gibson）网络朋克小说经典之作《神经漫游者》得以推广。该书中的非正统派主角叫科斯（Case），曾经是一个黑客和瘾君子，后来成了皮条客住在日本的地下世界。在某种药力影响下，科斯闯入了计算机全球网络，他的思想可以在全球网络空间自由游荡。这本书于 1984 年出版，在万维网出现之前，但是已经设想了计算机领域的相互连接，以及成为一个虚拟的世界，用于娱乐、体验、教育和网络情报。科斯依靠药物以及连接界面将自己的思想传入网络空间只是一个故事情节，但是吉普森的直觉想象可能已经成为现实。一段时间将身体和思想分离需要药物或严格训练，但会产生负面影响，比如对内脏造成很大压力。

吉普森"闯入"和纳的"连接"是实现超越的两种不同技术方式。一种是脱离身体，让思想自由行走于网络空间的连接区域。另一种则是有象征意义的连接，使得一种思想能脱颖而出。作为开发和实验增能技术的动力之一，思想穿越带来的精神上的希望是对个人能力优化物质收获的补充。对于更纯粹的人来说，对精神状态进行技术改动是对神灵的亵渎。但是这种看法越来越不管用，因为科学逐渐建立了自己的霸权地位，成为是非对错的仲裁者。

第十章　病态的人性

　　超人类主义者声称应当进行值得留存史册的人文主义运动。其领衔的思想家代表着超人类主义的愿景，对人性进行提升和改善，这也是自 17 世纪启蒙运动以来一直存在并不断发展的力量。与进化论以及思想的计算机理论（思想是计算机的假说）一起，超人类主义融合了人类的意义以及人类如何进化超越自己的极限。这一不断发展的融合，还包括科学家对于生态过程的描述，以及超人类主义者分析人类特征的发展方向，这让那些希望通过获得智能而带来的好处的人备受鼓舞。但是对于有些人来说这样的愿景是有缺陷的，尤其是那些对人性是机械化、生物化和病态化的描述。

　　超人类主义思想融合了很多的思想和见解，冲击了人类——无论是上帝还是自然缔造的——是独一无二的看法。从这种思想角度出发，人类不仅不是独一无二的独特生物，而且因为我们是有缺陷的，所以有必要超越自己的局限。按照这种观点，未来不可避免就是（或应当是）属于我们进化后的后代。

　　对于人类独一无二论的攻击加速了全面精神危机的到来。精神或心理上的危机与我之前讨论的灾难不同，但也很重要，因为这种思想将使人们对于自己以及集体应对挑战的能力失去信心。随着技术以不可阻挡的趋势逐渐侵蚀以前被认为是神圣的领域，人们对于当今精神上面临的危机常见的反应是沮丧或自暴自弃。换句话说，在可能出现的技术不可避免性地到来之前我们已经举起了投降的白旗。要重整旗鼓，让技术仍在我们控制之下的第一步，就是认识到支持技术占据主导地位的各种想法之间的沟壑和误解。

超人类主义的人文主义在于其支持者认为一个有感觉、爱心和自我意识的人最好的呈现方式就是通过技术得以改进的半机器人和技术智人。我担心大家将认同这种关于超能的虚假技术幻觉。在技术可能性明确表达和如何将技术和人类特质相融合方面还存在很大的差距。技术在很多方面都超过了人类本身，但是技术智人和数码克隆还只是想象而已，增能造成的反乌托邦影响已开始步步逼近，侵蚀目前还不相信这一切的人们的美梦。

那些领衔的超人类主义思想家对于大众的关注很敏感，现代社会大部分人对于人类身体和思想的大变动感到不满。所以这些思想家对于批评意见都提出了经过深思熟虑的有创造性的严肃回应。他们努力解释为什么超人类的可能性对于人类是积极的，对于任何提出的伦理上的担心都给予了关注。

世界超人类协会的创办人及第一任主席目前正在关心全球灾难性风险，特别是WTA上任执行主任修斯（Al.J.Hughes）提出的并不友善的技术奇点所带来的危险。修斯认为，关注伦理问题将破坏超人类主义运动的重要性。

我当然欢迎关注伦理问题，但是，站在我的立场上，对于人类增能引起的伦理问题进行反思很大程度上是对伦理主义内在的薄弱性进行补偿，即技术对于改善人类条件具有重要作用。技术是一个有用的帮手，但不是一个值得信任的领头人。

这些都改变不了一个简单的事实，超人类主义提出了一个强大的愿景，与其他的论点相比相对来说更加全面。超人类主义的出现是因为当前其他形式的人文主义或者宗教理论不能完全接纳科学方法，或者还有待进一步的证实。

直至今日，将科学和技术作为人类认知的核心仍是不够充分的，因为这些领域缺少内在的伦理因素。比如说，有宗教信仰的人经常会表示怀疑，如果上帝的存在受到质疑或摒弃我们如何保证人类的行为符合伦理。对于基督徒，还有一些非基督教的信仰而言，善有善报、恶有恶报是最根本的。

但是突然之间伦理成为科学调查的焦点。以前人们认为竞争性的进化斗争不可能创造出愿意自我牺牲、利他行为的人，但是现在的生物学家从理论上解释通过进化手段价值观是如何产生的。比如，理论学家解释为什么自然选择会倾向于愿意分享和合作的物种。神经科学家也在研究做出道德判断的方式以及具体的道德想法产生时大脑如何运作。人类主义者和新无神论者，如进化论生物学家、作家理查德·达金斯（Richard Dawkins）探讨为什么上帝或精神上的赏罚对于人类道德表现完全没有必要。

过去几年，超人类主义这最大胆的举动莫过于声称道德行为可以通过技术改善。这一观点为我们讨论有关当今科学和超人类主义相互作用中很明显的不完整性和歪曲等方面提供了很好的起点。

用药物提升道德？

恐怖分子突然袭击在阿富汗和巴基斯坦之间山区巡逻的美国士兵，时间不过两分钟。军医在对受伤者进行治疗的同时，向其他的士兵大喊赶快服用以前发放的粉色药丸。该药丸含有40毫克的心得安（普萘洛尔），在经历恐怖磨难后服用可以减少患创伤后精神紧张性精神障碍（PTSD）。

PTSD使人神经衰弱。据估计，经历创伤性事件的士兵有20%会得PTSD，另外30%会呈现某些症状或部分的PTSD。一些遭受强奸的受害者、难民甚至一些医生也可能患PTSD。得这种病的人会在没有危险的情况下也会感到紧张或重现创伤性的事件，他们的生活会因为一个花盆掉到地上或气球爆炸而引发一系列的噩梦和不好的回忆。

显然心得安会干扰与PTSD有关的情绪和记忆展开。对于改变患者的某些态度会有一定的作用。关于心得安会影响情绪的发现鼓舞了希尔维亚·泰尔贝克（Sylvia Terbeck）领衔的牛津大学研究小组继续调查这种药是否能改变一些潜在的偏见，特别是带有情绪的种族偏见。初步的研究表明是可以的。

心得安是否会用于减少种族歧视，并改善道德行为呢？研究人员对于他们的发现是否能够在实验室之外也是正确的仍然持保守意见，但是该团队的一个成员——牛津大学的哲学家朱利安·萨福莱斯（Julian Savulescu）已经建议采取生物医学办法提高人们的道德水平。萨福莱斯认为使用心得安减少种族主义就是一个很好的范例，说明很多药物和技术可以用来改善人们的道德水准。

萨福莱斯与伊格玛·博森（Igmar Person）合作写了一本书，名为《不适应未来——需要道德提升》。书中，他们认为道德提升对于解决人类面临的潜在灾难性的挑战是十分重要的。在他们眼中，传统的道德教育和社会变更方式速度太慢而且不足以充分地提升道德态度和能力或改变行为。一些问题需要态度的重大调整才能改变，比如全球气候变化，只有在人们的道德态度和意志有很大改善的情况下才能改变。

除了心得安，催产素（oxytocin）是一种促进信任、爱心、母爱般的投入、慷慨以及减少压力的激素，同时也被认为可用来提高道德。巴兰（Bar-llan）大学心理学家鲁斯·费尔德曼（Ruth Feldman）开展的研究认为催产素水平高的妇女在怀孕的前三个月很容易与新生儿建立亲密联系。经济学家保罗·扎克（Paul J.Zak）在另外一系列实验中假定要分一大笔钱，结果发现注射催产素的受试者更加慷慨并容易获得信任。由于这些研究发现，催产素还被打上了"爱心药""信任药"等标签，可以预见很快会出现对催产素香水或催产素食物上瘾的人。

对于超人类主义者来说，道德提升很快会成为一个更重要的应用领域，除了能实现寿命延长以外，将使人更容易接受增能的效果也同样令人难以拒绝。此外，道德提升概念的提出使得情况更加复杂，因为要反对道德提升是很困难的。其他的增能比如说智力提高可能会加剧不平等，从社会学角度，道德提升只有好处没有坏处。道德提升的概念总体上减少了对于增能的批评声音，而且还强化了一种观点，即如果道德增能是不可避免的，那么智力和体力提升等增能亦可以接受。

另一方面，将人类的道德能力仅仅当作生物化学机制，不仅能够而且必须从医学上予以改善的观点，是科学简化主义的扭曲形式。难道爱和同情仅仅是一种生物化学现象？生物化学机制使得人类活动和情绪成为可能，但是我们真的就得认同这种由下向上的对普通人群的行为进行操纵的方式吗？

自下向上的方式改变一个人的化学成分从而改变其心理和行为，这与传统的自上而下的方式如性格培养改变人类行为是不同的。或者说我们都是有缺陷的生物，需要进行治疗以便获得健康？换句话说，某些科学家和超人类主义者将人性归结为为病态的，这种观点需要加以改变。

传统认为个人层面的道德提升需要通过理性的反思或性格的培养。难道现在只要吃上几片药就能真的实现道德提升吗？或者说这只是技术解决主义者的幻想。也许以后会发现真正改善个人道德行为的药物，假定这是在个人愿意的情况下。但是，我们不能将让人的道德行为更加适当与具备道德能力混为一谈。

一个骗子可以通过服用催产素以获得别人的信任，而被骗的那个人并没有受到药物的影响。即使是出于道德目的，改变情绪的内容、态度和记忆都是充满争议的做法。假设一个女性被强奸后20分钟内服用了心得安。这对她来说当然是好的，但是她在法庭对于强奸犯的指控和证词是否还具有可信度？如果因为她的证词没有发挥作用让这个强奸犯逍遥法外，这种情况将对我们的司法体系造成多大的影响？她对于作恶者没有受到应有惩罚以及自身承受的痛苦又会做何想法？这肯定不能保护其他的受害者。再假设这个强奸犯在作案之前或之后也服用了心得安，是否这种药会减轻他的罪恶感或忏悔的意愿，反而助长了以后继续做坏事的行为，以至于没有起到道德提升的作用。

越来越多的科学家认为人类的身体和思想只是有一组相互独立的机体构成的复杂机器。有关生命化学反应过程的科学发现让超人类主义者满心激动地认为，未来可以把人的身体和思想当作可以改良设计的部分。但是人类是机器、可以予以摆弄和重塑的想法是不正确的，因为人作为一个整体不只是各个部件的组合。

在没有别的办法的情况下，使用药物来缓解身体不适当然是可以接受的。但是，使用药物永远不能和历经困难获得的性格锤炼相提并论，后者是有意识地认识到哪些行为是不可被接受的。

摆弄身体当然会改变某些行为，如同动手术能使堵塞的动脉畅通或者说动手术移除肿瘤等。手术之后，身体可以更好地运行，但不仅仅是排除一些障碍，而是让身体的各个部件以及思想能够作为一个整体更好地运行。

思想和身体过度简化或机械化，对人类认为自己是具备独特能力的独一无二的物种的看法是一个打击。当然这也不是第一次人类的独特性受到科学攻击。这种攻击可以追溯至哥白尼时代（1473—1543），他认为人类并不处于宇宙的核心。当代哲学家卢西亚诺·弗洛里迪（Luciano Floridi）指出达尔文和弗洛伊德思想革命对人类独一无二论提出了质疑，证明了人只是动物，并没有那么理性。

弗洛里迪接着将信息时代定性为第四次针对人类独一无二论的革命。人、信息系统以及所有的生命被弗洛里迪统称为由信息构成的信息生物体。他指出上述几次革命对认为人类在自然界中占据独特位置的想法造成了冲击。

抛弃错误的看法总体而言是件好事。的确，我们并非如以前所认为的那样是宇宙的核心，但是当新的科学信仰体系确立时，也要予以警惕。20

世纪我们被具有破坏性的意识形态所困扰，如纳粹主义。科学家将太多的重点放在生物学上面从而贬低了一些对于人性重要的方面，也因为如此，信息机制也让人类的行动成为可能。

生物化和机械化

现代一些学者认为生命可以降格为某种形式的物理和生物宿命论。近年来，有一种观点逐步获得了影响力，即假定有机生命满足"自私基因"的需求，这一特征可以通过生物化学的方法进行操控，意识只是大脑中突触活动对外呈现特征。这种理论是否能够解释清楚生命的复杂性仍是科学界争辩的一个问题。

斯坦福大学神经学家、灵长类动物学家罗伯特·萨博斯基（Robert Sapolsky）有关生物化学对性格、态度、精神状态以及身份的核心作用的观点是最深刻的。他指出，大量的研究发现证明个体的心理和性格可以因为神经化学紊乱而改变，通过生物化学手段干预得以改善。

通过生物化学手段治疗抑郁、焦虑、注意力缺陷多动障碍以及其他精神疾病改变了病人的行为和自我感觉。萨博斯基支持某种形式的生物化学宿命论，如果从这个角度出发，即使是罪犯都可以因为受其自身控制的生物因素，对其造成的犯罪行为不承担责任。

萨博斯基只是无数致力于促进将人类行为定义为生物化和机械化的科学家之一。将复杂的现象分解为生理部件、生物化学过程和精神机制，并通过受控实验进行检测，这是一种有效的科学方法。这种方法的成功之处不言而喻，但是这将造成对人类和动物等生命及自然过程的理解过于机械化。

比如灵长类动物学家认为猩猩在受控实验室环境下的表现和自然界的猿猴行为是不同的。作为科学家他们对于自然环境下动物的行为更感兴趣。

但是对自然环境（生态）中生活的动物进行研究要花费大量时间和成本。换句话说，科学简单主义者很容易得出可验证的结果，但也会造成不可言喻的偏见，加速科学事业的发展，同时也造成了一些偏离和扭曲。

生物化和机械化是科学家和社会理论家用于分析行为的智力工具，以此来理解单个部件结合成整体后整个人是如何运作的。反之，需要将思想和身体视作复杂、统一的生物，与其生活的环境中许多成分交织影响。此外，生物展现的行为或特质是无法通过各部件的累积效应来解释的。将人类或动物简化为部件的组合，或将具体环境中的个人视作生物上的有机统一体，并与周边环境发生关系，这是完全不同的两种看法。但是两种观点都有助于更好地了解人类的思想和身体，对于人类和动物的行为进行全面了解也是必要的。

哲学家们在争论科学本身在多大程度上造成对人性解释的扭曲，或者说对于人类行为机械化和生物化的趋势是否源于对于科学发现的扭曲解释。答案通常取决于具体的个案。同时，承认扭曲的存在是第一步，我们可以继续分析生物技术对于改善人类行为究竟是适当还是误区。

修复设计缺陷

我们除了必须要了解机械化和生物化这一科学趋势外，还不得不应对利用这一方法揭露人类缺陷并进行治疗的趋势。几千年前就有关于人类生来不足的思想。基督教采用原罪的形式来说明这一问题，首次提出原罪的是依勒内斯（130—202），后来希波的圣·奥古斯丁（354—430）进行了更全面的阐释。在基督教教义里，上帝按照自己的样子创造了完美的人类，但是因为他们在伊甸园的错误行为，亚当和夏娃将原罪传承给了他们的后代。

弗里德里希·尼采（Frederich Nietzsche，1844—1900）在《道德的谱系》中写道："太长的时间里，地球是一个精神病院。"对此我们也时常感同身受。

当代对于个人行为的分析普遍归因于神经动机。精神医生和专家经常使用的《精神障碍的诊断与统计手册》(2013 年更新，第五版）长达 900 多页，甚至还包括用医学方法处理因正常的衰老过程产生的忧郁和轻微认知障碍。

丹尼尔·卡尼曼(Daniel Kahneman)、马尔科姆·格拉德威尔（Malcolm Gladwell）和丹·艾瑞里（Dan Ariely）在其畅销书中描述了明显主导人类判断的缺陷性思维习惯、常规错误或偏见。这些烦人的心理问题会使人质疑这些是不是真的很糟糕的决定。一些心理问题，尤其是与快速判断相关的错误可以看成是适应性特征，而对概率的误判和不自觉地倾向于现状的偏见等问题可能只是认知上的缺陷。

心理习惯使我们擅长于对直接危险做出快速响应，而不善于分析长期的风险。对靠近的狮子做出"或战或逃"的反应使我们的祖先在非洲大草原上得以幸存。快速反应或"快速思考"帮助我们毫不迟疑地适应不断变化的环境。

慢慢思考，利用理性对问题进行分析，有助于改善一个人判断的质量，但是需要时间，精力和磨炼。如果没有具有说服力的理由，人们通常不会耗费大量精力去解决难题。

承认我们每个人存在认知偏见要比想办法来阻止偏见以不恰当的方式干扰个人判断更容易，比如通过肤色来评价别人。大多数人擅长对某一个人的痛苦做出情绪上的反应，但是却不能放大这些情绪反应，容纳更大人群的痛苦。

心理偏见和认知缺陷的心理修复通常会导致创造新的补偿习惯，或者认识到当前环境对我们产生了误导，从而改变现有的习惯。不幸的是，对缺陷进行行为上的修复所取得的成果十分有限。根除根深蒂固的坏习惯绝非易事。有缺陷的判断不仅仅源于长期积累的习惯，还在于内在的特性，后者更难改变。心理和行为修复的失败是道德增能的支持者认为可以通过生物化学或基因手段改善人类行为的一个原因。某些药物可用来帮助改善行为，假设这符合个人的意愿。但是如同一个运动员在使用激素药物的同时还需加强训练一样，促进行为改善的药物也只有通过意志和努力才能发挥作用。

人类的许多缺陷是由于进化过程中留下的物理特征。比如说，视觉盲点就是一个缺陷，腰背部问题，过于复杂的脚，以及脆弱的膝盖都是自然进化过程中为我们四足动物的祖先所选择的特征。直立行走在进化过程很晚的时候才出现。真正有远见的工程师应当现在就应提前规划，如何应对因现代医学寿命延长造成长期站立对人类关节形成的持续压力。

老年男性不得不和尿道堵塞、前列腺肿胀做斗争，这充分证明了没有神圣的创造者存在，或者说这位创造者具有奇怪的幽默感。女性也不得不因为生殖器具有多项功能并且邻近直肠而造成的尿道和膀胱感染烦恼。新生婴儿要穿过狭窄的产道，造成母亲分娩的极端痛苦。

从现代的角度来说，喜欢吃甜食以及咸的高脂肪食物是功能失调的前兆，值得引起重视。在自然界中，很难得到这类的食物。要躲过寒冷和饥荒取决于储存的脂肪，满足我们祖先的愿望对我们来说就是诅咒。在物质丰富的当今世界，糖、脂肪和盐，炸薯条和冰激凌是身体的负担，但却是原始社会的狩猎采集必须的。

在现代社会的背景下，任何表现出不正常的个人特征都为重新设计人类提供了一个很好的理由。事实上，关于需要对人类身体和智力进行升级的呼声原因就在此。对人类进行升级设计究竟是一个科学处方还是对于科学事实的其中一种解释，这很大程度上取决于一个人对于科学事业的理解。

技术乐观主义者已经非常大胆投入到今天的精神危机中去了，并且建议通过技术手段继续进化的进程，认为这将带来新的希望和意义。而另外一些批评科学的人认为他们才是意义的仲裁者，重申他们相信人类的独一无二性，反对对人性进行修补或升级。

持中间立场的人接受某种形式的自我完善，但要求对每种生物医学增能的方法进行关键性的检验。亚里士多德建议我们选择中间道路通向美好的生活和幸福，也许我们应该采纳他的建议。然而，选择这三个中的任何一个方法的前提是假定我们对当下的精神危机及其实际影响有充分地了解，足以从众多虚幻的愿景中找准建设性的方法来解决这个问题。

当然，很多人已经并将采用生物技术来进行自我改善。这些方法是否好、可以接受或并不合适，很大程度上取决于对人性的看法。有关增能的辩论主要是关于谁来对人性进行定义的争论，从而确定是否增能，以及哪种增能是可以接受的。但是有一点是明确的，引用威廉·欧文·汤普森（William Irwin Thompson）的一句话："看起来我们要带着当初进入本世纪的人类自然特征离开这个世纪的可能性很小了。"

透过黑暗的玻璃

我最喜欢一个预测可以追溯到遥远的 1894 年。那一年，著名的物理学家和诺贝尔奖获得者艾尔伯特·麦克森（Albert Michaelson）宣称："看起来，大部分的大原则已经牢固确立了。"麦克森根本没想到他和他的同事爱德华·莫雷（Edward Morley）在 7 年前发表的一项研究成功直接导致了影响我们对物质世界理解的一场革命。麦克森 - 莫雷的实验虽然失败了，但这次失败的实验证明了以太——一种无所不在的稳定介质，曾经认为光可以通过它传播——根本不存在。这反过来迫使物理学家们重新思考牛顿假设的物理世界结构。科学历史学家认为麦克森 - 莫雷实验是爱因斯坦狭义相对论的一个起点，在其理论中并不是没有稳定以太的概念。

在历史的辩证发展中，每个新想法或观点要么是不完整的要么是扭曲的，随后会自动有一个对立的想法出现补充这种扭曲。论点与反论点之间的冲突总会找到新的解决办法或共同发挥作用。但是随着时间推移，这种合成的理论再次出现扭曲或固有的不完整性。这种合成的理论将被视作新的理论，这个辩证过程将一直继续下去。

在物理学史上，来自艾萨克·牛顿（1643—1727）所提出的模型，其中以太发挥了重要作用。通过证明以太不存在，麦克森－莫雷实验构成了一个反论点，挑战了当时十分流行的牛顿模型。在调和这些差异的争论中，一个新的合成理论出现了，即狭义相对论的理论，为构建宇宙结构的新模型奠定了基础。在过去的几十年中，物理学家苦于无法找到对于相对论无法完全对应的发现，也许其中某个发现就可能革命性地改变现在我们对于物理宇宙的认识。

因为人文和宗教的灌顶不能完全适应当前的科学认识，超人类主义作为替代方案出现了。科学和超人类主义的合成理论将形成一个框架，在该框架下对于人类进化的认识以及人类智力和行为的兴起可以得到充分的解释，只需要对很多的细节澄清后就足够了。但是，再仔细看这个问题，科学和超人类主义合成理论也存在不足之处。例如，大多数神经科学家并不认为思想的计算理论足以充分解释大脑是如何工作的。虽然我们对于神经活动了解了很多，但是大脑是如何工作并促进思想和意识的出现，对于大多数神经科学家而言仍是一个谜。正如阿尔伯特·麦克森的预测所言，目前的框架还没法做到。

本章提到了一些补充的想法，可能帮助形成新的合成理论。目前，仍不明确新的合成理论是建立在超人类主义愿景之上还是会推翻该理论。在目前这个阶段的认识中，我们只是瞥见了一些需要被整合到一个更全面框架中的一些重要因素。正如《格林多前书》第一部所说："我们正在通过一个黑暗中玻璃朝外看。"只要有一点耐心和谦逊，慢慢地我们肯定会看到更多的光会洒在玻璃上。

本章还标志着我们叙述的轨迹慢慢从强调新兴技术带来的风险转移，开始将重点放在如何解决和管理风险。寻找解决方案过程在最开始阶段，应当打消认为我们的预测就能带来改变的想法，这只会阻挡我们寻找替代的行动方案。超人类主义的愿景着重创新工具和技术的核心作用，且依赖于技术的不可避免性。超人类主义对放慢技术增能的步伐并不感兴趣。要化解超人类主义愿景的影响，我们首先要考虑替代方法。下一章将讨论推动军事武器装备发展以及推动医疗保健行业永无休止地扩张的背后力量。

第十一章　超级武器与技术风暴

阔步前进的游行示威人群看到一辆军绿色的悍马开过来，停在了 200 码之外，车顶上装着大型的八角反射器。在视频画面和操纵杆的帮助下，悍马驾驶员可以确保反射器冲着不可驯服的示威人群。他按下操纵杆上的按钮，片刻之后，示威人群中哪怕是再有男子气概的人也逃散了。

这种武器发射灼烧 / 疼痛射线（委婉地命名为主动拒止系统），是雷神公司为美国国防部开发的一种非致命人群管理武器，并于 2007 年第一次进行演示。初始两个系统的开发预算为 6377762 美元。

2010 年在阿富汗部署了一台主动拒止系统（ADS），该武器一直争议不断，据我所知，从来没有在战争中使用。不过，雷神公司开发了一个小型的 ADS 武器系统，命名为沉默的守护者，并向执法机构进行推销。

ADS 是新型定向能武器的一种，这些武器着重利用不同形式的能量：微波、无线电波、激光或粒子束等用在各种用途上。比如，目前正在开发使用激光武器击落来袭的超音速导弹和无人机。1998 年，关于禁止在战场上使用导致士兵和平民致盲的激光爆炸的国际禁令生效。到 2014 年 9 月，103 个国家批准了协议，将致盲激光器列为不应该使用的武器之一。

ADS 的关键在于微波。家用微波炉在较低的微波长度即 2.48 千兆赫可以运行，能使一个土豆熟透。ADS 发射的微波光束在 95 千兆赫，这将仅刺穿皮肤 1/64 英寸（0.4 毫米）的深度。据志愿实验者称，ADS 让人感觉一种炽热的烧灼感，实际上却并不存在热量。研究表明，这种强度的微波不会造成永久损伤。但是，仍有担忧 ADS 是否会损害眼睛或造成二度烧伤，特别是对于无法迅速逃离现场的残疾人。也有人争议使用 ADS 是否可以被看作是一种酷刑。酷刑是《武装冲突法》中众多禁止项之一，该法律是国际商定的一套规则，对战争期间（战时法）可以接受的行为设定限制。

使用非致命热射线驱散暴民应当被视为一个可以接受的做法还是违反了国际人道主义法？可以或应该采取什么行动阻止赞助恐怖主义的国家停止开发大规模杀伤性合成生物武器？军方是否可以自由地提升作战士兵的能力？NeXTech 公司对这些问题进行了考虑，并开发了一系列独特的战争游戏，探索新兴和未来军事技术的利用。

基本的场景都很熟悉，但是考虑的军事手段是新的：网际和生物武器，无人机和陆基机器人，增能士兵，定向能武器包括可以摧毁所有电子设备的电磁脉冲（EMP）。

布鲁金斯学会的学者和畅销书《操纵的战争》的作者辛格（P.W.Singer），与 Noetic Group 顾问公司举办了一系列研讨会。美国国防部的快速反应技术办公室赞助了战争游戏的开发。军事规划者很感兴趣的是，这些新的高科技武器是否能像当年飞行器和潜艇的发明一样改变游戏规则。第一次研讨会探讨了指挥官、战地军官和士兵是否认为这些新兴的军事技术是有效的、实际的，或者具有战略用途。另一次研讨的重点是新兴的军事技术的使用如何不被敌人察觉。例如，无人机袭击增加了基地组织招募人员的势头，这是军事规划人员意想不到的结果，但是在部署其他创新武器之前这应当成为考虑在内的因素。

我有幸参加了一次研讨会，汇集了公共政策、国际法和伦理学等领域的专家。我们普遍认为，使用 ADS 违反了"武装冲突法"（LOAC）。《武装冲突法》规定，永远不能将目标对准非战斗人员，哪怕出于好意。但是，如果恐怖分子混入示威者人群做袭击准备怎么办？这个问题很复杂，1949

年"日内瓦公约"确立了《武装冲突法》基本原则，认为在针对武装分子做出成比例响应过程中导致非战斗人员受伤是可以接受的。但什么是成比例的响应，这是战争伦理学中一直存在争议的难题。当有机会用无人机一举歼灭恐怖主义组织高层时，没有去估算究竟多少数量的平民死亡是可以接受的。

政治、法律、伦理往往搅和在一起，好像是三者存在共同语言，但是每一领域强调的问题大有不同。举例而言，伦理学家特别擅长强调人文方面的问题，如违反特定社区的社会价值观。律师从现有的国际人道主义法的角度来评判技术。政治分析往往基于实际或政治因素，并不考虑伦理学家和法律专家的评判。在选择最后的行动方案时应当全面考虑上述因素，但很少见。

我一直记得研讨会第二天结束之前就一个问题进行的特别交流。我们正在讨论如果在某个特定日子遭受到恐怖袭击的严重威胁，可以采取什么办法应对，当然并没有设定会针对哪一个美国城市。这一假设是针对最近恐怖组织在一个欧洲城市发动的袭击，导致100多人死亡的事件。

我们讨论了各种方式来向预期的攻击做出响应，但所有选项都似乎存在问题。这时候一个在场的记者说："我们应该什么都不做！"虽然这是一个搅局者插进来发言，但是整个房间顿时安静下来，大家陷入了沉默，开始思考这个似乎很理智的提议。这时候美国海军学院网络安全方面的教授、退役上校马克·黑格罗特（Mark Hagerott）打破了沉默，说道："总统不能这样做，他会被弹劾的。"

马克·黑格罗特说的当然是对的。其他各国的总统和领导人都会采取许多行动，从政治上证明自己在守卫国防和国土安全方面的强硬立场。他们不得不这样做，虽然有些政策是不明智，因为万一出了什么问题，反对派和公民会责怪他们。自2001年9月11日以来，这样的思维导致了战争，国土安全、监控体系对于社会和基本民主价值的破坏力比恐怖主义威胁还严重。伊斯兰国（ISIS），一个激进的伊斯兰"国家"在伊拉克和叙利亚的崛起。在努力营造安全港湾的过程中，我们已经让身处的世界更加不安全。这种情况将继续延续下去，直至民众能够接受一定程度的风险，当恐怖主义事件发生时，不会自动地归罪于他们的政府。在此之前，政界和军界领导人只是做好自己的工作而已。

令人遗憾的是，政治和军事领导人承担着如何避免未来遭受恐怖袭击的压力，这带来另一个令人不安的影响。尽管我们期待领导人在接受新技术时能控制好节奏，不要贸然行事，但他们往往反其道而行之。

事实上，技术风暴的主要驱动力来自于对安全和防御的未雨绸缪。正如斯诺登所透露的那样，美国国家安全局利用信息技术收集了前所未有的大量个人数据，这些数据以前都认为是个人隐私，不容侵犯。美国进行了大量的投资，开发先进技术进行大数据分析，在信息的海洋中寻找有价值的银针。

此外，美国国防部每年投入数十亿美元，资助先进武器装备的研发。2014 年美国国防部高级研究计划局（DARPA）预算是 28.17 亿美元。这笔钱赞助的研究大部分是秘密的，比如：人工智能、网络战、无人武器系统、激光防御系统，以及 21 世纪士兵增能等。光是 DARPA 的投入就将产生巨大的影响，而现在很多国家都有研究前沿技术的机构。

推动技术风暴的其他因素包括在医学领域的研究，以及非医学领域的科学和工程研究。政府资助一些研究项目以改善公民的生活，保持竞争力，希望更好地了解我们所居住的世界，也能提高政府预测和防范未来威胁的能力。但这种趋势不仅限于政府行为，非政府基金会也在花费大量资金资助一些项目，开发新的手段解决全球健康、贫穷、和平方面的问题。保持竞争力还需要很多企业在研发方面制定合理预算。

按照逻辑继续推动这些风暴的驱动力似乎无可厚非。我们怎能不竭尽全力通过寻找疾病的治愈办法用以减轻病人患病的痛苦，比如癌症和阿尔茨海默氏病人的疼痛和痛苦？难道不是防御薄弱的帝国最后都被毁灭了吗？难道不是养兵千日用兵一时，未雨绸缪非常重要吗？企业领导者对他们股东的责任和承诺就是通过创新增加利润，科学家们自然而然应当去努力了解世界并从事创新活动推动技术的进步。

上述这套理论的逻辑，以及它们对于目前发展趋势的支撑令人觉得发展不可避免，技术发展的速度和轨迹不可更改。发挥作用的力量有不可阻挡的势头。然而，个别行业的增长可能受到替代技术的影响。汽车的出现导致马和制作马鞭的行业消失，电影和照片处理已被数码摄影取代，报纸出版也在做垂死前的挣扎，努力重塑传媒行业。

国家首脑和立法者很快发现自己的力量有限，无法改变科学发现和技术创新的势头。预算可以增加，但难以降低，特别是一旦一个行业变得根深蒂固，并为政治选区提供就业和带来经济增长。新的合资企业，如欧盟和美国政府资助的大脑研究项目很容易启动。开展新的技术创新事业最大的困难是如何说明能带来长远利益，并在已经紧张的预算中找到资金支持。

悲剧可以减缓一个产业的发展势头，或者至少对于该产业的一些重要论断提出质疑。1957 年至 1961 年间孕妇服用沙利度胺，累积造成全球超过 1 万名婴儿出生时四肢畸形等缺陷，之后监管部门对于不受控制的药物推销行为严加控制。在美国，医药行业曾长期抵制成本昂贵的新药测试，但沙利度胺悲剧催化了美国食品和药物管理局支持对药品实行认证制度。为了确保创新药物和设备安全，需要经过大量的测试。合成生物体或自动机器人设备未来也可能带来悲剧性事件，这需要联邦政府对这些行业加强监管。

灾难性的事故导致公众不再愿意支持一项影响广泛的政策或大型政府项目。以前有一段时间人们很少对假设方案提出质疑，直到出了问题才去补救。现在这种情况很少，但可能以后会经常发生，不再因为危机而被迫采取行动的能力是一种聪明的表现。

许多基本假设是如此根深蒂固，很少会有人质疑。军事工业研究设施以及医疗学术研究设施等例子就足以说明这一点。

如果我们不采取行动，他们会的

1939 年 7 月 12 日和 8 月 2 日，匈牙利物理学家里奥·西拉德（LEO Silard）（1898—1964），从他新泽西的家前往探望他的朋友和同事爱因斯坦，爱因斯坦正在北福克长岛的小屋度假。西拉德描述了他和费米（1901—1954）已开始使用铀作核链式反应实验。这个实验将证明制造核弹的可行性。爱因斯坦用德语说，他没有想到这种可能性。西拉德继续说，他和其他同事认为纳粹德国物理学家如他们的同事维纳·海森伯格（Wener Haisenberg）已经开始实施制造原子弹的计划。

他第二次拜访爱因斯坦时，拿出了两封给罗斯福总统的信稿，准备告知总统核裂变能制造威力巨大的炸弹，他们怀疑德国已经在开始开发这样的武器。爱因斯坦在信上的签字意义非凡，不仅因为他是世界上最著名的科学家，也因为他是有名的和平主义者。罗斯福总统读到了爱因斯坦签名的那封信，这直接导致罗斯福授权制定曼哈顿计划，该计划斥资20亿美元（相当于 2015 年的 270 亿美元），最多时有 13 万人在工作。

1945 年 7 月 16 日上午 5：30 第一颗原子弹试验的时候，德国军队已经在 2 个月前向盟军投降了。后来的文件显示，德国早在 1942 年研究认为关于核裂变的研究对他们的战事起不了帮助作用。讽刺的是，纳粹放弃原子弹研究的时间与曼哈顿计划启动的时间差不多。随着德国投降，用于制造炸弹的初始理由消失了。尽管如此，美国 1945 年 8 月在长崎投下了第一颗原子弹，然后第二颗扔向广岛。爱因斯坦后来非常后悔当时在信上签了名。

西拉德既不是第一个，也不是最后一个相信必须在敌人之前建成先进的武器系统。世界各国为未来战争和国家安全做计划的部门，或是军事战

略家们的想法和西拉德如出一辙，都会支持类似武器的发展。如果一个潜
在的敌人已经发起了一个计划，我们这边必须跟风，以跟上时代的步伐。
当然，我们的对手也会得出同样的结论，必须跟上我们的武器发展计划。
这些想法周而复始，不言而喻。

很少有国家能与美国在基础和探索性研究的资金支持方面相提并论，
这些研究主要用于发展和论证创新武器的可行性。换句话说，美国是推动
军备竞赛加速升级的主要推动力。DARPA利用其充足的预算推动军工科研，
其中大部分是两用的，意思是也可以用于非军事用途。在20世纪40年代，
美国的证明核链式反应能够得到控制，并制造了威力空前的炸弹。对这一
概念的验证，研究发表的文章再加上间谍搜集情报，苏联用很少的成本复
制了这一壮举。无人机的部署和快速普及则是更近的一个例子。

保持领先或与潜在对手保持同等步伐的逻辑基础是薄弱防御的危险之
所在，力量强大将对更弱的对手形成威慑，实力相当则相互恐惧，因此技
术占优势者将占据上风。这三种想法都存在缺陷。基地组织和ISIS武装分
子从来不会因美国压倒性的军事优势被吓倒。相互确保摧毁并没有阻挡苏
联核军备竞赛的步伐，技术霸主地位并不能替代良好的战略规划。

新的武器系统既能提高安全、破坏微妙的地缘政治平衡，未来可能增
加更多的军备控制协定。1988年，第一艘装备三叉戟导弹的俄亥俄级潜艇
的出现是动摇冷战的一个转折点。三叉戟显著缩短了发射到打击的时间，
如果美国打算先下手打击苏联是有优势的，但是一个严重的缺陷是，不利
于苏联确定打击是实际发生了还是错误警报。苏联领导人没有时间或用很
少时间可以将其纳入决策过程。因为对虚假数据的积极响应，启动核战争
的可能性增加。20世纪90年代，人类的未来竟然取决于苏联的计算机技术、
传感器和预警系统的状态。现在回想起来，据有人透露这些系统都存在严
重缺陷。

军事规划的复杂性远远超出了本书的范围。但有两点值得提出来：首先，

采用技术解决方案应对军事挑战已经迅速取代通过制定完备的战略应对地缘政治紧张局势。国际安全研究专家丹尼斯·葛姆雷（Dennis Gormley）正确地指出，美国建立快速打击洲际导弹部队存在战略缺陷，并对军备控制产生负面影响。他写道："在一个小时决策时间内快速使用高精度洲际战略导弹的观念有力地证明了，长期以来，美国偏好技术解决方案，而排斥清晰的战略思维。"

其次，在军备竞赛中保持领先的逻辑不会带来最终结果而是最终毁灭。变革的步伐不断地加大，对于未能预料到的后果没有限制。军事规划者提出要构建天网，这将带来什么结果？在《终结者》系列电影中，天网是人工智能军事系统，最后具备了自我意识，通过半机器人和战争机器要铲除整个人类。天网目前还是虚拟小说。尽管如此，一个旨在保持军事优势的政策怎么会背离了持续不断升级武器系统，这些武器系统应当得以控制，从而不会威胁人类的生存。如果没有一个公认的转折点，谨慎会占据上风吗？是否有必要制定一个有效的措施制衡高技术武器装备的扩张？

新的前线是网络战，与常规战争相比对人生命的破坏性较小，但是可以导致关键基础设施和核心机构崩溃。用于破坏伊朗计算机系统的"超级工厂"病毒（Stuxnet）经常被称为第一颗网络炸弹。但是，事实上，现在俄罗斯、美国开展的网络破坏和情报活动已很平常。任何依赖信息技术的都带有安全隐患。例如，2013年，Target计算机系统中的4000万信用卡号码被窃取；2014年，黑客从摩根大通计算机窃取了8300万个包含客户数据的账户。

这突出了一个简单的事实：我们的资产并不安全。有时候是犯罪分子在利用计算机漏洞获利，有时是有些国家的政府为了建立战略优势，或窃取工业机密。

在这个依赖信息技术的世界里，一颗原子弹在大气中爆炸产生的电磁脉冲（EMP）能够摧毁很大一片地区的电子系统，所以这样的世界并没有多少安全可言。威胁进行反击可以作为使用 EMP 的威慑手段。但是，非国家行为者或被遵守规则的国家可能不会觉得受到同等的限制。不幸的是，安全是有限的，依赖于技术魔力的世界没有安全港。

支持发展高新技术武器装备的逻辑是站不住脚的，但是质疑其核心论点的意愿也同样很薄弱。在五角大楼和北约，对武器系统不断扩张的质疑仍臣服于占据统治地位的思维定式，即完全是关于如何制定有效的战略，以使这些武器履行其使命。只是偶尔会对某项任务是否有价值的问题进行全面的分析。难道目的真的能够说明采用这些技术手段所造成的后果是值得的吗？

强大的既得利益集团会打击任何有勇气质疑当前的国防和安全政策是否合理的任何人。2013 年，举报人爱德华·斯诺登（Edward Snowden）开始泄露大量他在美国国家安全局工作期间拷贝的机密信息。对此，奥巴马政府竭尽所能阻止他找到安全避风港。斯诺登事件远非一起简单事件，它的确做到了让美国人民认识到我们的政府在搜集这么多的个人数据。无论一个人是否信任某一政府当局，信息技术所提供的工具可被以后的政府用于破坏公民的权利。

有时候头脑清醒的人也能占上风。1982 年，一系列的事件导致全世界刮起了核冻结运动的强风。乔纳森·谢尔（Jonathan Schell）出版了《地球命运》一书，并在《纽约客》杂志上进行连载，对核冻结运动的形成产生了不同寻常的深远影响。他在书中清楚地论证了核军备竞赛荒谬的逻辑。我们希望类似的良性拐点能够出现，以帮助我们在质疑构建未来军事技术背后的逻辑。

普通公众对于武器装备研发的三个核心问题很关心：1）它是否会让我们更安全？2）军队所做的是否能保障我们的权利？3）如果军事技术也可以转为民用，我们的社会会发生什么变化？这三个关切能让我们质疑为什么要依赖技术解决方案来获取安全保障。

保健广告的荒谬

军队不是唯一一个总是要求更多创新技术的领域，医疗保健也一样。新的工具和治疗方面的开支是医疗费用不断上涨的主要原因。每年的增长率都有波动，但平均年增长 6%~7%，未来几十年还将维持这样的高速增长。医疗保健经济学家一致认为，全年上涨的医疗服务费用的 50% 可以归因于新技术或旧技术的集约利用。在美国，医疗保健在 2012 年达到 GDP 的 17.9%，而在这个 10 年结束时将超过 GDP 的 20%，这种荒谬的不平衡势态是不可持续的。齐克·伊曼纽尔（Zeke Emanuel）以前在奥巴马政府负责医疗改革项目，目前在宾夕法尼亚大学，他指出，美国的医疗保健业是世界第五大经济体 ， 比法国的国内生产总值还多，比经济强国德国的国内生产总值只少了 5000 亿而已。

从金钱的角度来讨论医疗保健可能会被斥为低估了尽最大努力救死扶伤的重大意义。毕竟，治病救人难道不应该是高于一切的优先事项吗？但是，大把金钱花在了医疗技术上，势必会挤占其他重要事项目标的实现，包括教育、福利和安全。此外，美国显然在医疗方面的支出比其他一些国家少。大量的资源，包括时间和智慧，都消耗在维持臃肿、混乱的医疗研究机构上，在很多方面都无法为所有公民提供适当的照顾。

虽然也有一些新开发的药物救人性命的感人故事，但事实的另一面是无情的数据传达或坏或好的消息。例如，过去的 30 年美国结肠癌和直肠癌死亡人数在缓慢并逐步减少，但这些疾病的治疗成本不断上升。从 2000 年至 2020 年，美国结直肠癌治疗成本上升了 89%。

高科技设备的可用性和诉讼的威胁已导致美国医生预定越来越多的昂贵的诊断测试。大多数医生知道，他们所要求的测试对病人的治疗来说没什么必要。但是，在一个充满诉讼的环境里，他们还能怎么做才能保护自己和医院呢？医生和医院的保险费很高且不断上涨。在其他许多国家，药品社会化或对于误操作裁决罚款设定上限可以使医疗成本处于可管控状态。虽然这种政策可能对一些人不公平或不利，但很少或没有证据——比如，加拿大的医疗保健的质量（2012 年占其 GDP10.9%），比美国差。有些人会认为比美国好，因为至少覆盖所有加拿大公民的基本医疗需求。

更多的研究将带来更好的技术，更好的医疗服务，并更加明确哪些治疗是最有效的，并集中必要的资源。反过来，研究的发展会导致成本螺旋式上升。开发新的治疗方法是昂贵的，企业必须有一个机会来弥补和补偿他们的投资。因此，新的药片即使造价不高但会售价昂贵。许多新药物的出现增加了保险商的整体支出，而新的昂贵的诊断、手术或健康状况监控工具的数量也导致医院预算增多。一台协助进行外科手术的达·芬奇机器人价格约为 1.5 万 ~ 220 万美元。此外，虽然有些手术无需机器人协助，价格更便宜，但是患者还是会要求使用最新的设备。

一方面，对每一项有前途的医学研究提供资金过于昂贵；而另一方面，也有很多能够且应当进行研究的项目由于缺乏资金没有启动。例如，医院和保险公司都希望提供功效已通过适当调查已被证实可行的治疗，但许多以检测结果为基础的医疗保健所必要的研究尚未开展，这就是医疗陷入的两难困境。强调医疗费用上涨造成的财政危机可能危及医学研究领域的投资，而后者对于提供新的治疗义务和分析现有医疗方法是否有效十分重要。

几十年前关于更好的技术可以降低医疗保健成本的预测竟然是错的。在其最新的版本中，这种预测与相信医学处于解决人类所有疾病的边缘的看法相互纠缠。技术乐观主义者认为，科学发现节奏的加快意味着很快将实现长寿、健康的生活。此外，他们争辩说，基因测序、功能磁共振成像扫描和其他诊断工具的成本呈指数下降意味着医疗服务的整体成本将下降。

有关正在开发的新技术综合起来将降低医疗成本的话是值得怀疑，甚至愚蠢的。医疗保健的成本不断攀升目前还看不到止境。实现了一个梦想又派生出新的应用，往往价格昂贵。想一想《纳米机器》的作者罗伯特·

弗雷塔斯假想的其中一种纳米机器人呼吸细胞（respirocyte）。呼吸细胞如果能够被研发出来，将作为人工血细胞，与血球大小大致相同，只是更加高效。

每个呼吸细胞将携带的氧是血细胞的 200 倍以上。从理论上讲，他们可能使人们在水下没有氧气瓶的情况下待一个小时，心脏病发作时还可以开车到医院，跑完马拉松不会感到肌肉疲劳。开发呼吸细胞的成本可以做合理性解释，这是一项具有特殊应用价值的基础研究。但是，一旦开发出来，怎么分配？会不会每个人都会拥有一小瓶呼吸细胞的权利，以防万一心脏病发作，如果是的话，代价是什么？每一个新的医疗技术都会带来成本和公平分配的问题。虽然一些药物随着时间的推移越来越便宜，但大部分都没有。即使价格下降，随着该技术需求更广泛，累计的成本仍是上升的。

特别是临终医疗护理方面如何分配最新医疗技术是最敏感的问题。生命最后两年所需医疗服务比其他任何时期要多。欧洲和加拿大根据有限的预算合理在分配医疗保健方面制定了比美国更高的办法。但是在所有国家都有一个自然的愿望，就是让亲人接受最好的治疗。比如以极其高昂的代价延长几天甚至几小时的生命时间。

常识表明有必要找到方法通过确定针对配给服务的各种方案对医疗保健费用进行遏制。只需做做研究确定程序有用或有必要，然后支持不愿意这样做的医生及保险工作，或赞助其他的程序制定。一个更合理的医疗体制将需要政府更多的监督，正如美国关于医疗法案（奥巴马医改）所进行的辩论可以看出这是一个政治性很强的话题。

当一个家庭成员、朋友或是自己的健康处于危险之中，我们头脑就不会那么清醒和理智了。情感和政治因素阻碍了任何合理的医疗改革。医疗系统的任何变动和改革都要求质疑维持现状的价值何在。例如，如果临终护理取决于活着的时候生活质量如何衡量，或者说一个人爱的深度就是不允许身患绝症的心爱之人死去，那么带着尊严而死就是第一个受害者。换句话说，支撑当今医疗系统的价值意味着需要权衡和妥协，其他的选择也可以予以重视和考虑。缓和采用新技术的速度不代表减少了对所爱之人的关爱。只是对什么才是真正的关爱态度不同而已。

我们还有多少时间

必须采用许多不同的策略来有效地管理新兴技术带来的冲击。但是首先要质疑推动技术风暴加速前进的价值取向和假设。只要认识存在这些潜在的假设就是一个良好的开端。这种认识使人接触到与这些假设有关的各种力量，并开始从最小的程度逐步开启缓和这种力量的进程。如果我们只能同意必须要建立任何想到的武器系统，或者说资助每一项有前景的医学研究，会造成什么损失呢？

例如，一个年事已高的阿姨生命得以短暂的延长要比让一个年轻的侄女接受良好的教育更重要吗？还有重建破旧的基础设施、建造高速公路桥在大家的重要事项清单中又占有什么位置呢？

不同体制结构对价值的轻重缓急排序不同。对挑战做出不同的响应不一定是孰对孰错。他们往往只是体现了不同的价值理念，哪一种都可能被判断为可以接受的。群情激昂，所以对于医疗保健和国家安全领域的利弊权衡讨论是困难的。防御小行星撞击地球这个例子说明，做出一个艰难的选择并不一定意味着在正确或错误之间进行了选择。

2013 年 2 月 15 日，俄罗斯车里雅宾斯克上空发生了流星爆炸，这起事件毫无预警，大约有 1500 人受伤，主要是因为被声波震碎的玻璃片划伤。如果陨石直接命中车里雅宾斯克，会导致 100 万人口消失。这颗流星不在美国航空航天局空间防卫项目跟踪范围计划内，该计划严密监视着小行星带，以确定什么时候这些小行星会撞击地球。美国航空航天局表示，他们对轨道距离地球很近的 120 米或更宽的小行星进行监测，其中的 90% 将会很快监测出结果。车里雅宾斯克陨石太小，难以跟踪，虽 17 米宽，但重达万吨。

空间方位项目计划用导弹将直径为 1 千米以上的小行星摧毁或改变方向。这么大的陨石将把芝加哥或罗马大小的城市夷为平地。大约每 300 年会遇到这么大的小行星撞击地球。每 1 亿年左右，会有一个直径 10 公里或更大的小行星撞击地球，这种情况下，会导致人类灭绝。

6500 万年前，据传说小行星撞击了地球上的尤卡坦半岛，导致恐龙的灭绝。考虑很快发生这种大灾难的概率很低，现在就投入巨资抵御这类事件是否明智呢？或者说假设明年就发生了，并导致人类的灭绝，我们是否要加大资金投入，以破坏或更改大流星或彗星的轨迹呢？

又假如，我们是否应当加速技术研发以应对彗星撞击地球带来灭绝人类的危险，这是否要比癌症研究更为重要？虽然发生概率很低，但是一旦发生会造成严重影响的，我们应当如何做好准备？这些问题到现在为止都还没有好的解决办法。这只是在众多选项中做出艰难的抉择，到底哪样的价值或价值体系来指导我们的行动。

航天部门没有忽视可能会发生人类灭绝的事件，但是这并不能回答到底应当投入多少精力和资金来对抗风险。它也没有解决说服政策制定者承诺为避免这种低概率事件的研究项目投入资金。立法者都出了名的短视，除非他们确信这笔资金将花在他们所代表的选区。此外，除了这种事件发生的概率低外，立法者还可以找到其他的大量理由来拖延资金的拨付。其中一个理由可能是，将来会找到技术解决方案，比如发明反重力装置，将大的陨石的方向进行调整，从而不需要使用核导弹。

再没有比一个差点就没躲过的小行星更能让政策制定者们关注这个问题了，比如车里雅斯克事件。在该事件之前，已经提出了各种小行星的防御方案，但是现在，其中的很多方案可能得到资助。2013 年 10 月，联合国大会工作组通过了小行星和彗星防御协调国际计划。该计划包括成立联合国国际小行星预警工作组，以及成立顾问小组进行规划改变小行星轨迹的太空任务。识别更大的小行星和它们的轨道是首要任务。为此，2018年将发射一个私人资助的太空望远镜致力于寻找和跟踪100万个以上的小行星。

一个有趣的方案是，直径为1千米或更小的陨石的轨迹会因为位于附近的航天器的引力导致方向改变。迄今为止，这一理论尚未经过测试，虽然支持者呼吁在2023年启动一项小行星偏转国际示范项目。每一项战略的推出都需要权衡是否其他问题也需要资金支持。

一旦危险的小行星被确定，就可以在它撞击地球之前改变其轨迹。即使这样，也会有政治和技术方面的挑战。在慢慢改变小行星轨迹的过程中，它实际上将撞击地球的地点进行迁移或跨越国界。例如，俄罗斯同意允许向欧洲方向撞击的小行星被转变方向一段时间，万一继续改变路径出了问题，落在了俄罗斯领土内怎么办？

小行星的路径可以提前几年确定，这段时间，只需要一个相对较小的推力来改变它的路线，使其不会落到地球上。改变彗星的路径是一个更加困难的挑战。一旦彗星进入太阳系，确定它的路径是否与地球相交并部署有效的应对策略，可利用的时间已经很少。时间少意味着需要更大的力量改变彗星的方向。换言之，对问题进行及早确定和处理，方向的更改更为容易。

小行星和彗星的轨道调整可以很好地用来形容任何技术发展轨迹的调整。甚至在外太空都存在转折点。提早采取行动，则重新调整已经展开的技术开发方向只需要较小的努力。及早行动争取了时间，降低了成本。但是，即使某项潜在有害的技术开发过程中出现了转折点，争取政治支持做出必要调整所要面临的困难也不能低估。

一些真正不受欢迎的事情，比如说世界经济崩溃，可能会完全改变"风暴"的推动力。如果没有这类的可怕事件发生，认为国防和医疗方面的研

究会大幅度减缓是天真的想法。但是，有些推动技术加速前进的力量源于
我们相信某些可疑的预测结果。对这些假设的核心进行质疑可以减缓这一
人为的技术发展势头。这一过程的第一步总是很难，即要认清这些假设，
又要有勇气摘下玫瑰色的眼镜。

第十二章　终止终结者

　　我的脑海里突然涌出一个想法，提议制定一项总统令限制致命自主机器人（杀手机器人）的研发，就好像这想法由来已久。这一天是 2012 年 2 月 18 日，我在里根机场美国航空公司出发大厅等待转机回家，我的目光穿过停机坪看到沿着波托马克河树丛中露出来的国会大厦圆顶和华盛顿纪念碑。突然间，就在那个时刻，这个想法产生了，我觉得有必要立即采取行动。在接下来的日子里，我写了一个提议，并开始到处游说我有关制定总统令的想法，该总统令的内容是：美国认为具有致命力量的自主武器违反武装冲突法。

　　几十年来，好莱坞已经为我们提供了充足的理由害怕战争的机器人化。但现在，无人机和自动反导弹防御系统已经部署，许多其他形式的机器人武器正在开发中，我们的转折点已经出现，必须立刻决定是否要走这条路。

　　对于很多军事策划者而言，答案很简单。无人机替美国成功地解决了隐藏在阿富汗和巴基斯坦偏远地区的本·拉登。一些分析者认为无人机是唯一的筹码，是美国及其盟友成功打击基地组织游击队的唯一工具。此外，无人机击毙了数量不少的基地组织领导人，且没有损失一兵一卒。另一个关键优势是：比传统的导弹攻击精确度更高，对平民的伤害更小。无人机在战争中的成功运用使得我们更加希望在"敌人"之前加快研制更先进的机器人武器。

　　在乔治·沃克·布什政府和奥巴马政府时期，美国的战争机器人化发展突飞猛进。随着一个又一个国家效仿美国军队，建立了自己的无人机部队。很显然，机器人战士将长期存在，这代表了未来战争转变的方向，相当于当年引入了长弓、加特林机枪、飞机和核武器。

　　现在还未确定的是战争机器人是否实现完全独立。他们是否会未经人类同意自己选择目标、扣动扳机？会不会出现机器人武器军备竞赛或将要限制可以部署的武器种类？如果没有设置限制，机器人的自然升级换代很容易发展到一个阶段，即人类丢失对战争的控制权。

　　我所设想和提议的行政命令可以在作为建立国际人道主义原则"机器不应当具有杀人的决定力"的第一步。伴随这个想法的是让总统签署行政命令，似乎从一开始就已确定。像许多梦想家一样，我幻想着这个愿望能很快轻松地实现。生活哪有这么简单。迄今为止，我都不知道是否我的建议或其他类似的推动活动是否会导致禁止致命的自主性武器的使用。但是，从第一刻起，我就很清楚设置禁令的机会目前还是存在的，但未来几年内可能消失。讨论的重点在于自主化杀人武器的开发是否是可以接受的。但是，从更大的意义上来说，我们已经开始了一个过程，决定人们是否要为机器采取的行动承担责任。

　　2010年10月，国际机械手控制委员会（ICRAC）在德国柏林召开的一次研讨会首次证实提出了禁止致命自主机器人。当时，ICRAC只不过是四个学者组成的委员会：于尔根·奥特曼（Jurgen Altmann），彼得·阿萨罗 (Peter Asaro)，诺埃尔·夏基 (Noel Sharkey)，罗波·斯巴鲁 (Rob Sparrow)。这次会议，他们组织了武器控制专家、国际人道主义法专家、机器人专家、成功组织过各种运动的领导人，比如成功禁止开发集束弹等武器，以及大部分曾研究过致命自主机器人的学者。我和科林·艾伦也受邀参加了这次研讨班，因为我们合作创作过一本书《道德机器：教机器明辨是非》。

自主化一词放在机器人的语境里是指能够在很少或没有人类接入操作的情况下，机器人能自主采取行动。美国在阿富汗和巴基斯坦使用的无人机都是非载人的，而是由人员远在千里之外进行遥控。这并不是我或其他人所担心的。千里之外的指挥官看到一个敌对目标近在眼前而做出射击的决定，这毕竟由人在决策是否射杀或摧毁目标。

但是现在越来越多的功能转移给了计算机系统。比如，2013 年，诺•格公司（Northrop Grumman）的 X-47B，这是一架亚音速原型航空器，有两个炸弹舱和一个 62 英尺的翼展，自主起飞、降落在航空母舰上。禁止研发和部署自主机器人的提议主要是确保在未来选择目标和扣动扳机时永远是人在做决定，而绝对不能授权给一台机器。必须始终是人类在发挥主导作用。

今天的电脑尚不具备做出歧视性的决策的智慧，如该杀谁或什么时机开枪或发射导弹。因此，禁止是在针对尚未部署或建成的未来系统。我们还有时间做出方向修正。尽管如此，已经存在了自治或半自治的傻瓜武器。例如，地雷是自主化的，一个人只要踩上去就会触发装置并受到伤害，而无需人类做决定。遗憾的是，很多时候是孩子绊到地雷。此外，防御性武器，包括反弹道导弹系统，如美国海军的密集阵（Phalanx）或以色列的铁穹（Iron Dome）可以在军事人员尚未来得及做出决定之前自主拦截来袭导弹。

禁令将可能不包括防御性武器，虽然很多时候，宣称武器系统是防守性还是进攻性的差别仅仅在于武器所指的方向。禁令也不会影响在已知的敌对区域部署自主性武器作为最后防线。三星 Techwin 公司开发的固定机器人可以击倒在分隔朝韩的非军事区（DMZ）任何活动的目标，该机器人自 2010 年起开始部署在那里，如果朝鲜意图派十万大军越过非军事区侵入南方，估计可以发挥不小的作用。

我所写的关于倡议就此发布总统令的提案只得到了很少的关注和支持。不过，我不是一个人在战斗。在 2012 年 11 月美国总统大选后不久，人权观察组织（HRW）和哈佛法学院国际人权机构也参与了这项努力，发表了一份高调的报告，呼吁禁止致命自主机器人（LARs）。

3个月后，人权观察组织和其他非政府组织联合发起禁止杀人机器人的国际运动。该活动旨在倡导全球支持一项包括机器人武器在内的军备控制协议。此外，越来越多的国际专家支持有必要控制机器人手臂。联合国关于法外处决、即决处决或任意处决问题特别报告员克里斯托夫·海因斯（Christof Heyns）在2013年的一份报告中呼吁，暂停研发致命自主机器人作为考虑通过一项国际禁令的第一步。

这些努力在推动世界各国政府对禁令予以重视方面取得了显著的成功。在2014年5月，联合国关于特定常规武器公约（CCW）在日内瓦举行会议，讨论自主武器带来的危险。117个国家加入了CCW，该公约旨在限制使用视为对战斗人员或平民造成不合理的损害的特定武器。2014年11月14日，CCW投票决定继续审议致命自主机器人，这是承认这一问题重要性的重要的第一步。

机器人武器的反对者争辩说，它们的使用可能降低开始新战争的门槛。自己部队的潜在损失一直是避免发动战争的几个主要的遏制因素之一。自主武器容易导致错觉，以为战争可以迅速启动并很快以最小的成本取胜。但是，一旦战争开始，不仅是士兵的生命还有平民的生命都难于幸免。

此外，关于自主武器决定杀谁以及什么时候开始袭击都可能意外引起战争。从操作的角度来看，如果机器人武器导致正在进行的冲突升级，或无差别地或不成比例地使用武力，也是很危险的。对于军事指挥官而言，自主系统导致战事升级的可能性代表着强大的指挥和控制力的丧失。

除了能挽救士兵的生命这个理由之外，还有其他两个反对禁止致命自主机器人武器的强有力的论据。首先认为LARs与其他替代武器系统相比是个不太致命的选项。假设LARs比其他现有的武器系统更精确，它可能会造成较少的平民伤亡（减少附带损害）。短视的争论还有，一旦许多国家都有机器人军队，这些根本不能纳入未来危险的考虑因素。战争的机器人化造成的长期后果可能远远大于短期效益。

第二个论点提出，未来的机器将有区别的能力，在选择和行动上比人类士兵更加道德。罗纳德·阿金（Ronald Akin）是佐治亚理工学院的机器人专家，他就持有这一立场。阿金一直在努力朝着这个方向进行程序开发，以使机器人士兵服从国际公认的武装冲突法。他认为，机器人士兵肯定会更好地遵守武装冲突法，因为"这部法律的要求如此之低"。他参考的是一项研究，结果显示人类士兵会对施加到他们同伴身上的暴行面不改色。

但是，在很短的时间里开发出在复杂情况下做出恰当判断的机器人可能性极低。例如，机器人不会善于区分战斗人员和非战斗人员，这点即使人类也觉得困难。然而人类在应对挑战的时候具备这一区分敌友的能力，这一能力是机器人难以模拟的。如果当机器人可以为自己的行为负责，成为道德行为者，那我们就可以开始讨论机器人是否还是机器，是否值得具备某种形式的人格。但战争可不是测试这种猜测和假设的地方。

马萨诸塞大学政治学教授查理·卡朋特（Charli Carpenter）2013年对1000位美国人进行抽样调查，结果表明普遍反对杀人机器人。总体而言，55%的受访者反对自主武器的发展，有39%强烈反对。换句话说，国内和国际公众都普遍支持这样一个禁令。但是如果没有一个受到社会大众持续且积极倡导的一项运动，政策制定者将以为对于禁令的支持是源于科幻小说产生的恐惧。有趣的是，70%的现役军人受访者反对完全自主的武器。尽管如此，军事规划者则保留了打造自主杀人机器的选项。

传统的以视察为基础的军控形式，并不值得作为限制机器人武器的参考。自主系统和需要人类采取行为的系统之间的差别只是一个开关或几行软件代码而已。这种细微的修改在视察的时候很容易隐藏，或者在视察员离开之后几天又修复之前的设置。

此外，军备控制协定可以永远谈判下去，而且也没有理由认为，谈判制定机器人武器的核查和视察程序会有所不同。致命性自主武器装备的不断创新也需要定期修订已被协商的武器协定。

禁令的支持者也反对力量强大的军工集团利用国防预算研制复杂机器人技术。武器生产是一个利润丰厚的业务，通过国防预算资助的研究往往可以卖给我们的盟国或脱离出来发展非军用技术。在禁令颁布之前的一段时间，将有一些在此有既得利益的国家和企业的联合，继续发展机器人武器装备，并防止任何限制其发展的打算。这就是为什么这个转折点现在是存在的，将来自主武器可能会成为主要大国制定国防战略时考虑的核心武器系统。

美国在 2014 年计划削减现役人员，增加军事技术的部署。航母上部署的轰炸机将有一半是无人驾驶的 X47 型。目前存在的限制致命自主武器的转折点可以很容易地在未来几年里消失。机会窗口保持打开的时间长度取决于是否有一场禁止杀手机器人的运动，获得足够的影响力来影响政府对这些技术进行投资的意愿。

关于 LARs 的国际禁令是必要的。不过，考虑到达成这样一个协议非常困难，重点应当放在强调使用这种机器是生死存亡的决定，并将负有道德责任。正义战争理论和国际人道主义法中有一些根深蒂固的概念认定某些活动本身即是邪恶的，比如罗马哲学家所谓的自然犯罪（mala en se）。强奸和使用生物武器就是自然犯罪的行为。能做出生存和死亡决定的机器也应列为自然犯罪。

机器无法进行区分，不具有同情心，不能做出合理的判断权衡实现军事目标与造成平民伤亡比例之间的关系。杀手机器人本身是自然犯罪，不仅是因为它们是机器，也因为他们的行为是不可预知的，不受完全控制，很难确定自主机器人行为的责任归属。将生存和死亡的决定委派给机器是不道德的，因为，机器不能对自己的行为承担责任。

自动驾驶汽车和责任

杀人机器人只是把人类的决策权交给机器的一个例子。越来越多的非自主计算机和机器人有可能破坏了人（个人或企业）应为其行为负责的基本原则，并有可能为任何技术的部署造成的危害承担责任。谈到非军事机器人的用途将会使这一点更加清晰。大部分为家用目的开发的系统不应该被禁止。在许多情况下，他们的好处远远大于风险。尽管如此，它们稀释了负责任的人或企业代理这一核心原则，因此成为令人不安的先例。

截至 2014 年 5 月，一个无人驾驶的丰田汽车普锐斯车队——其改良的硬件和软件都由谷歌设计，成功在加州高速公路和城市街道行驶 70 万英里。这些无人驾驶车辆无一造成交通事故。对于谷歌汽车持续的媒体报道给人的印象是未来 5~10 年内消费者将可以购买到完全无人驾驶车辆。未来的汽车发展的前景是在疯狂的派对之后可以由无人驾驶车辆安全送到家，但谷歌的车并非如此，如果计算机司机对某些情况无法处理时，还是需要驾驶座上的操作者随时接管。在不到 10 秒钟的警报时间内，驾驶人员需要充分投入，如果万一有意外发生，则将被追究事故责任。这就是说谷歌计算机司机在驾驶时，驾驶座上的主人不能打盹或发短信。驾驶员无事可做，会感到无聊和注意力不集中，这将妨碍其短时间内对潜在危险做出反应的能力。

美国国家公路交通安全管理局估计，81％的碰撞事故都是由于人的某些原因。因此，提倡无人驾驶汽车的人普遍认为，这些车辆将显著降低死亡率。这种说法的准确性值得质疑。毫无疑问，造成事故的原因很多是司机在打盹、出神或干脆睡觉了。但是无人驾驶汽车因为计算机错误或计算机司机警告接管后车主无法掌控情况导致的事故可能更严重。

据谷歌的统计，当前的设计平均 36000 英里才会出现一次计算机司机出现严重错误需要人进行干预的情况。这听起来让人比较放心，因为一般的司机需要 2 或 3 年才能开够这么远的里程。然而，人类司机一般每 50 万英里才会出现事故，每 130 万英里可能发生伤人的事故，每 9000 万英里才可能导致人员死亡的事故。因此，难以证明依赖备份人类司机的无人驾驶汽车能否真正降低死亡率。但是一个简单的事实是无人驾驶汽车比人对紧急事件做出刹车的反应要快，这表明无人驾驶车会比有人驾驶车更加安全。

我们现在可以考虑这种可能性，车辆自动驾驶功能的确可能带来事故死亡人数减少，但在这些事件中死亡的人与人驾驶车造成的死亡是不一样的人。对于死亡的人本身的权衡将为法律和保险机构带来新问题。比方说，为了避免撞上公共汽车或旁观者，自动驾驶的车辆从桥上掉下去，导致车主身亡。这是令人不愉快的场景，但有些司机会主观上选择这么做。

伦理学家帕特里克·林（Patrick Lin）在 2013 年发表的一篇文章指出，在"为了最大人群的最大利益"的道德数学背景下，也许应当给自动驾驶的车辆进行编程，选择让车主死亡而不是撞死 2 个路边的行人。但是用数学来决定对错令人不安。当然，这样的情况也颇不寻常。但是我们难道希望让机器人汽车来决定我们的死活吗？

当事故发生时谁将被追究责任？汽车制造商们在责任问题解决之前是不愿意营销自动驾驶车辆的。但是目前，法律将判定自动驾驶车辆的制造商为大多数事故负责。如果让司机为一起他们无法在很短时间内掌握方向盘的事故负责肯定会很不舒服。除了解决各种技术难题，发生事故后的责任和法律后果如何管理是完全自动驾驶车辆投入市场速度很慢的原因。在很多情况下，赔偿责任的问题不能且不应由生产商或工程师决定。立法机构、法院、保险机构必须为此做出决定。

所有这些问题都无法阻止有进取心的公司找到新的手段推销自动驾驶车辆。他们将上访州政府和游说制定新法律。在此期间，他们很可能会重新定义自动驾驶车辆，使用一些模糊的语言，如"驾驶辅助"等。目前，一些高端车辆已经采用了自动泊车和紧急制动等安全特性。

　　当然，制造商将确保他们的责任是有限的。即使责任问题没有完全解决，自动驾驶车辆对于一些特殊用途而言仍是有吸引力的选择。例如，一些老年人本身就不再相信自己能一直保持高度注意力，就很希望有一辆具备驾驶辅助的车辆，即使这意味着他们必须保持目光一直盯着前方的道路。但是，如果自动驾驶车辆造成一次严重的事故，则很可能导致这一行业倒退几十年。有时候，事故难以避免。工程师们当然会尽一切努力控制自动驾驶车辆造成事故的数量。他们知道，自动驾驶汽车的接受度将取决于公众是否愿意接受即使发生了一起可怕的事故，也能清楚地表明自动驾驶车辆比人驾驶的车辆要明显安全得多。

　　解决这些社会担忧，其中一种可能的办法是对完全自动化驾驶汽车提供无过错保险。如果自动驾驶汽车提供了真正的净优势，那么立法机关可以制定政策，放松这一行业的发展。可以肯定，如果有一项立法可以减少自动化系统因为设计师和工程师有时无法预见的情况导致的系统故障和事故所承担的责任，那么肯定会大大促进整个机器人行业的发展。

　　但是快速促进越来越自动化的机器人的发展到底有多重要呢？减少责任肯定会加快机器人技术发展，但有利有弊。这将开启绿灯，允许制造厂商推出尚未经过全面测试或已经知道缺陷的产品。公司将强调难以确定谁为复杂的智能系统负责，因为他们会去请愿减少为系统故障承担责任。什么时候回报才会大于风险？

　　实践伦理学家和社会理论家对于减轻企业和个人责任，问责制度，以及为越来越自动化系统行为负责等引起的内在危险十分担心。2010 年，为了表达他们的担心，提出了五项规则以重申人类不能逃脱对于计算机物品的设计、开发或部署造成的道德责任。50 多名技术和道德领域相关的学者签字表达对这五项规则的支持。出于本书的目的，只要说明其中的第一项规则就足够了：

　　规则 1：设计、开发或部署计算机物品的人应当为该物品承担道德责任。

这项责任是与其他设计、开发、部署或知情情况下将该物件作为社会技术系统的一部分进行使用的人共同承担。

如果第一条规则被编入法律，枪支制造商将为使用其枪支造成的谋杀案负责；香烟制造商将为吸烟者所患肺癌负责。虽然表达的方式略有不同，但这五项规则都过于宽泛，而且有点不切实际。这些规则的推广应用不会很容易，并将显著减缓机器人产业的发展。但是，它们强调了法律理论家和伦理学家对于减少机器人装置行为所负责任，或引入一些行为无法预测的机器人的担心。

这些规则，比如前面所述为计算机物品所提出的规则，是否可能或应当上升为责任法仍是一个悬而未决的问题。一个棘手的政策辩论仍摆在面前。是否应当减少对于计算机和机器人所应承担的责任，以激发这一潜在的变革行业的发展？还是应该维持现有的保护措施，即使这可能抑制了企业推出具有显著好处但存在较低不确定风险的新产品的意愿。

谷歌机器人汽车项目首次曝光于 2009 年，道奇战马在其电视广告里对谷歌汽车大肆抨击。在广告中，一个低沉的，不祥的声音宣告："自动驾驶，自动停车入库，这是由一家搜索引擎公司驱动的无人驾驶车辆。我们已经看过那部电影。它最终的结局是机器人从我们的身体里汲取能量。"汽车肯定不会利用我们的身体作为燃料，但这个广告反复出现的图像一直在暗示，如果继续朝着自主化机器人的目标发展，那下一步则是滑下深渊，人类与其创造的物品之间将充满冲突。这样的恐惧引起了多少人的关注？

当然，完全自主化的人工智能系统远非今天的技术所能实现。即使有人相信有一天最终会实现，确保超能机器人系统对人类友好很可能会解决。但简而言之，很多市民，虽然对机器人感兴趣，仍然对机器人技术可能的走向感到不舒服。

服务型机器人

捷克剧作家卡雷尔·恰佩克（Karel Capek）在 1920 年一部剧中创造了"机器人"（robot）一词，剧中有一个开始令人快乐的奴仆最后叛变了，导致人类灭亡。恰佩克的机器人，像犹太民间传说的傀儡，一开始是无生命的物质，不知怎的变成了拟人的生命。随着 20 世纪 40 年代和 50 年代计算机的发展，科学家们发现，实际上可以将智慧赋予机器，"机器人"这个词包含更多的时代内涵。

不受奴役制度约束的机器人奴隶仍然是一个非常具有吸引力的梦想。然而，科幻小说经常出现的情节是机器人奴隶总是最终获得足够的智慧，并寻求自由。

现在已投入应用的服务型机器是具有有限用途的机器，比如作为同伴、治疗培训师、博物馆导游、医院的特定任务助手等。设计用来把病人抱出或抱入病房的机器人可以缓解护士和勤杂工的工作量。随着人口老龄化，日本对于开发照顾老人和无法离家的病人的机器人十分感兴趣。

设计师和工程师开发更先进的服务机器人时，他们将越来越多地面临一个问题，即如果遇到法律或道德问题，机器人应该怎么做。服务型机器人最终将有一定程度的自主权，这就出现了之前提到的自主化武器和自动驾驶汽车类似的问题。

社会理论家如麻省理工学院的雪莉·特克（Sherry Turkle）提出疑问，哪些任务适合机器人。使用机器人照顾老年人或无法离家的病人是否反映了现代社会不好的一面：缺乏爱心或滥用科技？

当然，机器人照顾总比没有照顾好。有些人觉得使用机器人作为性玩具让人不悦。有些人感叹使用机器人宠物和机器人同伴来替代动物和人丧失了情感和体贴。在一些亚洲国家越来越多地使用机器人保姆照顾婴幼儿引起了严重关切。计算机专家诺埃尔和阿曼达·夏基（Noel and Amanda

Sharkey）建议，长期使用机器人保姆实际上可能阻碍婴儿的情感和智力发育，因为机器人无法提供人类所能提供的丰富的言语和非言语交往能力。

机器人玩具和同伴不能像人类同伴那样与人交往，这迫使制造商考虑如何设计一个系统能够在具有道德意义的场合做出合适的反应。几年前，生产说话机器人娃娃的制造商认为，如果一个孩子虐待机器人娃娃，后者应当怎么回应。工程师们知道如何在机器人娃娃内部加装传感器，在受到虐待时发出警报。但是对这个问题进行分析并咨询律师后，他们决定机器人娃娃只能说"不能做"。

什么形式的互动对于机器人是合适的？如果一个孩子的行为对于保姆是不恰当的，甚至造成了身体上的暴力，机器人保姆怎样回应才合适。假设（或者说这是很可能的）机器人感觉不到疼痛，你是否希望它还是能说："住手！你正在伤害我！"虽然用心良苦，但是机器人这样的说法听起来很荒谬，并可能导致意想不到的后果。

我们再想想如果一个机器人，作为一个儿童的同伴，如果这个孩子做出伤害自身的事情，机器人是否应该干预？是否在有些情况下，机器人不适当的干预可能会弊大于利？对机器人进行编程告诉孩子停止危险行为的主意是好还是坏？如果孩子不理会劝告怎么办？机器人应当管教孩子吗？能做指示但不能采取管教措施的机器人可能发挥不了什么作用，但孩子可能不会信任一个能管教人的机器人。

许多相似的场景前面已经提过。如果老年患者拒绝吃药，机器人应该怎么做？或者，如果机器人进入房间后发现其监管下的人处于歇斯底里的状态应该怎么办？机器人如何判断其所照顾的人出现担心的表情是机器人造成的还是其他因素引起？上述情况表明，目前的机器人并不具备这些功能。但是，所有的场景引发类似的道德问题。哪些任务是可以接受由自主机器人来执行？如果出了问题谁负责或承担责任？难道我们真的愿意在日常生活中引入日益自动化的机器人？谁或应当由谁第一个做出采用这些技术的决定？

机器人作为护理人员的恰当性和能力通常被公众误解或被推销这些系统的人曲解。现在的机器人能力有限，人类倾向于使其外表或行为与人类依稀相似，从而掩盖了其能力有限这一点。应当有一个专业的协会或监管机构评价这些系统的能力，并证明可以用于某些特殊用途。然而，系统的持续评估也将是非常昂贵的，因为每个机器人平台形式发展是一个移动目标，现有的能力不断进行细化和新的功能也在不断加入到系统中。

这个讨论围绕的主题是自主机器人未来能否做出自己的判断。工程师和设计师将无法事先预测越来越自主化的系统将会遇到的所有情况。评估一个新的环境，并确定采取合适的回应是一种能力，这对于计算机系统编程是非常困难的。将谁的或什么样的价值观编入机器人的伦理决策系统？复杂的，敏感的，能交流的机器人，例如《星际迷航》中的生化人 Data 是很难创造的。在此之前只能是出现一代又一代的具有有限决策能力的机器人。我们是否能够相信，它们的行动是安全和适当的？

计算法决定生死

在 2011 年举行的为期两天的电视游戏节目"危险"（Jeopardy）的比赛中，一台以 IBM 创始人名字命名的计算机沃森（Watson），轻而易举地打败了两个强有力的对手，布拉德·拉特（Brad Rutter）和肯·詹宁斯（Ken Jennings）。沃森由 IBM 专为赢得这场比赛设计。其庞大的 4 万亿字节的数据库令人印象深刻，但更引人注目的是人工智能系统解析初始问题的能力。

这个游戏展现的是某种反向逻辑推理能力，节目给参赛者一个答案，并要求确定该答案对应的问题。从本质上讲，它仍然是一个问答节目，在确定答案的过程中需要分析初始语句，这个任务即使人类选手都会出错。

人工智能的早期创始人认为用自然语言沟通是一件容易让计算机学会的事情。半个世纪的研究表明充分掌握语言，像人类一样沟通对于计算机而言是非常难的任务。IBM 的程序员终于证明了，从某种意义上说，计算机能够"理解"问题。

通过在数据库中一通搜索，沃森会得出一个答案，这个答案是软件评价认为正确概率最高的。沃森的独特优势在于它能在 5~10 毫秒（千分之一秒）就找到答案。即使是智商相当高的拉特和詹宁斯从他们的大脑发送一个信号到手指按下蜂鸣器一般需要大约 190 毫秒（0.19 秒）。在这个节目中，只有提示问题结束的灯亮起来，比赛者才可以按下蜂鸣器。所以，当拉特和詹宁斯仍在解题时，沃森就已经预料到问题的答案，题目一结束，它在 10~20 毫秒内就按下了蜂鸣器。

有趣的是，沃森在比赛期间犯了一个严重的错误。最后一类赛题的名字是"美国城市"，沃森听到这个答案："它最大的机场以二战英雄命名，其第二大城市以第二次世界大战的一场战争命名"，问题应该是"多伦多是一座什么样的城市？"沃森无法回答关于加拿大城市的问题，它聪明地认识到这一类问题是它的弱项，只下注了 947 美元，因此从其每日赢得的总量中只需减去很少的一笔钱。虽然在这种情况下，这种错误是微不足道的，但是，沃森以后犯类似的错误可能带来更严重的后果，因此 IBM 重装了沃森，用作医疗顾问。

沃森的第一个医疗项目是为纪念斯隆 - 凯特琳癌症中心提供肺癌治疗管理决策的有关援助。沃森并不是第一个协助为患有严重疾病的病人提供诊断、预后和治疗方案计算机系统。

Apache 医疗系统，是一种计算重病患者疾病严重程度的计算机程序，已在 40 多家医院采用。Apache 系统的第一个版本可以追溯到 1981 年，微软和通用电气建立了伙伴关系，正在开发迎合这一新兴市场需求的医疗诊断系统。计算机化的医疗诊断系统具有的优势是能够快速地将个人病史、近期测试数据与庞大的病例数据库进行比较。

从表面上看，如 Apache 或沃森等医疗诊断系统带来的挑战听起来类似于第 3 章中讨论的"盒子里的医生"，事实上，二者有一个重大的区别。计算机所做的诊断和预后具有高度的精确性，甚至最具天赋的医生也无法匹及。虽然这些系统的销售目的只是作为医生做出判断的辅助机器，在一些情况下，他们可能极大地削弱医生的权威，本来传统认为应当是医生为医疗质量负责。

尽管通过计算机的诊断可以适当地治疗某些疾病，但我们永远不应该忘记，这是由数的算法分析决定一个人的命运。在医药领域，一场轰轰烈烈的有关计算机诊断和治疗计划适当作用的争论随之而来。从长远来看，统计数据确实有其可用之处。如果计算机的确比医生更能诊断出疾病并推荐更好的治疗办法，那就不必刻意限制，至少可以实现提高病人的生活质量及医护人员的工作效率。但是目前，我们对此尚没有完全的把握。

与此同时，我们仍有一个不灭的信念，即人类特有的技能、经验、直觉、第六感和计算机可能没有考虑到的知识点，将战胜原始的数据。即使计算机诊断系统的支持者也认为，系统并不总是正确的，医院管理者所面临的挑战就是以人的判断为主，计算机算法为辅。不幸的是，在这个诉讼的时代，医生可能会对不听半智能系统的建议而感到不舒服，特别是一些强硬的律师会以此作为医生不履职的呈堂证供。

绝症病人的生命支持系统和诊断系统没有什么关系。但是，它的影响力越来越大，计算机文档可能最终具备事实上切断生命插头的能力。在两全其美的世界里，应当是训练有素的专家团队有诊断数据和计算机顾问作为支持，在一些高端医院可能已经实现了。但令人担心的是，人类决策者面临越来越多压力将决策权取决于计算机的意见，尤其是当计算机的预后从统计数据上说比一般的医生更为准确。人类决策者有时候需要赋予足够的力量来推翻机器人系统的行动或建议。这种力量只有当医护人员承认自己的局限性，承认自己需要帮助时更加合理。

医生依赖诊断电脑的建议可能会成为常态，也许应该如此。但是，如果出了问题，谁承担责任？如果医生、医院、销售计算机的公司以及设计该系统的专家和工程师都被起诉的情况下，究竟谁为此承担法律和赔偿责任？保险机构和法院已经开始处理这些问题。法院判决将设置庭审先例，并通过这种方式划清各当事人的法律责任。

无人驾驶汽车、服务型机器人、医疗诊断程序都证明了智能的或日益自主化的计算机系统将以不同的方式冲淡人的责任，并最终脱离人的控制。走这条路付出的代价和社会影响是很大的，并且掩盖了单项技术发展可能带来的好处和利益。上述三个实例的风险都不及引进致命的自主机器人（LARs）的危害。然而，连同LARs，所有这些技术都有一个共同的前景，即如果人类对于我们采用及如何实施哪种人工智能不多加小心的话，那么人类的责任和权力将受到损害。在这方面，杀人机器人带来的威胁是我们在许多不同的领域必须面对的威胁中一个极端的例子。就我们的讨论而言，LARs的转折点就是现在。

未来战争的红线

《终结者》显然是科幻小说，但它反映了一种不可阻挡的趋势，战争的机器人化如同一个大陆坡，其终点既无法预测也无法完全掌控。能引发致命力量的机器和技术奇点的到来是面向未来的主题，但对于目前而言相当于占位符。计算机行业已经开始研制具有一定程度的自主性和学习能力的机器。工程师们也不知道他们是否可以完全控制自主机器人的选择和行动。

战争机器人化的长期后果既不能低估也不能轻视。但是鉴于一些武器制造商和国家只关注到杀人机器人的短期价值优势，未来机器人军备竞赛的势头很可能会飞速发展，无法控制。现在对致命的机器人设置一个可以接受的参数，作为约束机器人军备竞赛的工具之一，如同冷战时期对核武器设置的约束机制一样。与核武器不同的是，机器人武器的投送系统更容易制造。

2012 年 11 月的同一周，人权观察组织发表文章呼吁对杀人机器人设置禁令；美国国防部（DoD）发表了一份题为"武器系统自主性"的指令。这两个文件的发布时间可能是巧合。尽管如此，该指令读来似乎是为了努力平息由半自主性和自主武器系统所造成的危险引起的公众担忧。和国防部以前的指令不同，这份文件后面没有详细的议定书或导则，以说明文件中所提到的如何测试以及安全机制如何开展。美国国防部希望扩大自主武器的使用，并在指令中明确解释希望公众不要担心自主机器人武器，指出国防部将建立设置充分的监督机制。军事规划者不希望他们的选择受到一些平民左右，尤其是这些人只是出于某些猜测的可能性而担心而已。

不管是军事领导人还是一般的人都不希望战争脱离人的控制。该指令重复强调了 8 次，指出国防部将尽一切努力使得可能导致无人看管或系统失控的问题最小化。不幸的是，这个承诺忽略了两个核心问题。在对藏匿于阿富汗和巴基斯坦的基地组织进行打击的战斗中，是出于军事和政治的需要，才使国防部长盖茨批准使用尚未进行充分试验的第二代无人机。为了履行其主要使命，国防部将不顾及其他方面的考虑。其次，即使美国公众和美国的盟国相信国防部将对部署自主化武器建立严格的监管和控制，但是绝对没有理由相信其他国家和非国家行为者也会如此信任美国国防部。其他国家，或是一些流氓政府肯定会采用机器人武器和使用它们的方式完全超出了我们的控制。

目前还没有办法确保其他国家，不管是朋友还是敌人，将在使用自主武器之前制定工程质量标准和测试程序。有些国家可能会部署粗制滥造的无人机或具备致命力量的陆基机器人，那将证明美国，北约和其他大国务力在建立这类武器优势的合理性，而这会导致进一步技术升级，加快自主性武器研制走向成熟的步伐。

目前看来，未来战争很有可能是一个国家的自主武器瞄准另一个国家的自主武器，唯一可能减缓并有希望阻止这一趋势的办法是制定一项原则或国际条约对部署这种武器的任何一方施加约束。我们不应当只是仰仗于少数的军事规划者对自主武器的可行性做出决策，我们有必要在国际社会展开公开的讨论，是否现有的国际人道主义法隐含了对于自主攻击性武器的禁令。禁止能够决定生死的机器应当在新的国际条约中予以明确。

在没有一项国际禁令存在的情况下，制定高等级的原则也可以，这项原则将明确机器不应做出有害于人类的决定。这一原则将设置可以接受及不能接受的参数。一旦红线划定，外交官和军事规划者可以继续开展更具体的讨论，比如机器人武器在什么情况下确实是人的意志和意图的延伸，以及机器人武器行为超出人力控制的一些实例。高等级的原则并不是绝对禁止杀人机器人，但它可以设置一定的限制。

无法保证这样的原则将永远得到遵守，任何的道德规定在一定情况下都可能被违反。此外，拥有一件或两件核武器的非国家行为者可能使用机器人发射系统，对它们而言本来就无所谓失去什么。每一代人都需要努力对创新武器的使用和未来战争的战斗方式施加人道主义的限制。

我提出的对此设置总统行政命令的建议基本上被忽视了，但也许有一天它可能会脱颖而出受到关注，尤其是，如果关于禁止致命自主武器的活动在国际舞台上取得新的进展。美国立法者对于支持国际条约一直不太关心。发起国内的创意对于美国加入全球性的禁令是必要的。然而，在采取任何行动之前，是否设置禁令将成为总统或总统候选人不得不表明立场的一个重大课题。

在这种情况下，美国总统奥巴马或他的继任者可能会签署一项行政命令，宣布使用致命或非致命的完全自主武器进行蓄意攻击违反了《武装冲突法》。该行政命令将确定美国持有这样的原则立场，而且该立场已隐含在现有国际法中。一个负责任的人必须始终清楚哪些是危害人类的进攻性打击。对自主武器实施限制的行政命令将再次强调一点，即美国将人道主义关注作为其履行防务职责的重中之重。北约将很快跟进，从而加快在这方面制定国际协议的前景出现，所有国家都将认同计算机和机器人就是机器，不应该让其成为人类生存或死亡的决定者。

对于计算机在战争中所能做的决定设置红线，强化了人应当为是否发起战争或伤害对方负责这一基本原则。决定人类生死的责任不应该是因为某些错误或机器进行计算后对人的生命做出选择的结果。对于军用计算机做出生死决定予以限制，其中更为广泛的意义在于一份承诺，即人类必须为所有机器——不管是智能的还是愚蠢的行为负责。

电脑无处不在

千百年来，机器一直是人类意志和意图的衍生。不好的设计和有缺陷的编程已经成为迄今为止计算机化的工具所构成的主要危险，由于具有一定程度人工智能的计算机系统变得日益自主和复杂，导致这种变化速度日益加快。

投资行业是计算机决策者最早征服的领域。可以说，金融市场已经被他们不熟的计算技术所绑架。华尔街的赢家依靠的算法交易超过任何人的决策能力。当电脑发生故障或不正常的行为，投资者就会赔钱，企业倒闭。将错误归罪于计算机或程序员不会保住任何人的饭碗、重获失去的财富或平息诉讼。

计算机决策者甚至开始入侵体育世界，可以肯定的是这一方面的风险相对较小，但对于体育爱好者和运动员而言仍是可怕的。棒球队对于统计数据十分痴迷，新的数据分析方法对于他们来说充满吸引力完全不奇怪。

奥克兰运动家棒球队（Oakland Athletics）的总经理比利·比恩（Billy Beane）决定采用统计数据来挑选球员，而不是依靠球探和经理人的慧眼。如果他的球队在 2002 年的比赛打得不好，那他得为自己的决定承担所有责任。但事实上，他的战略大获成功，以至拍成了电影《点球成金》，其中布拉德·皮特扮演比恩。之后，许多俱乐部也纷纷效仿他的做法。对球员过去的表现进行算法分析正在影响有关篮球、足球等运动行业的决策，也就是说在体育界，数字开始决定谁能上场打比赛。

一项任务接一项任务和一个行业接一个行业，计算机正在逐步接管决策权并取代人类工作人员。大数据驱动成功的销售策略。信息学促进医学研究，并有助于降低医疗费用。仓库走来走去的机器人将物品从货架挑出来完成互联网的订单。亚马逊正在测试在 10 英里的范围内使用配有 GPS 坐标的自主无人机从配送中心将包裹送达客户，这意味着下单后 30 分钟就收到货了。从理论上讲，从网上购买新衬衫、书、球或平板电脑，这一过程不需要人的参与都能实现。

对日益自主化系统的依赖为计算机技术的发展提供了方向。随着时间的推移，这必将冲淡人类对于复杂且有时不可预测的系统行为承担责任。另一种更好的方式就是，明确保证人类对于技术带来的好处和危害负责。后者则需要对目前技术的运用方式进行改变。

在阐明人工智能进步所带来的危险时，四位著名的科学家：史蒂芬·霍金（Stephen Hawking）、麦克斯·泰格马克（Max Tegmark）、斯图尔特·拉塞尔（Stuart Russell）和弗兰克·维尔切克（Frank Wilczek）在 2014 年 2 月一篇专栏中简练地指出："那么，面临未来可能出现的难以估量的好处和风险，专家们肯定会尽一切可能确保最好的结果，对吧？错！"我们正在梦游，将未来的控制权拱手让给智能计算机等新兴技术。认识到这一问题的人要么不把它们当作挑战，或对此无能为力。

《科技失控》一书目前为止突出强调的一些案例研究说明，依赖复杂系统的风险是不可预测的，因此很容易完全失控。发展的绝对速度和新技术的大量涌现意味着有好处和有风险的工具和技术部署远远超过了建立有效监督机制的速度。一个简单的事实是，正在开发的每一个技术既可以是好处和风险并存，这就要求加倍关注，权衡取舍，找到方法来限制危害。

最后两个章节，我们对问题的叙述方式有所变化。对推动我们前进的错误假设提出考验和挑战，可以化解驱动加速发展的不可抗拒力量。本章提供了在发展危险自主机器人过程中可能出现转折点的例子。对致命自主机器人设置禁令将大大放缓甚至停滞其发展进程。对于想象中的武器系统，我们没有必要每一个都去开发。如果将用于制造高风险武器系统的十分之一的精力投入到军备控制协定制定和磋商中，我们生活的世界将更加安全。

通过修订预算和坚守核心价值理念减缓技术发展的步伐，可以扩大识别和判断转折点的机会。有很多精明的批评家停留在学术的藩篱中，为非政府组织（NGO）工作，或是写博客努力引起人们的注意。但是，变化日新月异，媒体对于各种危机也是一掠而过，到底哪些警告值得认真考虑都没有机会进行分析。

化解错误的假设，对转折点采取行动是不够的，还需要更加积极。以下三个章节概述了确保技术不脱离人类控制的一些关键因素：建立负责任的工程设计文化，打造有效灵活的监督机制，培育可以质疑、制衡专家的知情公民等。在一个民主社会，每个人，不只是专家或那些有利可图的人，在人类航向危险的未来过程中都应当发出声音。

第十三章　工程灾难

　　2010 年 1 月 12 日，7.0 级地震袭击海地，造成至少 23 万人死亡，并铲平了其首都太子港 70% 的楼房和建筑物，大约有 140 万人背井离乡。一个月后，8.8 级地震（这是当地有史记载的第六大地震）袭击智利海岸，释放出比海地地震 500 倍的能量，导致一整座智利城市向西移动 10 英尺，虽然智利地震只造成 500 人死亡。排除人口密度因素，极其强大的智利地震的破坏力仅是海地地震的 1%。两场灾难带来的影响不同主要原因在于——建筑标准。建筑活动家彼得·哈斯（Peter Haas）在 TED 演讲中说："海地地震不是一场自然灾害而是一场工程灾难。烂工程导致灾难，符合质量的工程可避免灾难。"

　　相比较而言，新兴技术造成的潜在危害可能会因为先进的工程创新失败了，但却是无法预料的。等到问题出现了再解决问题，这是解决不确定性问题的老办法。预见并解决潜在的问题是更负责任的做法。不确定性也有不同的形式。虽然有些问题永远无法预料，但有些是已知的。将新物种引入生态系统会改变环境，但有时会带来恶果。有些纳米材料是有毒的。换句话说，新兴技术带来的危险相当数量通常是可辨的，虽然并不能预知究竟哪个具体的问题会发生。

　　任何潜在技术故障出现都表明工程师可以在先进系统中增加额外的安全机制。增加安全机制带来成本并减缓技术开发、市场营销以及工具和技术采用的速度，很少有公司真正愿意这么做。便利和安全性之间进行权衡的结果往往会倒向便利，除非确实发生严重危险的概率很高。但是，任何一个负责任的公司都不希望为许多人的损失或重大损失承担责任。

机械或计算系统出现任何故障都说明这是设计出了问题，无论是因为技术缺陷还是人为错误。工程师应率先解决技术故障，人的过失责任则应落在管理者的肩上。正如前面的章节中多次提到的，创新的技术最好被当作社会技术系统中的一个组成部分。社会技术系统包括人、人与人之间的关系、其他技术、物理环境或周围环境、价值观、假设以及既定程序等。对上述任何元素进行修正都可能解决问题。在再造整体系统的过程中，充分考虑到工程和管理解决方案等因素是最有效的办法。同样，许多问题都可以通过更好地了解社会技术系统中的弱点加以预防。

在考虑更广泛的办法对一个复杂社会系统中的非技术因素进行工程再造时，我们将研究如何通过设计计算机，生物或机械等部件来解决问题。工程师积累的知识可以将使灾难由大变小，化悲剧为不便。但对如何限制未知的或具有模糊可能性的事件所造成的伤害，则要求工程师以创新的方式找到解决办法。

采用创新方法来制造创新的工具和技术能够提供解决本书中讨论的许多危险。这些创造方法可分为两大类：与系统的物理设计相关的设计，以及与用来确定技术质量标准值相关的机制。前一类包括为系统故障或机器产生故障而专门设计的特性。后一类超出了仪器的标准（安全性，可靠性，效率和易用性），在设计过程中特别提出了引入社会价值的方法（责任，保护环境，保护人类受试者）。有几个例子可用不同方式说明创新的工程实践如何能够最大程度上减少未来的危害。

绝育和抑制

孟山都公司当初打算销售具有自杀基因的转基因作物时，这个想法是有价值的。无法繁殖的植物就不必要担心它们可能会污染原生态田地里的类似作物的基因组。但是，正如第六章所讨论的，孟山都的商业策略被认为是迫使农民在每个种植季节都得购买新种子以获取利润的一种手段。

阻止转基因作物具备繁殖的能力证明了在一个装置运行过程中对其进行干预是危险的。枪配有保险栓，熔断器和传感器可以自动关闭精密的电子设备。优秀的工程师为设计安全的产品感到自豪。迄今为止，安全意味着创建有特色的可靠和可预测的组件和系统，能适应已知的和潜在的危险事件。碰撞时安全气囊自动打开。飞机客舱里的氧气水平下降时，呼吸面罩从头顶自动掉下来。

随着技术变得更加复杂及其自主性提高，安全的意义也在改变。安全已经超出了技术部件正常运作的范畴，还包括社会技术系统的正常运作以及采用这种技术的社会影响。工程师接受的教育越来越多地包含提高其对设计和制造的工具产生的潜在影响的敏感度。

过去，城市规划师或其他社会工程领域的专家可能会考虑社会关切。在新的模式下，工程师们开发技术的各个阶段都需要思考该技术将如何应用。考虑到某些人的缺陷，工程人员设计了大按键的电话，以及为腿脚不便的人设计了能够上楼的轮椅。合成生物的设计必须考虑到对环境的影响，因为这种生物可能会迁移并在不同的生态系统中找到一席之地。

科幻小说已经将自主的智能计算机和危险的纳米机器变成了现代版的失控列车。太阳微系统公司（Sun Microsystems）的共同创始人和首席科学家比尔·乔伊（Bill Joy）2000 年 4 月在 Wired 杂志发表了一篇著名的题为"为什么未来不需要我们"的文章，激起了人们对于自我复制的未来技术的恐惧。乔伊在文章中采用了想象的场景，其中自我复制的纳米机器人消耗地球上所有的有机物质，从书呆子幻想到引起恐惧的广泛传播的愿景。定制病原体自我复制以及智能机器人制造自己的军队引起公众辩论因为这些潜在危险的存在，是否值得放弃基因学、人工智能、纳米技术等领域的进一步研究。那些如乔伊一样倡导放弃有潜在危险的研究输掉了辩论。

如何阻止超级智能机器人自我克隆自己组成一个百万士兵的军队？控制它们的供应链，阻止其获得基本材料和部件是否足够？未来的智能系统会具备突破内置保障措施的能力吗？有必要发明新的方法确保未来比人类更聪明的机器人是友好的，这也启发一些计算机科学家和数学家成立了人工智能奇点研究所，后更名为机器智能研究所。到目前为止，他们已经取得了一些进展，先阐明一些问题，然后制定具体的减轻危害的战略。

生物学家和纳米技术学家也开始反思并采取手段，以确保他们未来的发明创造不会胡作非为。导致疾病的病原体或合成生物传播已经带来了挑战。在实验室里将合成基因引入花的脱氧核糖核酸（DNA）是一个有趣的可控实验。将这种植物释放到实验室外可能有意想不到的后果，比如占据一个更重要植物的生态位置，并导致该植物的灭绝。尽管如此，合成的细菌、单细胞有机体和多细胞有机体将被推广开来，因为它们可以满足某些有价值的需要，如消除污染物。那么如何将合成生物安全地引入到实验室外的环境呢？

哈佛大学生物学家乔治·切齐（George Church）提出了一些新的建议，以阻止或逆转合成生物的潜在有害影响。作为合成生物学的顶尖科学家，切齐展示了对这一新兴研究领域所带来危险的敏感性。他有一个建议是，生物学家开发一种新形式的合成 DNA，通过新的代谢（化学）过程运行。

此外，通过这种新的 DNA 形式创造的合成生物学装置或生物也应该通过改变的代谢过程发挥作用。以这种方式，合成染色体的基因如果转移到 DNA 的天然或混合形式将不会起作用。最后生成的合成生物体不能与现有的生物杂交产生新的突变。通过这一方法，遗传学家可以使用合成生物体带来的好处，同时使得这种生物体无法直接改变现有的有机材料。但是，由合成 DNA 创造的有机体仍然可能占据某种更重要植物在生态环境中的位置。

发明一个高科技的关闭开关，可能能够幸运地阻止任何设备的活动。例如，引入能够将纳米机器去功能化的基本成分，这种成分由通过化学反应能够溶解的材料组成。溶解液在一般用途下是无害的，但是在纳米装置运行的环境中不容易获得。

研究纳米机器等技术的关闭开关需要大量的资金。但在开发的早期阶段，引入这样的机制可以使设备或有机体更加安全，虽然我们仍然不知道它最终的用途，以及带来的危险。以故意破坏为目的的技术设计不会考虑设置这些机制。恐怖分子在生物或计算机装置中不会考虑关闭开关。幸运的是，恐怖分子代表是例外，而不是常态。大多数的危险源于意外事故和意外后果。

为责任设计

即使关闭开关或其他新的设计降低了技术胡作非为的可能性，但它们仍然有机会造成伤害。最后一章将讨论如果计算机可以做出选择并发起行动造成人身伤害或财产损失，责任如何分摊。通常，法院对这个问题做出裁决。当今计算机造成的危害明显属于侵权法范畴，其责任由建造和销售系统的厂家以及为了特定用途对系统进行改装的用户承担责任。特殊案件将建立法律先例。

随着系统越来越自主，新的法律问题将浮出水面。当制造或使用智能机器的人并不知道该机器在不熟悉的环境下会发生什么或产生了危害，这种责任谁来承担。大多数情况下，制造商将继续负责，但也许并非为所有的事故负责。在遥远的将来，有可能建立有意识的软件代理公司，能够做出复杂和敏感的选择，并且知道它们在做什么。

同时，让机器为其行为负责是无稽之谈。保险公司可能会选择出售无过错险，使得在机器人出其不意造成事故的情况下，保护制造商或用户的利益。但是，正如讨论的，让用户和制造商不为此负责不是一个好主意，这将为生产大量具有潜在危险的计算机装置打开大门。任何常识性的安全措施，需要个人或企业为技术造成的所有伤害负责。

不是等到产品销售和事故发生后才做，而是在产品设计过程中解决计算机物品的责任问题。工程师可以将这种责任视为他们的使命就是制造安全的产品。荷兰代尔夫特理工大学杰恩•哈文教授（Jeroen Van den Hoven）建议，工程师应为责任而设计。他指的是谁为其创造的工具负责的问题应当作为其中一个设计规格。比如使用不会过热的组件目前就是一个设计规格，所以如果因此机器造成了事故，那么就必须确保有人被问责。

考虑到一个工程师设计的机器人可能成为闲居家中老人的帮手。在设计过程一开始就考虑到为机器人的行动负责将决定系统，以及决定机器人功能的计算机平台的特点。设计团队可能会拒绝使用严重依赖机器自主性的平台，而选择使用以用来支持团队中人的决策的平台。例如，机器人遇到一个不熟悉的情况时，它会调用一个医疗支持操作者通过安装在机器人身上摄像头远程查看环境。支持团队的人类成员，而不是机器人，决定如何处理不熟悉的情况。而人类操作者，其主管，他们一起工作的公司将为错误决定负责。

负责任的工程只是如何在设计过程中引入价值观的一个例子。多年来，已经有人呼吁工程师邀请伦理学家或社会理论家成为设计团队的组成部分。不是为了唱反调，而是参与设计过程，因为他们对于创新工具如何使用的社会和伦理因素很敏感。价值观一直参与设计过程，常常以技术规范或工程师自身价值理念以及他们为之工作的公司的价值文化的形式体现。对价值观敏感的工程，使价值观成为技术设计的一个显性和有意识的元素。例如，设计一种老年人使用的咖啡壶，工程师已考虑到了用户的年老体弱等特点。他们把咖啡壶放在一个支撑轮上，这样老年人可以轻松倾斜咖啡壶，倒出咖啡。设计执行家居任务的机器人过程中也有类似的考虑。

社会理论家艾米·文斯伯格（Aime vanWynsberghe）指出，在医院里使用机器人帮助病人起床改变了许多不同的角色的作用，以及各种辅助功能能得以执行的方式。它改变了护理实践。比如说，如果护士不再参与移动患者或为他们换床单，护士失去了直接观察病人身体和精神状态的机会。另一方面，机器人可以减少护士的工作负荷，以及可能减少雇用勤务的数量。在设计团队中如果有对提供护理的各方面都非常敏感的成员就可以在机器人的设计中增加一些重要的特性和能力。除此以外，医院引入机器人后还可对团队进行培训，让其了解护理实践的基本要素将因此发生什么改变。

消费者的需求已经指示工程师在新产品中嵌入一些价值观，如：易用性、审美素质、保护敏感材料等。附加的社会价值如公平性、隐私、安全和自主或个人尊严等，也可以被看作是一个工具或技术的设计中需要明确的元素。工程师善于解决问题。一旦他们知道需要他们对某些问题予以关注，优秀的工程师总会找到一个解决方案。每个新的价值都可能指示工程师对他们希望解决的问题寻找不同的解决方案，因此得出非常不同的设计。反过来，价值也应当列入检查清单上，以评估该装置是否是成功的设计。

道德机器

《道德机器：教机器人明辨是非》一书中，科林·艾伦和我绘制了一个新的调查领域，即机器伦理或机器道德。这一领域了探讨发展能够在选择和行动中考虑到道德因素的计算机和机器人的前景。机器伦理提供了一个更好的范例，如何将价值因素放入技术工程中，以确保他们的行动是安全和适当的。

工程师们已经将价值观和道德行为编入计算机和机器人程序中（以下统称为"机器人"）。工程师提前确定在严格限制的背景下机器人遇到的问题。然后，他们对系统进行编程，以适应各种情况。科林·艾伦和我称这种道德行为为操作性道德。

　　然而，设计者无法预知日益自主的机器人所面临的各种新选择。在意料之外的紧急关头，机器人将需要应用自己的道德子程序来评估各种行动方案。例如，一个服务机器人可能需要决定是否之前或之后执行一系列任务，如递送药物或新闻报纸给它协助的人后再充电。或许这些任务要排出优先级，优先级根据每天的时间、个人身体健康，或其他因素而有所变化。能够做出伦理决策的机器人是功能性道德，即使它们所执行的任务很少或没有实际理解。最终，机器人可以学会调整自己的行为和价值观与人靠拢，进步到浩如烟海的挑战采用适当的规则和原则。

　　机器道德有关的研究要回答一些基本问题。我们是否需要能做道德决定的机器人？什么时候？为了什么？难道我们希望机器人做道德的决定？再有就是老问题，应该执行谁的还有什么样的道德？从理论上讲，任何一种道德原则都可以被编程到一个机器人中，不同的环境适用不同的价值体系。最后，就是道德能力这种东西是否可以真的实现编入计算机设备？从应用伦理学和工程学的角度看，大量的注意力冲着这后一个问题。机器人可以被设计，使他们遵守规则，如十诫或武装冲突法？或者机器人可以按程序办事，如计算哪一种行动方案最能代表了最大群体的最大利益？

　　构建道德机器的挑战使得科幻小说读者马上会想到艾萨克·阿西莫夫（Isaac Asimov）的（1920年至1992年）《机器人三定律》。在科幻小说和故事集中，阿西莫夫提出了应当将下面的原则编入机器人程序之中：

　　1. 机器人不得伤害人类，或通过不采取行动，让人类帮忙。

　　2. 机器人必须服从人类的命令，除非该命令会与第一条抵触。

　　3. 机器人必须保护自己的存在，不与第一或第二条抵触。

　　后来，他加入了第零定律：机器人不得伤害人类，或让人类受到伤害。

　　这三条定律非常直接，并分级排列。尽管如此，在讲完一个个故事之后，阿西莫夫说明了按照这些简单的定律设计机器人是多么困难。例如，只用这三个定律编程的机器人面对两个不同的人相互矛盾的命令时就已经不知道该怎么办了。通过他的故事，阿西莫夫说明了一个简单的，以规则为基础的道德观是远远不足以确保智能机按照道德上适当的方式行事。

探讨如何实施相应的规范、原则或程序做出道德判断时，也会碰到类似的难题。此外，有意开发道德机器的工程师还面临第二类很困难的问题。这类问题意味着机器人对伦理困境的理解。例如，机器人如何认定这是在道德上很重要的情况？它如何辨别自己掌握的哪些信息是做出判断必不可少的，哪些是不重要的，以及它是否有足够的信息做出判断？它需要什么样的能力获得它所需要的其他信息？它是否需要获得人同情的能力以便在某些情况下能采取适当行动？同情这种能力是否也可以内置到机器中？

小规模的初步拨款为研究人员研究机器人实施道德决策的方法奠定了基础。2014年5月，美国海军研究办公室为塔夫茨大学、RPI以及布朗大学的研究人员拨付了750万美元的一大笔资金，以探索研制能够分辨是否善恶的机器人。如果机器人可以被设计为遵守法律和符合道德要求的话，那么新的市场将被打开。在另一方面，如果企业和学术界的工程师不能设计出遵循法律，对人的价值敏感的机器人，消费者将不会相信他们的行动，并要求各国政府对如何使用机器人施加限制。

弹性系统

我们在第三章中所讨论的适应变化环境的复杂系统，集中体现了最艰巨的工程挑战。柔性工程和复杂性的管理等各个领域的出现，主要是研究如何解决自适应系统定期表现出来的不确定性。在已知的未知中还包括对于自适应系统如何实现成功的管理。

最终，所有的机械系统都会失效。操作复杂系统的人也会犯错误。持续的人为错误往往是一个设计糟糕的系统表现出来的症状。生物系统会死亡。工程学一个不断增长的趋势是对失败进行预测并对其发生进行提前规划，特别是对于那些保持关键运行不会失败十分重要的任务。

保持供电对于许多企业十分关键，其重要性如同很多通过网络提供服务的公司必须保持网站运行。保持一个跨网网站的启动和运行一个公司，它的服务通过 Web。核电厂一旦出现故障，还有冗余组件承载负荷。备份阵列复制计算机的所有数据以确保当一个或多个存储驱动器发生故障时没有信息丢失。在 20 世纪 90 年代，IBM 推出了高端计算机系统，可以监控关键部件的性能，而且在发生故障之前可以让维修技师来更换部件。

对于机械和计算机系统而言，当对它们的要求超越其性能界限时，会变得很脆弱。比如汽车的表现是不停地振动直到某个组件出现故障。在计算机中，脆性将导致死机或系统崩溃。不断死机是在提醒用户他们的电脑需要维修了。用户反馈给制造商称一个设备是脆弱的，则表示他们必须对设计进行升级，并改善设备的弹性。

弹性系统必须具备从故障中恢复的能力。几年前，如果一台计算机崩溃，你会失去所有尚未被复制到硬盘中的数据。今天，则很少会丢失。设计能从故障中迅速且不费力地恢复并在功能方面损失最少的系统，已经演变成一个完全新的安全性和风险评估的方法。更弹性的系统必须具备对干扰进行调整，并在未预料情况下继续运行的能力。

工程师认为强健的系统和表现出脆弱性的系统之间的维度存在一个权衡。蛋壳说明自然设计的容器能够很了不起地处理内部和外部的压力。但只要轻轻一敲，蛋壳显示了其脆弱性，并破成碎片。系统的设计旨在服务于特定的目的，如果成功，这种产品将显示强大的能力实现既定目标。在设计因特网时，注意了减少增加单个节点，并使它们能自由地互相通信。没有一个节点或节点组对于维持整个系统发挥重要作用。即使一个地区停电切断了当地企业、家庭以及服务的移动设备，但是世界各地的互联网仍会继续工作。不幸的是，让互联网如此强大且方便使用的设计还是造成了一些漏洞，比如使用户容易遭受病毒袭击或出现安全漏洞。

强大的功能和脆弱的维度之间的权衡是无法消除的，但创造性的设计策略将承诺当系统出现故障时使损失最小化。通常情况下，发生故障的地方通常是次级维度出现脆弱性，这是因为设计师的重点在于实现强健性这一主要目标。更好地了解一个系统的整体操作，尤其要注意它的弱点，并采取补偿措施，尽量减少故障带来的影响。例如，较轻的笔记本电脑易于运输且美观，但该设备可能无法得到充分的保护，很容易被撞坏。因此，我们会加上保护套，反而增加了重量，损害了美观度。通常这些次级关注正是问题所在。

弹性工程学领域提供了一个研究复杂适应性系统的非常重要的新方法。事实上，它超越了对单个复杂的机械、生物或计算子系统的研究，而是对大型系统的研究，特别是那些有人类和机械共同参与者的系统。在一个社会技术系统中，人类参与者（经理、经营者和技术人员）的自适应能力起着核心的作用。在整个系统中，人可以补偿机械部件的本质脆弱性，因此如果发生故障则成为负责人。更弹性的社会技术系统更有能力处理和响应加诸其上的预期和非预期的需求。在技术助手的合作下，一般是人类在评估破坏性的局面，认清眼前具体的挑战，并决定何时以及采取什么行动。

第三章的开篇讲的是一架无人机（UAV）脱离了跑道，原因是软件发起的系统与人类操作员的指令发生冲突导致事故发生。对于这样的事故，通常的建议是增加无人机的自主性。但正如前文已经指出，这只会增加操作人员的责任。他们需要了解这个更复杂的电脑合作伙伴的业务，以充分协调所有操作。对复杂性进行协调是不容易的。许多提出的解决方案只会使整个系统更加复杂，更加不可预测。

当然一些人类的负载可以转移到计算机的子系统。但一个更好的方法是要考虑将管理者、操作者和技术作为一个团队，并让计算机组件成为一个好的团队成员。与直觉不同的是，减少或消除灾害建立在不要出什么问题之上，例如，提高团队合作，而不是预测哪里会出错。打造人和机器之间的工作合作关系提高了复杂社会技术系统的能力，从而能够适应和应对意外事件的发生。

我们对弹性的讨论重点是在人造系统的管理。但是在处理与人类、非人类的动物以及环境等问题时也会碰到类似的问题。事实上，我们对许多复杂自适应系统的理解来自对于生物和环境的适应能力和弹性。例如，爬行动物的断肢会再生。冷血动物会调节自己的温度以适应周围环境。我会隔段时间就去圣海伦火山游玩，这座火山于 2008 年 7 月发生了猛烈喷发。第一次去的时候，火山的巨大破坏力让我震惊，但是现在去我又惊叹于植物和动物的生命具有何等的韧性，它们已经从这样一个毁灭性的打击中恢复过来了。

通过对弹性的研究中，我们希望了解人类活动和人造系统如何改变和影响环境。搞清楚我们和我们的技术创造如何融入并且参加与自然系统合作，这是弹性工程真正值得追求的目标。

我们必须开展大量的研究，更好地理解复杂的自适应系统和方法，以维持或改善其可靠性。这项研究将是昂贵的，是否能够成功具有不确定性。及早投入资金研究技术方案以解决创新技术产生的问题，这是对于创新性研究可能造成的危险的一种负责任的态度。对于每一个技术问题，这是假设会有相应的技术解决办法是不够的。我们应当预先投入资金研究可能的技术解决办法。这也可以揭示出哪些问题是不可能解决的。我们要么得提前投入，要么就做好强大的防灾规划。

负责任的工程学并不是解决所有挑战的万能药。它只是提供了前进的方向，因为我们不能完全指导研究创新在其初期阶段会带来什么影响。它提供了自下而上的解决方案。创造性的工程方法可能把本书通篇所讨论的灾难都变成相对较不重要的事件。

第十四章　社会应变落后于技术发展

在火车发明之前，一个村子的钟楼和邻近镇子里的钟楼显示的时间是不同的。铁路调度提供了一个令人信服的理由协调统一报时。时间的标准化说明旨在重塑运输业的技术发明带来了许多二级或三级的社会影响。由铁路连接的城市快速发展，沿着铁路许多新城市如雨后春笋般建立。

铁路运来原材料满足日益发展的工业的源源不断的需求，并将成品运送到不断扩大的市场。大型养殖场能够将产品迅速运到人口中心，并因此改变了中西部地区的生态环境。在回顾铁路的革命性影响时，美国亚利桑那州立大学的布拉登·艾伦比（Braden Allenby）指出："任何具有重要意义的很有趣的技术，必然会动摇现有的体制、权力关系、社会结构、居统治地位的经济、技术体系和文化价值观等。"

尽管如此，艾伦比认为如何开发新技术以及新技术对社会将产生什么影响都存在不确定性，这使得人们对于创新技术应用进行规范的努力并无章法。事实上，他认为过早进行规范不仅会拖累新技术发展，而且事实上人们经常以不必要且有害的方式这样做了。

原则上，他反对根据未经证实的炒作或恐惧，采取早期预防的规章制度。反乌托邦的预测常常被用来"保护现有的经济利益和世界观"。他给我发电子邮件说道："现在来规范人的克隆是可以的，因为如果某些方面出了问题带来的风险实在太高。"而另一方面，艾伦比认为，如果没有明确的证据表明无人机带来的问题，那么不应当禁止在国内空域使用无人机，但是这一方面，现有的隐私法并不能令人满意。

相比之下，维多利亚·萨顿（Victoria Sutton）在小布什政府任职期间提出有必要制定早期（上游）的监管指导方针。小布什总统在 2003 年 1 月的国情咨文中，呼吁政府主动发展以无污染的氢作为燃料的汽车。小布什政府从以前的生物技术倡议中吸取了教训，因为对于未知的监管决定的担心将减缓天使投资者的参与。因此，为了助推所谓的"氢经济"，他们需要让投资者放心，法规既不会阻碍进步，未来也不会过度征税。氢动力车提出了许多独特的不得不解决的问题。纯氢气体与空气混合，如果发生泄漏的话很容易引起爆炸。每一个家庭和停车场都需要安全加氢气的装置。

当时，萨顿在美国运输部研究及创新部担任首席顾问。她面对的是许多不同的政府机构和监管部门对氢能政策和运输行业使用氢动力汽车的管辖重叠。因此，要推动氢经济的发展，她召集了代表各有关政府管辖范围相关的科学家和律师参与的特设委员会。她要求参与机构和部门的代表采用实名制，以确保问责。萨顿的特设委员会制定了一个监管框架，所有的有监督责任的机构和部门都在联邦注册机构发表的声明上"签字"。

早期阶段的监管框架为行业研究投资铺平了道路。但是，氢动力汽车在美国的出现还有待技术上的突破。即使是这样，加氢气的基础设施必须到位，以保证车辆长途续航能力。如果联邦政府不在资金和管理方面提供大力支持，很难想象能否建成氢燃料补给基础设施。奥巴马政府则更多的关注太阳能和风力发电作为替代能源。下一届政府也可能寻求其他能源形式以满足国家的能源需求。但是，对氢动力车辆和基于氢的燃料电池的研究仍在继续。未来，哪种清洁能源可作为生物燃料的"接班人"在很大程度上取决于这种技术被证明是安全的，且符合成本效益。

萨顿博士目前任教于美国德州理工大学法学院。她在小布什政府时期的倡议依然是如何协调众多离散但重叠的联邦机构的意见，以促进新兴技术的上层决策的一个独特例子。她认为，类似的协调可能促进其他新兴技术的进步。然而，发展对社会产生深远和破坏性影响的技术时，协调必须超越联邦政府包括所有利益相关者的参与。协调与其他国家的政策也将是必需的。但是，并非所有的当事人会认为这样的协调符合他们的利益。

监管还是不监管？这个问题是新兴技术治理主要讨论的问题。新的法律法规的出台导致官僚主义是很多意识形态争论的焦点。然而，上述小布什政府的例子说明，即使反对大政府的政治家也可以找到法规存在的价值。尽管如此，政府官僚最小化是当代政治的特点，这也是为什么技术创新领域的监督已远远落后于技术的发展。

比如说，美国政府未能对纳米技术实施有效的监督，但为纳米技术研究提供了数十亿美元资金作为支持。美国环保协会首席科学家理查德·丹尼森（Richard Denison）说得很好："真正的危险是延续政府监督系统，该系统过于陈旧，资源匮乏，带来法律束缚，使行业陷入困境，无法向公众和市场保证涌向市场的这些新材料是否安全。"

利益相关者被迫依赖非政府手段来设置纳米技术标准。急于继续开展研究，并对政府无力制定指导方针感到沮丧，杜邦化工公司决定建立自己的建议标准，来管理风险。在这一努力中，他们与环境保护基金会（EDF）开展合作，后者是一个受到高度认可和有影响力的非政府机构。最后该公司制定了六个步骤，概述了如何识别、评估和管理风险。其他各方迅速采纳了他们的"纳米风险评估框架"，该框架很快成为了事实上的这一领域的标准。为进一步推广该框架标准为更多国家所接受，杜邦公司与环境保护基金会将其翻译成汉语、法语和西班牙语。

该纳米风险评估框架说明了对于政府组织以外的组织制定的软治理机制的日益依赖。软法律或管理，包括行业标准、行为守则、认证程序、实验室操作规范和程序，原则声明和所谓的规范。保险公司设定的标准，例如，要求个人和机构必须实施安全作业，才能获得保险。与政府法规不同的是，软法可以被迅速采用，修改或丢弃。然而，只有少数的这些软的管理方法采取手段来惩罚不良行为。此外，创建软管理工具的组织很难代表各方或为各方信任。因此，只是依靠软治理远不足以确保安全。

与此相反，政府有很多手段来执行自己的意志。政府部门和机构可对非法活动发起公讼，关闭危险的设施，并可以撤回政府资助研究的资金。但是，正如我们所看到的，政府对新技术通过相关法律和技术标准很慢，因为行业和立法者普遍担心，规章制度将拖慢研究的速度。此外，政府法规一旦颁布，在新技术早期发展阶段可能还管用，但很快会变得过时。然而，到那个时候，监管制度已经根深蒂固，直至僵化，成为官僚机构的负担。

新兴技术的有效监督既需要政府机构实施强硬的监管规定，也需要软的治理机制予以扩展。事实上，积极结合两种方法可以解决许多由过度管制和过时的法律僵化所引起的"冻在原地"的问题。这一观点得到了亚利桑那州立大学法学院桑德拉·戴·奥康纳教授和加里·马钱特教授的大力倡导，他支持软治理在创新技术管理中发挥的作用。

然而，即使是日益依赖软治理机制，一个核心问题仍然存在：如何协调各个政府机构，倡导团体和业界代表支持的不同举措。马钱特和我就应对这一挑战提出了建议。我们建议对每一个研究领域建立问题管理员进行全面监管。我们将这些问题管理员叫做管理协调委员会。这些委员会由获得广泛尊重的有成就的前辈牵头，目的是与所有利益相关者一起监控技术的发展，并对已知的问题制定解决方案。该委员会不是与监管机构重叠或作为监管机构，而是与现有的机构一起工作。

将参与创新技术开发和技术政策制定过程的众多独立部门协调起来的想法听起来很天真，特别是考虑到产品和工艺的发现和改进的速度日新月异。政府历来做事速度和蜗牛一样，而软治理机制可以更迅速地做出反应。治理协调机制要真正发挥作用，则需提供有效手段，解决新技术问世及管理其社会影响之间日益增加的差距。

社会和技术的节奏问题

节奏问题指的是引进新技术与制定法律，法规和监督机制规范其安全发展之间的时间差距。但是，政府监管的滞后也影响取消过时的法规。1958 年，美国国会通过的法律赋予 FDA 监管不允许在食品中使用已确定导致实验室动物患癌症的物质。国会的意图是好的，但后来发现一些基于科学理论认定的致癌物质后来被证实并不准确。

到了 20 世纪 90 年代初，这条被称为德兰尼条款（Delaney clause）的法律已明显过时，但仍没有被撤销。在整个政府，监管机构承担着坚持过时法律的巨大代价。本来人力和资源有限，大量的精力还花在了陈旧的法律上，而没有对更紧迫的问题予以监管。

这里一直有一个节奏的问题。技术开发的速度不断加快进一步拉大了差距。然而，立法僵局、监管机构的僵化，以及法院澄清法律的速度几乎冻结，使得问题更加复杂。随着技术的发展速度加快，监管机构放慢脚步，变得僵硬，还有繁文缛节和资金没有着落等负担。新的监管需求仍未得到解决。例如，基因测试在不断发展，但对消费者的保护有限。网络隐私，虽然讨论激烈，但缺乏有效监管。

除了发展速度，新兴技术涵盖的应用领域繁多，可能带来的风险、利益和未来发展方向存在普遍的不确定性。风险无法确定使其难以确定优先事项或设计方案。实用技术的应用领域十分广泛，如纳米技术和信息技术，无法用传统的方法来治理。现有的监管机构都普遍缺乏管理此类问题的能力，因为这超越了传统的健康和环境保护事项，涵盖了社会广泛关注的问题，包括隐私、公平、公正和人类增能。这就需要适应性的监督工具，改革过时的立法，并对未来正在展开的可能性和危险做出迅速反应。

现有的条例规定通常都已有30至40多年历史,是为了应对昨天的挑战。在 20 世纪 70 年代通过的主要环境法律一直没有更新，它并不涵盖纳米材料等带来的新问题。例如，1976 年的《有毒物质控制法》（TSCA）对引入新的化学品进行监管。TSCA 的出台是因为当时认为化学物质对环境造成有害影响是其大量使用的结果。环境保护署试图将 TSCA 适用于监管纳米材料，但现有的法规不太适合于数量微乎其微但毒性极强的物质。迄今为止，所有修改 TSCA 以更好的监督纳米材料的努力都未获国会通过。

资金不足的监管机构的担负责任的领导人理所当然地担心因新的悲剧而被指责。但是，他们很少获得更多的监管权力、工作人员或资源，以扩大自己的职责，对新出现的挑战提供足够的监督。事实上，他们的权责范围往往限制了他们对新技术的社会影响作出响应。

正如第六章中所写的，FDA 在 2008 年得出结论，克隆动物的奶和肉没有特别的健康或安全问题，但是上万公民以社会伦理道德的理由提出抗议。FDA 单方面回应称，该机构不负责处理无科学依据的担心，如农业用途动物克隆相关的道德，宗教或道德问题，产品投入市场后的经济影响，或与 FDA 公共卫生任务无关的社会问题，这样的回应让大家都不满意。另一方面，宪法第一修正案禁止教会与国家混为一谈。狭隘的价值观或"厌恶"的因素不应该影响政府治理。而另一方面，制定新的监管准则的过程中排除伦理方面的广泛考虑可能意味着政府从来没有进行认真的长远考虑，正是因为相关的伦理问题才使得其中有许多是值得讨论的。

立法者，关注如何提高生产效率，短视地忽略了正在累积的风暴。关于好处可以很快收获，风险更多存在于未来的信念助长了立法者的疏忽。正如在第十二章指出，因为其短期利益追求战争的机器人化，但很少考虑推行这种形式的武器的长期影响。很多时候国会要等待下一次危机发生后才会采取协调行动。但是，灾难导致的立法，其目标是防止灾难重演，且只是定期采取周到的手段为快速变化的情况做好准备。在机器人战争的情况下，一个向后看的政策将无法改变军工企业已经决定了的战争轨迹。优秀的政治家明白他们的政绩将由他们如何应对危机的表现来评判。不幸的是，在实际的危机发生后积极应对，赢得好的舆论声誉似乎比在危机发生之前就预防其发生更被人看重。

白宫科学与技术政策办公室（OSTP）负责监督新兴研究领域。尽管立法处于僵局，OSTP 仍在努力塑造科技创新的进步。其大部分精力放在开发新项目。鉴于一届政府时间有限，我们可以理解为什么 OSTP 工作人员对奥巴马总统大脑神经科学研究专项十分兴奋。这种计划能够保证高调的宣传和承诺。然而，OSTP 工作人员的日常工作得到的关注甚少。它需要与负责监督技术发展的多个部门和机构进行沟通协调。OSTP 按照总统科技顾问委员会的建议开展工作，并促进各种公私伙伴关系。

OSTP 工作人员十分重视新兴技术的潜在破坏性影响，但由于立法的僵局，其行动范围仍然有限。然而，通过澄清监管意见指南和对新技术研究应用重构，政府行政部门的各个机构在不断调整技术发展。OSTP 技术和创新部副主任汤姆卡里尔（Tom Kalil）在一篇未公开的内部简报中发表了一篇文章，标题为"拯救世界——每次一个文件"，一针见血地指出了问题所在。

一个同样错综复杂的"软法"网络对现有的经常重叠的政府机构和法规体系提供了补充。各方继续各自为政，七零八落地采取些行动，而很少注意其他机构的行为如何影响相同的技术开发。这种东拼西凑的做法导致既有重叠又有漏洞的局面。

国内监督和监管部门存在差异，或缺乏监督和监管机构，在其他国家又增加了复杂因素和差距。气候变化和互联网管理等问题是国际性的问题。对于克隆人或运动使用激素药物的担心只能通过跨国协调来管理。跨国企业把有争议的业务移到海外，以规避新规定。参与治理新兴技术的制度，法律和技术准则（国内和国际）的大杂烩产生的重叠或漏洞，急切需要一些手段来协调各个角色，倡议和做法。

胡萝卜加大棒

加里和我提议的"问题管理者"将作为"乐队指挥"。全面协调单个领域发展的委员会将监督该领域创造的行业。这些管理协调委员会（GCC）既不会复制也不会侵占其他机构如监管机构承担的任务。但是，他们会搜寻已经参与某一新兴领域发展的各种公共和私营机构之间存在的差距、重叠、冲突、不一致，以及协同机会。

该委员会的首要任务是：打造一套强大的机制，全面解决新的创新所带来的挑战，同时保持足够的灵活性，随着行业的发展和变化，对这些机制进行调整。委员会成员将负责保持该委员会结构精简和反应迅速，并尽可能利用现有资源和机构。例如，机器人技术协调委员会将努力协调政府机构和软法机制的活动，以促进安全实践，开发测试和认证产品的方法，以及管理风险的手段。

GCC 就是要做一个好心的经纪人。它的建议必须有分量，这样公众，行业，立法机构和行政部门会把它当作一个可信的权威机构。每个 GCC能帮助各方认识到，合作建立一套强大的机制符合他们的利益，从而扩大GCC 的有效性和影响力。

委员会的工作人员的其中一个任务是避免实施硬性规定来解决差距问题。但在必要的时候，GCC 可能使用胡萝卜加大棒的政策，说服所在行业应该致力于自我监管的自愿系统，以避免承担政府监管的负担。但是，如果他们失败了，政府的行政部门的立法者和管理者，应当了解 GCC 首先会寻找其他办法来解决监管缺口的问题，同时认真对待委员会的建议。否则，应当为出现的问题负责。

建议立法者降低或限制责任风险的胡萝卜，可作为奖励，鼓励行业承诺遵守严格的自我约束的标准。比如，机器人行业可能适合于建立严格的设备测试和认证程序，如果这样做了，反过来就会带来无过错保险政策，即如果有意外事件发生，它们可以完全受到保险覆盖。

我们相信，政府机构会感觉到与 GCC 的合作不会侵犯他们的权威，符合自身利益。资源不足，无力维持的机构可以受到 GCC 的保护和缓冲，避免承担资金没有着落的额外任务。例如，如果 GCC 说服业界制定强大的自我监管制度，政府机构将不必承担一些额外的责任。

其他利益相关者也可能把 GCC 当作表达他们担心和忧虑的联络点。学者，社会批评家和非政府组织都抱怨说，他们提出的问题被忽视了和没有得到解决。它们不一定对 GCC 做出的决定满意，但他们会满意某些监督机构已经在打造强有力的行业监督体制的过程中充分考虑了他们的关切。

GCC 还可以作为图书馆或资料库，储存所有新领域公开发布的研究成果及其带来的社会挑战。对于公众或媒体而言，将炒作、毫无根据的恐惧与可靠的信息宣传区分开来是不容易的。GCC 将对科学研究进展进行跟踪，如有科学的门槛被跨过，将提供及时报告，使投机性的威胁不足为信。

媒体还可以依靠 GCC 对新研究进行公正的评估。负责新闻报道的记者需要在限定期限内努力了解复杂的问题。不负责任的媒体利用谣言，扭曲，恐惧和偏见制造耸人听闻的故事。即使他们尽量寻求公平，通过提供一个问题的两个方面，促使人们以为反方立场也具有同等的价值，但其实很少会是这样。一个可靠的和运作良好的 GCC 可以帮助获得对这些问题的真正平衡的理解。

各个 GCC 组成的网络可被共同视为一个模块式结构。负责各个领域的委员会可以交换意见，并确定成功或失败的方法。委员会可能共同协调类似领域的技术如何进行管理。此外，他们还可以与其他国家的类似机构合作，以统一协调特定技术的国际治理方法。

执行中的挑战

GCC 提供前进的道路，但是实施的路径仍不太清楚。许多问题仍然没有答案。GCC 如何获得影响力（权力）、授权和合法性？谁负责选择或任命工作人员？必须采取哪些措施以建立委员会的公信力？委员会向谁汇报？它将如何获得资金？资金来源将影响委员会成员和工作人员的选择。GCC 可以作为政府机构或私人实体。每种方法都有优点和缺点。私营实体，可以更容易不受政治压力的影响，而是政府内部设置的 GCC 可掌握更多的权力。

利益相关者的代表——政府、企业、非政府组织、科学家、公众和政策专家，肯定会有助于建立委员会的公信力。委员会还可以招募退休的管理人员来建立诚信和尊重。如果某人因为在商业、学术、非营利组织或军队等领域获得了广泛的认可和尊重，还愿意把加入 GCC 作为其个人荣誉，那么这将大大有助于提高这个委员会的信誉。但是，如果一个委员会获取了力量和尊重，这将很难避免来自政府的影响，或至少有偏见的嫌疑。现代社会很难维持影响力和权威，特别是在持不同的意见者更容易对可信的领导人发起不诚实的抨击。

这些实际操作过程中面临的挑战可能会让一些人认为，鉴于目前的政治环境，GCC 这个想法过于复杂或过于天真。也许这个建议的确是既复杂又天真，但是，我们必须得找到某种形式的解决方案。我们需要类似于 GCC 这样的机制来应对新技术带来的挑战。加里和我相信这种实施过程中的挑战是可以解决的。因此，我们推荐的一个试点项目，探索 GCC 可行性。该试点项目将是机器人或合成生物学领域的。这两个研究领域都很年轻，尚未受到庞大的法规标准的阻碍。

显然，我们有必要建立一种新的治理模式。试点项目提供解决实施过程中各种挑战的机会，并以此研究 GCC 是否能够作为新兴技术管理的有效方法。

第十五章　我们的未来

弗兰克·赫伯特（Frank Herbert）经典科幻小说《沙丘》及其五个续集中描述了一种叫作美兰极（Melange）的香料，这种香料可以帮助人延长生命，增加智慧，提高活力。《沙丘》中的一个重要情节，就是美兰极带来有限的超感能力。超感能力对垄断星际旅行的太空协会具有特别重要的意义。美兰极能使协会的航行家驾驶超光速飞船的时候准确找到安全的航道，在广阔的时空里，从银河系中的太阳系航行到另一个星系。在旅途中的每个关键时刻，具有超感能力的航行家可以预见每个行动将会带来的结果。

在某种意义上说，我们每个人都是一个航行家，今天的决策将对未来产生某种形式的影响。如果我们有幸拥有先见之明，奔向未来的航行也许会更容易些。我们可以看到每个行动产生的结果，那些选择可以使利益最大化，危害最小化，不平等是否真正对人类最为一个整体有利，还是加重人类的痛苦和折磨，以及如何更好地培育个人性格，促进个人的自由和蓬勃。也许有了先见之明，就没有必要再进行伦理方面的辩论，因为最好的行动方案已经不言自明。

当然，我们没有先见之明，仍有很多的未知。有些选择会带来意想不到的后果。我们任何人都没有单独控制船只航向的能力。事实上，我们所能控制的非常之少，但是通过将人类编织起来的关系网络，我们可以影响一切。

所有优秀的航行家都知道想要达到指定的目的地，可以选择很多航线。在科幻小说中，熟练的航行家对地平线一扫描就对已知的和意料之外的障碍了然于心，比如一个星系的战争，另一个星系的宇宙海盗，或是突然会出现的虫洞。只有鲁莽的航行员经常选择最快或最直接的路径。在我们的星球上，面临的挑战也许更为平淡，但是对于人类的未来将产生深远的影响。工程师，外交官以及明智的公民有一个共识，即采用迂回途径和非常规的方法通常会找到问题的最佳解决方案。

《科技失控》的核心一直有一个问题有待解决。我们，人类作为一个整体，是否有足够的智慧应对技术创新带来的希望和危险，成功地航向未来。这本书更多地关注这段旅程本身，而非达到某个特别的目的地。实际上，过程往往比结果更重要。罗伯特·弗罗斯特（Robert Frost）在诗中写道，"黄色的森林里有一条路分为两条"，而她选择了那条"人迹罕至的路"。爱丽丝在仙境中迷路了，她问树上栖息的一只大柴郡猫怎么走。

爱丽丝："请你告诉我，我要离开这里应该走哪条路？"

柴郡猫："这得看你想上哪儿。"

爱丽丝："我不大在乎……"

柴郡猫："那你走哪条路都没关系。"

爱丽丝："……只要我能到某个地方。"

柴郡猫："哦，那你一定能做到。"

超人类主义者团体目前的规模很小但是在不断发展，他们希望能够很自由地实现增能，或采取技术手段实现长生不老。但是，就像爱丽丝一样，我们大多数人并不知道人类的未来应该是什么样子。尽管如此，我们对不想要的持有强烈的意见。但是，这些看法往往是不切实际对变化不屑一顾，或是忽略了创新性的行动。在沙丘系列的第三本小说《沙丘的孩子们》书中，赫伯特引用了《宇宙航行协会手册》中的话：

使未来可能性的变窄的任何路径有可能成为一个致命的陷阱。人类不会摸索穿过迷宫,他们扫视了充满独特机会的浩瀚地平线。迷宫变窄的观点应该只对那些把鼻子埋在沙子里的动物具有吸引力。

认识到我们的视野以及对未来的控制是有限的,本书对目的进行了淡化,而更多的笔墨放在手段上。对于如何管理技术创新,本书对两种不同的方法或工具做了概述。一种方法是在设计和建造过程中集成考虑价值观和伦理的因素,另一种方法则是解决政策方面的考虑。

通过在新工具和技术的设计过程中植入共同的价值观,工程师可以改善未来前景,获得积极的成果。在设计过程的上游植入共同的价值观可以在尚未为时已晚之时,调整航程的方向。

GCC 为每一个重要的新研究领域的监督和管理提供了一个灵活的,适应性的以及全面的机制。对于如何解决新兴技术监管问题,本书提供了一个有关政策机制的大型工具包可供选择,比如由政府拨款和监管,制定行业标准,量身定制的保险等等。正如任何好工匠都知道,拥有并选择合适的工具可以减轻工作量,并生产出高质量的产品。GCC 或一些类似的政策机制,可帮助选择合适的工具来应对每一个挑战。他们可以帮助解决创新技术监管的问题,避免构建一个臃肿无用的法律,法规和官僚体系。

对技术创新的全面监控有利于识别关键的转折点。这些转折点提供了以相应的方法改变技术发展的机会。在早期对航线的微调就可能带来目的地的不同。

我们实际上将要创造的未来很大程度上取决于我们今天所采取的行动包含了怎样的价值观,而并不是关于技术可能性的投机性想法。对未来的猜测和想象肯定会激发个人的行动。但是一个令人向往的目标并不能保证一定会安全到达。

人类可掌握的节奏

整本书一直在倡导加快技术发展有必要与人类可掌控的速度保持一致。人可掌控的意思是这个速度可供个人、机构、政府和整个人类做出知情决策。保持在一个人的角度管理的步伐加快技术应用的必要性。技术开发过程越审慎和细致，就可能留出更多的机会，解决本书中提出的很多危险。在政府监督方面，

知情审议实际上应该加快实施用以指导研究创新领域的适应性机制。然而，反思的必要性使得在很大程度上将放慢新工具和技术的加速实现。如前所述，对于可能产生深远的，不确定影响的新工具和技术的随意采用是社会失去方向的标志。放慢技术的采用不应出于意识形态的原因，而是作为一种手段确保人们的安全不受不可预知的破坏的影响。一个稳健的步伐使我们能够有效地监控风险，并且在转折点消失之前就已经确认它的存在。

时间和科学的前进不可阻挡，但我们确实有办法调节发展的速度。伦理、法律和公共政策是不完美的工具，但可以巩固我们对于基本价值的承诺。

理论家注意到了高速发展的技术，社会转型速度加快，以及日常生活节奏日益加快之间的反馈回路。他们认为加快速度是现代社会和资本主义的基本特征。资本主义对于提高生产力和效率的需求是推动加速的主要驱动力。工作和日常生活的节奏加快提高了生产效率，但在当今的经济环境下，它并没有导致生活质量的改善，比如普通公民的工资增长并不多。

此外，速度也实际上破坏了生产力，例如，加速开发以及监管不到位导致发生了破坏性的危机，如英国石油公司在美国新墨西哥湾的漏油事件。污染清理，关闭墨西哥湾地区所有海上钻井，对环境的影响，以及大受挫折的渔业和旅游业等等都是代价高昂的损失。一场破坏性的危机造成的资金上的损失就可以迅速抹去限制对革新性技术实施监管所带来的经济利益。

这种经济成本演算还不包括每次事故给人所造成的痛苦和伤害。人类的损失可以很容易超越资本的损失。而且，这个负担往往都会重重地落在穷人身上。然而，只要强大的利益集团仍然认为现状可以满足他们个人或企业的目标，那么这种认为加速发展是对整个人类有利的错觉还是会一直持续下去。

速度过快不仅给经济系统增添负担，也损害了民主制度。越来越多的问题没有解决。盲目地变化速度使一切成为了危机。"紧急状况"成了正常状态。当一个社会永远处于危机状态时，对于一些粗心大意的权宜政策总是会找到理由和合理化的解释。

行政特权从外交政策转移到了国内问题。例如，2014 年奥巴马总统发布行政命令以解决移民改革这个严重问题，但因为与国会僵持不下未能采取行动。如果很多方面短时间内都出现了问题将使情况更加复杂。最终，将出现德国社会理论家尤根·哈贝马斯（Jurgen Habermas）提出的一个概念：合法化危机，即政府无力解决问题的时候。

最后，不断加快的速度破坏了我们每个人生活的质量。有些人觉得与压力并驾齐驱令人振奋。然而，越来越多的人开始抱怨无法承受日益增长的压力。节省时间的小工具并不起作用，因为你必须学会如何使用数百个其他的功能才能实现。压力导致睡眠障碍、疾病，从某种意义上说，一个人的生命是失控的。

这样的分析可能被斥责为毫无根据的悲观和沮丧，或是为呼吁对技术发展的监管保持创造性的警惕。也正是后者促使我写这本书的。

放缓而非真正降低采用创新技术的速度，代表着这个社会将关怀置于经济利益之上，是对细节的重视，对技术的潜在影响做出谨慎的分析。但是，关怀并非是规避风险。风险总是会存在。事实上，企图消除所有的风险是一种误导，也是导致技术解决方案的开发不断加速的一个原因。关怀是必须得以加强的普遍价值观，但是它并非时时得到重视，毕竟关怀需要花费时间和精力。但是，漠不关心是邪恶的一种表现形式。把对未来的控制权让位于经济需要和盲目发展新兴技术，是不负责任的行为。

经济改善提供了一个短期的缓解。没有它，我们将继续在危机模式下运行，在新兴技术带来严重风险之前也不能掌握它们。我们经济的任何正常化都应当作为一个契机，对具有潜在危险的系统的安全性和试验规程予以加强。仅凭这一点，将可以适当缓和风险较高的研究领域的进展。

我们用以确保技术发展流程谨慎仔细的机制并不一定就是我所建议的那些机制。但是如果我们无法制定有效的办法，那将全盘皆输。对于我所提的相对温和的措施是否充分，有些人持怀疑态度，对此我欣然接受。许多读者可能还会怀疑，在目前的政治环境下，技术发展背后有着强大的驱动力，此时恐怕连最温和的机制也无法实施。

在做出灾害和危机会增加的预测之后，我也心存怀疑，我们和我们的领导人是否有意愿和意图做出对于限制危机、尽量减少危害非常必要的，但是艰难的选择。如果我们连最温和的措施都不能或不愿采取的话，那对于这个问题，答案不言自明。

如果没有我们的积极参与，技术发展的未来是不可阻挡和避免的结局。如果我们认为温和的措施也是无用的，那将意味着我们已经放弃了自己的未来。如果人类不能控制发展速度，这暗示着将我们的星球拱手交给了高速机器人和超能技术智人，他们才是能够适应这个肾上腺素爆棚的不断加速发展的世界的唯一物种。

每个人都是参与者

《科技失控》邀请您，作为我们航向未来的代表之一，参与应对新技术的应用所带来的挑战。众多的政治领袖和自命不凡的专家认为他们应当代表所有人做决定。显然，他们的很多意见也只能是片面的指导。政府组织的各种委员会和无数学者呼吁更多的公众参与决策，哪种接受应当大力发展，哪种技术应该加以规范，哪些应予以摒弃。政治领导人真诚地呼吁公众提供意见。负责任的领导人认识到，手头的许多决定影响范围太大，如果没有选民的知情及参与，则无法做出决定。

但是，如何让更多的公众参与其中呢？或者就此而言，什么样的公众参与是有帮助的呢？要培养具有决定数量的知情公众并不容易。题材如此众多，但是我们的时间如此至少，大多数人都只能粗浅地了解一些表面的问题。一般情况下，我们依靠民选官员和他们选择的专家解决一些难题。但是，我们不应当完全依赖专家，因为新兴技术带来的问题太复杂，非凡人所能解决。

当然一些具备专业知识的专家对某个复杂的问题进行了特别研究。从他们身上，我们可以学到很多东西。但是，对于我们即将踏入的勇敢新世界做全面的思考的问题，没有哪个专家能够回答。只有某些人拥有的信息更多一些，同时受到自己的直觉、信仰、价值观和愿望影响。我们可以听取专家的意见，或者作为一个知情的公众，发挥带头作用，帮助确定优先事项。

欧洲和美国，正在发展一种由知情选民决定优先事项的新模式。共识大会或公民委员会可供社会各界公民代表利用专家掌握的知识和信息，但随后独立形成自己的意见。在 20 世纪 80 年代，丹麦是第一个国家实验采用论坛的形式，让公民代表研究和报告一些重要问题，比如纳米技术等。最近，还有一些国家尝试采用这种办法研究对于采用新技术，哪些是公众关心的，哪些不是公众关心的。公民代表在了解所研究的问题过程中可以向专家提问和征求意见。专家可以提供自己的看法，但是实际上由公民委员会最终决定优先事项。公民的意见然后转达给立法者。

更为广泛的选民可能会或可能不会愿意听取公民委员会对一些重要问题做出的判断，比如是否接受将合成生物释放到环境中，以及核电站新设计的采用等。但是，通过某些公众教育和宣传活动，公民委员会可能被视作一种可行的替代方法，从而不必单纯依赖政治家，专家和既得利益者的意见。

　　将这种模式转换成强大的手段来衡量一个像美国这样的大国公众知情的态度是绝对不容易的，但是可以以极具成本效益的方式来完成。采用地区性论坛，电视节目，以及基于网络的调查都可以用来扩大取样的代表性。目前已经有一些分析工具可以用来确定受访者对问题了解的深度，以及他们是否能真正代表民众的意见。媒体将会对民众所持的强烈担忧予以报道。选举产生的官员对这些担忧是否采取行动是另一回事。至少，公众得到一个机会让公民代表了解他们的优先事项。值得庆幸的是，政治家们通常会对选民的明确意见做出实际的行动。

　　我们已经进入了历史的关键转折点，我们对于科技进步所做的判断将决定人类未来的位置，或者说未来我们能否有一席之地。本书的重点在于我们是否认识到在进入这个过渡阶段时，完全清楚并且认真对待自己的选择所带来的后果。或者，我们是否会心烦意乱的将未来拱手让给某种已经确定的力量。

　　《科技失控》是一本提醒世人警惕的书。它强调了当我们因为某一个原因采用新的技术可能会带来问题，这本书是为了灌输某种程度的不适和谨慎。就像高速公路上的警示牌提醒司机需要小心和专注。对于航向未来的征程，一本警世小说将发挥类似的作用。

　　在《沙丘》的传奇故事中，公会航海家住在一个充满美兰极的水箱内。随着时间的推移，他们的身体开始发生变化，从人形膨胀成昆虫一样的生物。这种警告是及时的，我们的人性可能会丢失。不是因为我们的身体会被改变，而是因为我们不能积极地肯定那些让我们与其他物种有所不同的更令人钦佩的品质和价值观。消极被动地对待革新性技术的发展肯定是危险的。有明确的关于变革的被动技术的发展危险。我们不应当任由技术不受约束的发展，最终受其摆布。

　　自觉地参与意味着要投入关注、精力、智慧，以及抵制破坏人类精神力量的意志力。这些危险的力量经常会吸引我们稀里糊涂进入技术的神秘园。然而，予以适当的关注，创新行动的机会就会出现，实现一个符合普遍原则的未来仍有时间和空间可以利用。成功地航向未来需要我们有意识地充分参与。

注 释

以下注释可以丰富本书讨论的各个主题，并借此感谢对我的思考起到帮助的人。参考文献可以找到更完整的来源。许多信息来源在文本中很容易确定，在此不再重复，我认为感兴趣的读者会在参考文献中找到相关的内容。

第一章 谁真正掌控我们的未来

奥托罗斯勒（Otto Rössler）1月31日在柏林举行的超媒介大会做主题演讲，4个月前，他发表了一篇文章，题目为："从亚伯拉罕方案（Abraham Solution）到史瓦西度规（Achwarzschild Metric）都暗示欧洲核子研究中心微黑洞对行星构成威胁。"可通过以下网站查阅：http：//www.wissensnavigator.com/documents/ ottoroesslerminiblackhole.pdf

亚历克斯•纳普（Alex Knapp），福布斯撰稿人，2012年7月表示："发现希格斯玻色子的总成本大约132.5亿美元。"

最近关于测量霍金辐射的争议超出了本书的范围。

全球巨灾风险已受到相当的重视，近年来。马丁•里斯（Martin Rees），尼克•博斯特伦(Nick Bostrom）和理查•德波斯纳（Richard Posner）在争论，我们低估了这些事件发生的可能性，因此严重灾难来临时往往准备不足。

我的经纪人安德鲁·斯图尔特（Andrew Stuart）曾建议将"技术风暴"一词作为本书的书名。

我很感谢西德尼·斯派则（Sydney Speisel）医生帮助澄清了这两次流感疫情曾促使世界卫生当局提高流行病的预防能力。

人类基因组中的为数不少的基因序列已申请专利，或者本应当申请专利，在最高法院做出决定之前，这个问题仍是争论的焦点。 41％这个数字来自罗森菲尔德和梅森（Risebfeld 和 Mason）（2013 年）。

虽然最高法院裁定反对为天然存在的基因注册专利，但它支持为人造基因申请专利。此外，这也为天然基因的新应用申请专利创造了可能性。

加里·马钱特（Gary Marchant）让我注意到，欧洲和其他地方继续为人类基因注册专利将导致最高法院裁决适用问题很复杂，同时也会影响一些公司是否最终决定投资可申请专利的人类基因研究。

邦尼·卡普兰（Bonnie Kaplan）和尼克·博斯特伦(Nick Bostrom)2002 年秋天在耶鲁大学生物伦理学跨学科中心创建了科技与伦理研究小组。

第二章　预测

275 美元仅仅是几年内可能问世的一台好品质的 3D 家用打印机的价钱。如果要用 3D 打印机打印出一把可以使用的枪支，那么这个估价可能偏低。

高频交易所占市场活动的实际百分比可能不同，对其规模的估计亦是如此。

亚历克西斯·马德里加尔（Alexis Madrigal）借鉴了 Nanex 公司（交易数据服务提供商）的研究，他这样说：似乎某一个算法，相比骑士公司的开始"以报价买入，以出价售出，意味着失去了价格上的差异。埃克斯龙（Exelon）公司的每一只股票，使用该算法产生了大约 15 美分的贸易损失，每一分钟将这种错误重复 2400 次。这是一个极速且扭曲的机器人逻辑：买高卖低。这不是人类会有意识去做的事情，然而，这种事情的确发生了"。

据《每日电讯报》农业版编辑大卫·布朗（David Brown）在 2000 年的一篇文章中写道："疯牛病自爆发以来，造成英国约 179,000 头牛死亡，作为预防措施另外宰杀了 440 万头牛，为了保障消费者利益，赔偿和援助牛肉行业已经花费了纳税人超过 50 亿英镑。"

2014 年日本已重新启动两座反应堆，但应地方政府请求后，随后关停。在写这篇文章的时候，尚不知道 2015 年是否会重启任何的核电站。

盖里·卡斯帕罗夫（Garry Kasparov）与两个不同版本的深蓝下棋，他在 1996 年击败了第一个竞争者。1997 年战胜卡斯帕罗夫的是升级版本，有时也被称为深蓝 II。

第三章　越来越复杂

大卫 D. 伍兹（David D. Woods）提醒我注意他和埃里克·侯纳格（Erik Hollnagel）有关全球鹰故障的研究和评论；特别是，这次事件说明了管理"共同的认知系统"如何困难。我对这起事件的讨论还借鉴了迈克尔·派克（Michael Peck）的对事故原因的解释。

詹姆斯·里森（James Reason）认为，切尔诺贝利核电站的操作员"错误地违反了工厂的程序，且关闭了一系列安全系统，立即引发了反应堆堆芯的灾难性爆炸"。

莎拉·莱尔（Sarah Lyall）在《纽约时报》有篇文章，题为"英国石油公司（BP）——有胆识的历史和昂贵的失误"，她指责 BP 公司高管偷工减料，不能从以前的错误中吸取教训。

关于 1984 年印度博帕尔联合碳化物公司化工厂爆炸导致的死亡人数，

目前仍存争议。各方一致认可的是，事故当即造成的死亡人数超过2，200。印度Madhya Pradesh邦政府声称，由于甲基异氰酸酯和其他化学物质的释放导致3，787人死亡。

查尔斯·佩罗（Charles Perrow）的话来自于他2009年9月提交给耶鲁大学科技与伦理研究小组的论文摘要。

"闪电崩盘"发生时，埃琳·伯内特（Erin Burnett）和吉姆·克莱默（Jim Cramer）在CNBC的节目片段可以在互联网上找到。 YouTube提供一个9分36秒钟的片段，"闪电崩盘！道琼斯4分钟内下降560点！ 2010年5月6日"。

大卫·博林斯基（David Bolinsky）2007年3月TED演讲题为"活细胞奇迹的可视化"，讨论并演示视频的片段，可在http://www.ted.com/talks/david_bolinsky_animates_a_cell查看。

第四章　变化的速度

Wake Forest再生医学研究所主任安东尼·阿塔拉（Anthony Atala）和他的团队用3D打印技术打印了一个膀胱，这是第一个移植到人类身上的器官。在一次TED演讲中，他演示了如何打印具有一定功能的肝组织。可在https://www.ted.com/talks/anthony_atala_printing_a_human _kidney查阅。

宣布具有突破新意义的3D打印生物可吸收夹板，拯救了婴儿的生命，内容可在http://www.uofmhealth.org/news/archive/ 201305 / baby's-life-saved-groundbreaking-sD-printed-device查阅。

凯文·凯利(Kevin Kelly)在其作品《科技想要什么》中说，科技像生物一样在成长。凯利指出技术的集合体是具有生命力的技术元素(Technium)。

马克·安德森（Marc Andreessen）在华尔街日报上说，"几乎每一个金融交易都是依靠软件进行"，并认为，"医疗和教育将会下一个经历"，根本的以软件为基础的转变都是未来行业将经历一个"基础软件为主的转变"。

雷·库兹威尔（Ray Kurzweil）有关技术奇点在不久的将来将要到来的预言多年来一直在变化，这些预测还取决于对于什么构成超级智能计算机系统的定义有什么不同。最近，库兹威尔预测在 2028 或 2029 年，计算机系统的智能将首次超越人类。

2009 年 2 月，人工智能进步协会（AAAI）主席埃里克·霍维茨（Eric Horvitz），以及康奈尔大学计算机科学教授巴特·塞尔曼（Bart Selman）召开了人工智能未来长期影响专家委员会会议。该会议明确讨论了一些猜测和担忧。2009 年 8 月的报告做出了总结，"对于智能爆炸、即将到来的奇点，以及大规模地丧失对于智能系统的控制普遍存在怀疑"。

2015 年 1 月在波多黎各，生命未来机构举行了类似的会议，巴特·塞尔曼说："多数人工智能研究人员因为近期计算机感知和学习能力取得突破，从而对超级智能表示有些担心。"后来，他通过电子邮件告诉我：5 年时间发生了如此惊人的变化。

我们大多数人在这个领域已经研究了 20 或 30 年左右的时间，一直认为计算机处理各种形式的感知，比如说视觉和语音识别，基本上是没有解决（或不可解决）的问题。（即使我研究计算机视觉的同事们也开玩笑地说："我们这东西是行不通的。"）但是，随着近期关于深度神经网络的研究深入，经过庞大的计算机系统培训，使用大量的数据，我们看到计算机开始能够听到和看到。比如，你指着房间里的摄像头，图像中的所有物体和人都进行了很好的标记。这在 5 年前是完全不可能的！所以，现在研究人员正在考虑结合其他领域的工作，如推理和决策的新感知能力。这将导致非常强大的系统。因此，人工智能研究人员感到该领域质的转变。

2014 年被谷歌收购一家英国公司 Deep Mind，在扩展人工智能的可能性方面发挥领先作用。利用一种被称为"深度学习"新办法，Deep Mind 的团队正在设计一种算法，计算机可一次观察其他正在玩电子游戏的计算机的数据流，从而制定玩游戏的战略，并发挥创造性在各种游戏中取胜。深度学习带来的兴奋和以前提升人工智能的方法所带来的兴奋一样。但是大多数人工智能研究人员希望利用这种计算机学习的方法来取得显著的进展，因此重大的技术门槛还有待跨越。

第五章　权衡

由于数据相互冲突，气雾罐注册专利的时间一般引用 1923 年至 1933 年之间的不同日期。此外，该日期取决于使用挪威还是美国的申请许可。

《寂静的春天》在围绕禁止 DDT 的争议中的作用不应当被解读为削弱蕾切尔·卡尔逊（Rechel Carson）对于环保主义的真正重大贡献。

美国航天局的网站包含戈达德太空研究所所记录的全球平均地表温度图。这表明 1906 年至 2005 年间温度上升为 1.1 和 1.4° F（0.6 至 0.9℃）之间，过去 50 年中，温度率已接近翻了一番。可在 http: // earthob- servatory. nasa.gov/Features/GlobalWarming/page2.php 查阅详情。

哈佛大学的戴维·基思（David Keith）是倡导通过在平流层播撒硫酸盐或纳米颗粒这种测试方法，是对减缓全球气候变化影响的主要人物。基思和他的同事已基本开发出测量该办法效果的模型。

雷蒙德 T. 皮埃尔亨伯特（Raymond T. Pierrehumbert）认为地球工程是"解决全球变暖问题的一个相当绝望且令人震惊的前景"，他还称地球工程就是"疯狗的叫声"。

贾斯汀·杜姆（Justin Doom）注意到，其他的人类活动，特别是猫的驯化，比风力涡轮机造成的鸟类死亡数量更多。

许多学者,包括密歇根大学风险科学中心的主任安德鲁·梅纳德(Andrew Maynard),认为纳米技术和化学之间的区别是虚假的。

虽然归类于纳米颗粒的分子通常最大限制为不超过100纳米,但是不管正确与否,很多超过此限制的粒子也被指定为纳米材料。

通常是需要5亿美元才能获得药物批准,但是获得FDA批准的实际成本根据不同的申请有所不同。本书作者还没有找到5亿美元成本的实际数据。

我很感谢查尔斯·佩罗(Charles Perrow)让我注意到从福岛核电站受损的4号机组卸出燃料棒所带来的挑战。

很难对不同能源形式现在和未来的成本进行比较,且一般不同地区之间有所不同。例如,美国中西部南北风走廊的风力发电成本比其他地区低。然而,随着全国性电网的完工,从能源便宜的地方将电力输送到需求电力的地方效率更高,成本将大幅降低。参见《智能电网(R)进化:电力的斗争》对这些问题进行了更充分的讨论。

戴尔曼德斯(Diamandes)和科特勒(Kolter)(2012)和纳摩(Naam)(2013年)总结了核能发电的新形式的两个例子。梅尔沃德(Myhrvold)的话引述自戴尔曼德斯和科特勒。

第六章　生物工程和转基因

对于合成生物可行性存在不同意见的生物学家发现了一个未被天然生物超越的生态优势。关于爱德华尤的言论请参阅"黑客总统的DNA"(http://www.theatlantic.com/magazine/archive/2012/11/hacking-the -presidents-DNA / 309147 /)

基督徒对于地球只有几千年的历史的看法可以追溯到主教詹姆斯·乌雪(James Ussher)(1581年至1656年)推广的理念。他按照儒略历计算出耶稣诞生前 4004 年地球得以创造。乌雪通过对《圣经》中的几代人往前推算做出这一判断。鉴于这是相对短的一段历史，很难想象物种有足够的时间进化。

物种之间的以相同比例分配遗传相似性是有问题的，但是，尽管如此，足以说明很多进化物种共享一个祖先。

要注意的是，在有直接改变基因材料的技术出现之前的很长一段时间，都是通过育种技术产生类似的物种或动物。事实上，杂交植物的育种技术早于人类历史。杂交物种不仅结合父母的不同特性，但它们的遗传物质也得以改变。

在美国，拒绝转基因生物被定性为不合理的。然而，转基因作物是否对健康构成风险的证据也是混杂不清。克里姆斯基（Krimsky）和格鲁伯（Gruber）（2014 年）对这一问题进行了更充分的讨论。

在总统委员会报告答辩中，该委员会主席艾米古特曼（Amy Gutmann）博士（2011 年）写道：该委员会称这一战略"谨慎的小心"。 有些评论人员错认为这些结论是可以放松对于这一新兴科学的任何约束。其实，该委员会不仅要求各机构加强监管的协调，监控风险和收益，同时呼吁随着科学的发展，专家和政策制定者应积极开放地参与公共对话，使所有相关的公民可以了解当前的情况并发表自己的观点。该委员会努力在其审议中实现公众宣传的模式，其结论中强调了专家，政策制定者，和联邦机构的责任，以及开展公众反馈、教育和宣传等重要工作。

马丁（Martin）和考德威尔（Caldwell）（2011 年）报道了在英国发现开展了 150 人的兽杂交基因工程。

"美国农业部官方对于研究中使用动物的调查（2005 年）表明使用了 120 万的动物，但不包括小鼠，大鼠，鸟类，鱼类，爬行动物和两栖动物。我们的估计…是实际数目很可能接近 1730 万。"（泰勒等人，2008 年）

第七章　掌控人类基因

日内瓦大学生物伦理学教授亚历山大·莫龙博士问道："基因是灵魂的世俗化身吗？"他指出，"基因一般与个体稳定不变的特征有关"。

现代的基督教原教旨主义通常与严格从字面上解释《圣经》经文的教派有关。在19世纪，广大的基督教会都是按字面意思理解《圣经》。

根据Sofair和Kaldjian的统计（2000年），被纳粹绝育的35万人，"37%是自愿的，39%是非自愿的（被迫的），而24%的人不自愿的（由监护人授权同意，自己无法选择或拒绝绝育）"。他们还指出，美国在1943年和1963年之间还采取绝育措施。

镰状细胞性贫血是第一个已知的影响蛋白质的突变。这是由赢得了诺贝尔化学奖和诺贝尔和平奖的美国生物化学家莱纳斯·鲍林（Linus Pauling）（1901年至1994年）发现的。

胚胎干细胞最初确定是在1981年。研究人员在1998年完成胚胎干细胞隔离，这是实现再生医学的一个重要步骤。

伊萨朵拉·邓肯（Isadora Duncan）和萧伯纳（George Bernard Shaw）之间的通信件的故事最早的版本来自建筑师奥斯瓦尔德C.赫林（Oswald C. Hering）1925年在纽约Interfraternity会议上的介绍。要对此及类似的故事进一步讨论，请访问http://quoteinvestigator.com/2013/04/19/brains-beauty/。

第八章　超越生命极限

2013年4月17日，马丁·罗斯布莱特（Martine Rothblatt）在中央康涅狄格州立大学演讲提到了瑞莫杜林（Remodulin）失效的情况。参见斯可洛·

塞杰(Skoro-Sajer)等人(2008年)关于患者静脉注射曲前列尼尔(Remodulin
的学名)得以长寿的情况。

威斯康星大学医学史和生物伦理学教授苏珊·莱德勒（Susan
Lederer）的研究帮助我理解了滥用"嫌恶因素"来认为基于文化上的偏见
而产生的道德反感是合理的。

罗宾·汉森（Robin Hanson）关于ems的社会影响的话源自他2014年
6月19号发给我的电子邮件。

过去几十年技术圈一直在讨论技术失业的问题，尤其是一旦机器人具
有与人类同等的制定多项任务的能力而产生的失业问题。

我有一份杰里·卡普兰（Jerry Kaplan）所著的《人类不必适用：人工
智能的真正意义》早期手稿。该书将于2015年7月由耶鲁大学出版社出版。

第九章　半机器人和技术智人

亚利桑那州立大学土木与环境工程学院教授布雷登·艾伦比（Braden
Allenby），是我听过的第一个提出"人的身体已变成设计空间"这一丰富
概念的人。

安迪·克拉克（Andy Clark）对天生的半机械人的理念来自于精神学家
和机器人学家发展的身体认知的理论。按这种观点，人的思想由人的身体结
构塑造。对于机器人学家而言，比如罗德尼·布鲁克斯(Rodney Brooks)，
这意味着真正的人工智能只能通过人体与外部世界相连的系统中对外部世
界进行感知才能实现。身体认知理论明确地批评了另外一种理论，即构建
一个与身体分离的内部世界对思想进行感知。

凯文·沃里克（Kevin Warwick）作为半机器人研究的代表，有时会掩
盖他所进行得非常严肃的研究，他研究人类的神经系统与计算机技术如何

对接。在 2013 年意大利比萨的一次会议上，我与他聊天中得知，他在 8 周时间的实践中，从植入的芯片中得到一个一致性的信号。

在招揽实验对象时，研究人员必须首先获得每一个人的知情同意。如果做出知情同意，潜在的研究对象应当认真阅读并签署一个描述所参与的研究及潜在风险的文件；这可能包括某种的药物的潜在副作用；或不小心透露个人隐私。此外，在签署文件前，参与者有机会问有关研究项目的任何问题。然而在实践中，研究对象可能很难了解某项研究的全部信息。首先，他们在签名前不一定读完整个文件。其次，即使有疑问，许多参试者无法表达他们的问题和疑虑。

我听说查尔莫斯•克拉克（Chalmers Clark）在一系列研讨会中勾勒出他有关研究对象的观点，在一个未公开的文件中概述了他与耶鲁大学医学院神经内科和神经外科副教授罗伯特•布拉德•达克罗（Robert Brad Duckrow）的合作成果。他们提出应增加一位倡导者（advocate），采用"三角办法"提高研究背景下患者的优先级。倡导者将确保受试者完全理解他们作为研究参与者的权利，并保护他们不会被轻率地忽略有关潜在危险的严重警告。倡导者代表受试者，而非研究人员。他们有助于确保研究的完整性，但是增加了研究的额外费用，也可能阻碍潜在的受试者最终决定参与试验研究。

第十章　病态的人性

世界超人类协会（WTA）正被政治斗争所困扰，有人担心，"超人类主义"具有负面含义。2008 年，WTA 被更名为"人类 +"。

在执行董事 J. 休斯（J. Hughes）管理下，伦理和新兴技术研究所（IEET，http://www.ieet.org）并没有明确作为一个超人类主义的论坛，尽管它的投稿者和读者绝大多数是支持采用技术提高人的能力的技术爱好者。IEET 已经演变成辩论双方真实和投机的工具和技术所带来的社会挑战的重要论坛。它包括伦理与新兴科技集团中心的主任帕特里克·林（Patrick Lin）和我本人，我们二人认为自己是伦理学家（或哲学家），而不是超人类主义者。

"大课程"上可以买到罗伯特·萨博斯基（Robert Sapolsky）24 节系列课程（http://www.thegreatcourses.com），标题为"生物学和人类行为：个性的神经起源(第二版)"，是一个很好的供读者了解他研究和观点的方式。

威廉·欧文·汤普森(William Irwin Thompson)的话引述自《美国的替换自然》，原本指的是 20 世纪，但肯定可以适用于 21 世纪。

迈克尔森（Michaelson）在芝加哥大学期间的演讲做了不准确的预测；但是这并没有阻止他 1907 年实至名归地获得诺贝尔物理学奖。

"暗能量"和"暗物质"这些名称是物理学家用来解释挑战当前普遍的宇宙模型的观察。对于宇宙扩张的理解很困难，因为其包含的约95%的能量和物质无法观察。我们观察到的物质和构成地球、恒星和行星的物质仅仅不到宇宙的5%。如果爱因斯坦的引力理论是正确的，那么暗能量和暗物质肯定存在，如果它们不存在，则需要新的合成理论来取代相对论。

第十一章　超级武器与技术风暴

各种术语，如《武装冲突法》（武装冲突法）《国际人道主义法》（IHL）和《日内瓦公约》，经常被引用来制定一些国际上达成共识的发动战争的方法，这种战争必须是正义的，对非战争人员的伤害最小化。数千年来已经发展了一套规则，发动战争必须要有可以接受的理由（正义战争理论），使得战争必须更加符合道德伦理。现代以来这些原则已被编入一些国际公约，如《日内瓦公约》（1864 年，1906 年，1929 年，1949 年），《海牙公约》（1899 年和 1907 年）及其附加议定书修正案（1977 年和 2005 年）。

虽然诉诸战争权与发动战争的理由相关，国际人道法的重点是与战争行为（战时法）和战俘待遇有关。

NeXTech 战争游戏勾勒出不同的情况下的军事挑战，然后提出可以使用各种技术应对挑战。例如，为了应对拥有大规模杀伤性生物武器的"无赖"国家，一种选择是先发制人使用合成生物消除破坏性的生物制剂，这是一种"反病毒"。

我们分成三组讨论这个办法。那些拥有行政和战略规划经验的专家在一个房间从公共政策的角度来评估这个选择。另一个房间里则是军事法和国际人道主义法（IHL）专家。我则是第三组成员，对所有的选项进行讨论，哪些是应当追求的？哪些是不道德的？

在我心目中，使用反病毒也是一种药物战的形式。许多人认为，先发制人的打击与生物制剂，无论是好是坏，都违反了生物武器公约。大约一个小时后，三组走到了一起，继续讨论和分享他们的发现。从公共政策、国际法或道德三个角度来看，正在讨论的相当数量的新武器系统都不被认可是可行的选择。事实上，对一个生产大规模杀伤性生物武器的工厂投掷一颗足以烧毁一切的老式炸弹，是出席会议的人普遍认为更有效且道德的方式，比起使用一些可以拯救少数平民性命的技术巫术更为可取。

加州理工的帕特里克·林（Patrick Lin）在《大西洋报》发表的一篇文章总结了第三届 NeXTech 会议。林对会议的讨论方式印象特别深刻，这些讨论汇聚了伦理、道德、政治、法律的因素，这几个方面最后的结论应当完全不同，但是就解决方案达成了共识后，却关注不同的问题……在战争游戏中，我们看到了在道德、政策、法律交集的地方存在大量分歧，在每个社区内部也存在不同意见，这增加了游戏的复杂性。

"2014 年 9 月，医疗支出从 8 月份的 3.05 万亿美元的价值增加至 3.06 万亿美元（按季节性因素调整后折合成年率 SAAR）。9 月份的医疗支出占 GDP 的 17.4％，自 2013 年 12 月以来没有变化。Altarum 研究所制作了 2014 年 11 月总结报告。请访问：http://altarum.org/sites/default/files/uploaded-related-files/CSHS_ SpendingBrief_November2014_04.pdf。

2008 年，我注意到关于医疗保险的大部分花费在徒劳地使人能在生命的最后几天或几周得以存活，关于此有很多不同的看法。在一些生物伦理学家的眼里，这些支出是浪费金钱。丹·卡拉汉（Dan callahan），通常被称为生物伦理学之父，且是医疗保健问题的权威，我问他是否有一个更权威的估算。他通过电子邮件发来这段话：

这个问题的本质（和混乱）是这样的：首先，近 30 年来，约 20％的医疗费用到约 5％将要死亡的人身上。它曾经一度被广泛认为这钱花得冤枉。然而，这并不一定如此。该数字是根据回顾性资料，也就是从死亡的记录获得的数据。这些记录不显示是否那些死亡的人已经预计将要死亡；有些可能是或有些不是。因此，不可能说那些用在死亡的人身上的费用是浪费或无用的。事实上，另一项大约十五年前开展的研究（不是医保研究）表明，最昂贵的患者是那些本以为不会死但是出现了意想不到的并发症，因此进行了积极和昂贵的治疗。其次，最昂贵的类别的病人，不管是老人和年轻人，都是在生命的最后一年花费最多，他们占美国医疗保健费用的绝大部分。当然，这并不代表是浪费，正如人们可以预料的，生命的最后一年是最昂贵的。

我的同事乔尔·马克思(Jeol Marks)让我对小行星防御的问题，特别是防御彗星撞击的问题印象深刻。

第十二章　终止终结者

哈佛法学院国际人权诊所和人权观察 2012 年报告的题目是《失去的人

性：杀人机器人案例》。

源自科幻小说的一些词，比如"杀人机器人"并不为决策机构重视，因为他们似乎淡化了国家安全这件非常严肃的任务。支持禁止杀人机器人的组织认识到这个问题的严重性，并且已经做出测量评估，认为这项活动肯定会在公众的广泛支持下往前推进。将该活动与科幻小说提出的担忧联系起来可以吸引注意力。但是，如果仅仅是简单地认为这些武器会导致《终结者》或《黑客帝国》这样的情况，那么任何对自主武器的反对将起到反作用，只有通过合理和切实可行的论点支持的建议才能吸引政策制定者的关注，特别是当有大量的抗辩和既得利益者反对禁止实施这样的禁令。

声称美军士兵的战场道德低的评价来自"驻伊拉克多国部队外科医生办公室"以及美国陆军医疗司令部的外科总医师办公室的报告。心理健康顾问团队第四分队（MHAT Ⅳ）在发现10％的美国士兵虐待非战斗人员后，建议对士兵和海军陆战队员进行战前战场道德培训。罗纳德·阿金（Ronald Arkin）引述（MHAT Ⅳ）报告结论来支持他的论点，即如果对战场机器人编入遵循武装冲突法律的程序，它们的职业道德有可能超过战士。

机器人车辆可能会导致人员死亡，而人类驾驶可能不会造成这些人受伤，这就提出了一个特别棘手的问题。华盛顿大学法学院助理教授瑞安·卡洛（Ryan Calorie）（2014）写道：

无人驾驶汽车有可能造成各类新事故，即使它们能总体上减少事故发生…当机器人同时面对一台购物车和婴儿车，会发生什么呢？你或我肯定会撞上购物车，甚至是撞墙，也会避开婴儿车。无人驾驶汽车可能不会。新闻标题可能会改为"机器人汽车避开日用品撞上了婴儿"这将终结美国自主驾驶的可能性，而且讽刺的是，开车死亡率仍在上升。

这五条概述计算机道德责任的规则是负责任计算机特设委员会制定的。

服务机器人能够识别某些伦理挑战，假设设计师和工程师能够预测机器人将要面临的挑战，安装了必要的传感器，并对软件进行编程以对伦理

情况做出适当的反应。但是一个既定的反应并可能不适合每一个人。例如，有的家长可能需要机器人告诉孩子"停止"某些可能伤害别人的做法。有些父母可能会不愿意让一个机器人谴责他们的孩子。工程师可能会根据家长的要求设计专门的软件，预先设定护理机器人照顾孩子的方式。在安装过程中，父母可能会了解到各种伦理情况。他们会被告知不同选择带来的后果，以及把孩子放在机器人采取行动的环境下会发生什么情况。设置过程为机器人生产厂家提供了一个极好的机会让家长了解他们到底能够期待机器人做些什么。家长对于如何使用机器人保姆要事先进行培训，制造商也可以保护自己免于承担某些形式的责任。

迄今推出的服务型机器人用途有限，国内市场并没有占有很大的份额。JIBO，是辛西娅·布里齐尔（Cynthia Breazeal）率领的团队开发的私人机器人，将于 2015 年投入市场，预计将有相当大的影响。布里齐尔一直是社会机器人发展的核心人物，因机器人天命（Kismet）和莱昂纳多（Leonardo）而很有名气。JIBO 是一个固定装置，活动范围有限，但它引起了用户对其进行人格化的兴趣。更重要的是，它能帮助执行各种各样的任务。它和智能手机类似，可作为一个平台，让开发者构建应用程序附加其他功能。2014 年，JIBO 在 INDIEGOGO 进行了为期两个月的集资活动，4800 个 JIBOs 被预先订购，筹集了 2，289，606 美元。此次集资活动的最初目标是 10 万美元，实际上不到 4 个小时就已经实现了预定目标。

第十三章　工程灾难

工程伦理学已经成为了工程学校增加的一门重要课程；有些学校甚至要求开设专门的课程以满足学位要求。一般来说，这些课程强调工程师对于客户和社会的义务，同时避免潜在的利益冲突。但是，有些项目甚至要

273 ▷

求在产品设计中要考虑解决有关价值观和社会关注的有关的问题。芭提雅•
弗里德曼（Batya Friedman）在倡导注重价值理念的设计方面担任领衔作用。
她与戴维•亨得利（David Hendry）共同主持华盛顿大学的价值观敏感设计
研究实验室。

柔性工程协会声明如下：柔性工程这个词用于代表一种关于安全思维的
新方式。传统的风险管理办法基于后知后觉，强调错误总结和计算故障的可
能性，而柔性工程寻求提高各级组织能力的新方式，使得这种方式既有力又
很灵活，监控和修订风险模型，在面临破坏或继续生产以及经济压力时能够
积极利用资源。http://www.resilience-engineering-association.org。

第十四章　社会应变落后于技术发展

在国家纳米技术倡议（NNI）颁布之前，伦斯勒理工学人文社会科学院
教授兰登•温纳（Langdon Winner）和国家工程院工程、 伦理和社会中心
主任罗谢尔•霍兰德（Rochelle Hollander）对纳米技术的社会影响表示很
担心。这些担心导致 NNI 基金的一小部分用于研究纳米技术的伦理、 法律
和社会影响。戴维•古斯顿（ David Guston）(2014 年）称，NNI 资金只有
0.3 ％用于科学和技术研究， "至少美国国会一些人寻求更高层次的社会研
究支出，美国众议院 2006 年的报告指出 3% 的支出应当用于这个方面…"。
尽管如此，0.3% 的资金也刺激了大部分的研究超出了纳米技术的范围，包
括了与其他新兴技术交叉的伦理和管理问题。

环境保护基金（EDF） 和杜邦公司联合开发的纳米风险框架可以从 EDF
网站上下载： http://business.edf.org/projects/featured/past-projects/
dupont-safer-nanotech/。

我要感谢一位我认识很久的同事菲利普•鲁宾（Phillip Rubin）， 迄

今为止他一直在 OSTP 科学司担任负责社会、行为和经济科学事物的助理司长。我们 12 年友谊中，鲁宾和我无数次讨论有关新兴技术带来的挑战。最近，他帮助我了解白宫内部科学政策的发展。文中提到的汤姆·卡里尔（Tom Kalil）所做的内部简讯就是鲁宾提供给我的。

2014 年，莱恩·卡洛（Ryan Calo） 撰写了《联邦机器人委员案》，文章重点关注可以在联邦一级解决机器人的问题。在许多方面，卡洛的提案反映了马钱特和我提出有关需要成立管理协调委员会的建议。然而，这不是多项建议在相互竞争的一个情况。希望的是，将各种意见以及解决问题的办法汇集在一起，能够有助于设想和实现新的监管机制。

第十五章　我们的未来

1997 年，Loka 研究所的理查德·斯克罗夫（Richard Sclove）主持美国第一个公众技术论坛。多亏了北卡罗来纳大学的两位学者：帕特里克·哈姆雷特（Patrick Hamlett ）和迈克尔·科布（ Michael Cobb）的努力，美国在采用丹麦模式方面取得了重大进展。他们与亚利桑那州立大学的戴维·古斯顿（David Guston）一起开展的其中一个项目是"从大量申请人中挑选出 74 个具有广泛代表性的公民分布在全国 6 个不同的地方"。所有六个小组都是审议纳米技术和人类增能所带来的问题。

亚利桑那州立大学的戴维·古斯顿和北卡罗莱纳州立大学基因工程及社会项目联席主任詹妮弗·库兹曼（Jennifer Kuzma）是美国研究人员中继续探索有效办法对公民专家委员会进行调整以满足有不同种族人群的大国的需要。古斯顿认为公民论坛大大有助于新兴技术的预期治理。在 2014 年秋天，亚利桑那州立大学和波士顿科学博物馆对 NASA 的小行星倡议开展了参与性的技术评价。库兹曼尝试采用低成本手段将此事告知了数量不少的公众，以便征求他们的意见，确定他们对于此事的态度。她的结论是，可以用有限的资源实施有效的办法实现公众参与帮助指导科学决策。

丹麦技术理事会主导的世界范围观点（World Wide Views）进程，列出了全球各地的网站来获取公民对于全球变暖和生物多样性的意见。请参阅 http://www.wwviews.org

读者会注意到亚利桑那州立大学的学者在解决新兴技术带来的伦理和管理方面的挑战中发挥十分突出的作用。该大学的校长迈克尔·克罗（Michael Crow）将科学政策作为大学的研究重点，非常支持学者研究新兴技术及其社会影响。我非常感谢亚利桑那州立大学的同事们给予的支持，包括但不限于：布雷登·艾伦比（Braden Allenby）、盖蒙·贝内特（Gaymon bennett），乔·贾鲁（Joel Garreau）、戴维·古斯顿（David Guston）、约瑟夫·赫科特（Joseph Herkert），本·赫伯特(Ben Hurlburt)、加里·马钱特（Gary Marchant）、杰森·罗伯特（Jason Robert）和丹尼尔·萨利维茨（Daniel Sarewitz）。

致　谢

在思想的演进过程中，无数人贡献了自己的见解、直觉以及知识。有些帮助，我甚至可能不能清楚地知道，更不用说——感谢所有影响本书创作的所有人，特别是这本书涉及的话题众多。但是，我在注释和参考资料部分尽量感谢所有给我本书灵感的个人及其他重要来源。在此，我要感谢为确保本书观点清晰、准确，并最终出版发行发挥直接作用的人。

保罗·斯塔罗宾（Paul Starobin）阅读了本书开头几章的早期版本，并告诉我"在第 14 页就应该埋下文章的主线"，这种批评意见就相当于让我关注本书的概览。保罗是一位有天赋的记者和作家，他把我介绍给安德鲁·斯图尔特，（Andrew Stuart）这位出色的经纪人，安德鲁也成为我的经纪人。

我要感谢耶鲁大学出版社编辑乔·卡拉米亚（Joe Calamia），他的鼓励和帮助促使我完成了这部作品。

我还要特别要感谢 TJ. 凯莱赫（TJ. Kelleher），是我基础样书的编辑，他认真审阅了原稿，提出了无数的建议，使各篇章更加紧凑，形成了本书的总体架构。基本样书的另一位编辑琼度（Quynh Do）在稍后阶段提供了大量帮助。他们共同的努力使得这部作品能够问世。

整个写作过程中，我的朋友罗德尼·帕罗特（Rodney Parrot）对各个草稿进行了编辑修改，并对各个章节的形式提供了有益的建议，更重要的是，他不断地鼓励我继续写下去。克里斯·鲍索（Chris Bosso）、罗莎琳德·迪肯森 (Rosalind Dickson）和希拉里·鲍曼 (Hillary Bowman）帮助审阅不同的章节，抓住任何一处事实错误，确保写作的内容平衡。我的妹妹阿美（Amei），是一位有天赋和经验丰富的作家，现在主要为知名艺术家制作电影，鼓励我找到自己的方式进行创作提供了非常有用的帮助。

三位研究生学生做了大量文字检查、编辑，并确保书目符合APA标准：伊维·肯德尔（Evie Kendal）、德里克·松（Derek So）和胡安·卡莫纳（Juan Caemona）都是一流的成长中的学者。卡罗尔·波拉德（Carol Pollar）向我介绍了这三个助手以及希拉里·鲍曼（Hillary Bowman），他们当时是在美妙的耶鲁大学生物伦理学暑期班担任实习生，这个项目是卡罗尔负责。

基础样书有一个真正有才华的制作团队。马可·帕维亚（Marco Pavia）负责监制，不断与我互动，回答了我所有添加或改动的请求，与他合作非常愉快。我从来没有见过布伦特·威尔科克斯（Brent Wilcox）（页面设计）、马特·奥尔巴赫（Matt Auerbach）（文字编辑）、劳伦·格鲁伯（Lauren Grober）（校对员），以及罗伯特·斯万森（Robert Swanson）（索引）。我非常感谢他们的共同努力确保了最终出版的质量。克莱·法尔（Clay Farr）（副总裁）、卡西·邓杜兰·尼尔森（Cassie Dendurant Nelson）（宣传主任）和妮可·贾维斯（Nicole Jarvis）（营销部）与TJ和琼合作，帮助有兴趣的读者了解到《科技失控》这本书的存在。

一般在末尾会提及配偶的帮助，对我而言，我的妻子南希对我的帮助远远超越了仅对这本书的支持。在撰写本书的三年中，她总是耐心地听我倾诉有关本书的种种，同时，她细致地校阅勘误，帮我找出了许多之前的编辑没有发现的文字错误。她在伦理学领域的专业知识在本书的写作质量上亦有体现。我知道是她完成本书的最终编辑并予以认可，那我就可以放松心情，并且放心地把这本书呈现给像您一样的读者。